西门子数字化人才培养系列教材

西门子工业自动化系列教材

变频器、步进与伺服系统应用技术

基于SINAMICS G120/V90

向晓汉/主编　奚茂龙/主审

U0258161

机械工业出版社

CHINA MACHINE PRESS

在现代化工业生产中，变频器与伺服系统发挥着举足轻重的作用，不仅实现了对电机转速的精确控制，还大幅提高了生产效率。本书就是一本介绍变频器与伺服驱动系统的基础知识和实用技能的图书。本书从基础和实用出发，涵盖的主要内容包括：变频器的工作原理；SINAMICS G120 变频器的接线与操作；SINAMICS G120 变频器的运行与功能；SINAMICS G120 变频器的外围电路；SINAMICS V90 伺服驱动系统与接线；SINAMICS V90 伺服驱动系统的运行与功能；SINAMICS G120/V90 伺服系统的通信及其应用。

本书内容丰富、重点突出，强调知识的实用性，同时配有丰富的动画、微课和课件等电子资源辅助读者学习。

本书可作为大中专院校机电类、信息类专业的变频器和伺服驱动系统教材，也可供入门和提高级别的工程技术人员参考使用。

图书在版编目（CIP）数据

变频器、步进与伺服系统应用技术：基于 SINAMICS G120/V90/向晓汉主编. —北京：机械工业出版社，2024. 9（2025. 3 重印）

西门子工业自动化系列教材

ISBN 978-7-111-75902-7

Ⅰ. ①变… Ⅱ. ①向… Ⅲ. ①变频器-教材 ②步进电机-教材 ③伺服系统-教材 Ⅳ. ①TN773 ②TM35 ③TP275

中国国家版本馆 CIP 数据核字（2024）第 106679 号

机械工业出版社（北京市百万庄大街 22 号 邮政编码 100037）
策划编辑：李馨馨 责任编辑：李馨馨 杨晓花
责任校对：张慧敏 张雨霏 景 飞 责任印制：李 昂
北京捷迅佳彩印刷有限公司印刷
2025 年 3 月第 1 版第 2 次印刷
184mm×260mm·16. 5 印张·407 千字
标准书号：ISBN 978-7-111-75902-7
定价：69. 00 元

电话服务 网络服务
客服电话：010-88361066 机 工 官 网：www.cmpbook.com
010-88379833 机 工 官 博：weibo. com/cmp1952
010-68326294 金 书 网：www.golden-book.com
封底无防伪标均为盗版 机工教育服务网：www.cmpedu.com

前　言

随着计算机技术的发展，以可编程序控制器（PLC）、变频器调速和计算机通信等技术为主体的新型电气控制系统已经逐渐取代传统的继电器电气控制系统，并广泛应用于各行业。变频器和伺服驱动是 20 世纪 70 年代随着电力电子技术、PWM 控制技术的发展而产生的驱动装置，也称为运动控制。由于其通用性强、可靠性好、使用方便，目前已在工业自动化控制的很多领域得到了广泛应用。随着科学技术的进一步发展，变频器和伺服驱动产品的性能日益提高、价格不断下降，其产品应用将更加广泛。

西门子变频器和伺服系统是欧系产品的杰出代表，其功能强大，虽然价格高，但市场占有率仍很高。因此本书以西门子变频器和伺服系统为例介绍变频器、步进与伺服应用技术。本书在内容编排时，力求尽可能简单和详细，用较多的例子引领读者入门，并能完成简单的工程。应用部分精选实际工程案例，供读者模仿学习，以提高读者解决实际问题的能力，力争使读者通过"看书"就能学会变频器和伺服驱动技术。

本书在编者总结长期的教学经验和工程实践的基础上，联合相关企业人员共同编写。本书具有以下特点：

1）基于实战经验的深度解析：本书作者具有深厚的企业实战经验和教学经验，将变频器、步进与伺服系统的理论知识与实际操作无缝融合。书中不仅详细解析了这些系统的基本原理，还深入剖析了多个工业应用中的实际案例与解决方案，使学习内容直接对接工程实践，极大地增强了学习的针对性和实用性。

2）系统性与全面性：本书内容结构严谨，逻辑清晰，全面覆盖了变频器、步进电机及伺服系统的基础知识和实用技能特别是对西门子主流产品 SINAMICS G120/V90 进行了详尽讲解，满足了从初学者到高级工程师不同层次的学习需求。

3）强化工程实践能力：书中不仅传授理论知识，更宝贵的是分享了向老师在实际工程项目中积累的丰富经验和技巧，包括故障排查、性能优化、参数调整等实用技能。通过具体实例，读者能够迅速掌握解决实际问题的方法和策略，有效提升工程实践能力。

4）图文并茂，直观易懂：书中大量采用图表、示意图和操作步骤说明，将复杂的技术问题以直观易懂的方式呈现给读者。这种图文并茂的编排方式，有助于读者快速理解技术要点，提高学习效率。

5）紧跟技术前沿与趋势：在介绍传统技术的同时，本书不忘关注并融入工业自动化领域的最新技术动态和发展趋势，如数字化、智能化等前沿技术。有助于读者在掌握基础技能的同时，拓宽视野，紧跟时代步伐，为未来职业发展打下坚实基础。

6）用实例引导读者：本书大部分章节通过精选实例进行讲解，如用例子说明工程创建的实现全过程。特别是重点例子均附有详细的软硬件配置方案图、接线图和程序代码，且所有程序均已在 PLC 上验证通过，确保了内容的准确性和可靠性。这些实例不仅实用性强，而且易于读者进行工程移植和应用实践。

7）丰富的多媒体教学与自学资源：本书不仅适合作为高校相关专业的教学用书，也是工程技术人员自学提升的宝贵资源。书中配备了丰富的动画、微课等多媒体教学资源，帮助读者更直观地理解技术要点。

本书由向晓汉主编。第 1 章由无锡职业技术学院的齐斌编写；第 2 章由无锡职业技术学院的黎雪芬编写；第 3、4 章由龙丽编写；第 5~9 章由无锡职业技术学院的向晓汉编写。本书由无锡职业技术学院的奚茂龙教授主审。

由于编者水平有限，书中缺点和错误在所难免，敬请读者批评指正，万分感激！

编　者

2024 年 7 月

目　录

变频器基础知识

变频器（Inverter 或 Frequency Converter）是将固定频率的交流电变换成频率、电压连续可调的交流电，供给电动机运转的电源装置。本章介绍交流电动机的结构和原理、交流调速的原理，以及变频器的历史发展、应用范围、发展趋势、在国内的使用情况等，使读者初步了解变频器，这是学习本书后续内容的必要准备。

视频
三相交流电动机的结构和原理

1.1 交流调速基础

交流电动机是将交流电的电能转变为机械能的一种机器。交流电动机的工作效率较高，又没有烟尘、气味，不污染环境，噪声也较小。由于它的一系列优点，所以在工农业生产、交通运输、国防、商业及家用电器、医疗电器设备等各方面广泛应用。

1.1.1 三相交流电动机的结构和原理

交流电动机主要由一个用以产生磁场的电磁铁绕组或分布的定子绕组和一个旋转电枢或转子组成，此外要使电动机正常运行，电动机还有机座、风扇、端盖、罩壳、轴承和接线盒等部件，其结构如图 1-1 所示。

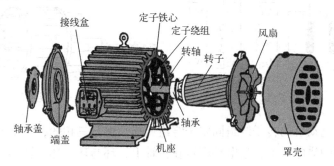

图 1-1　三相交流电动机的结构

1. 定子

三相异步电动机的定子由机座和装在机座内的圆筒形铁心以及其中的三相定子绕组组成。机座用铸铁或铸钢制成，铁心由互相绝缘的硅钢片叠成。铁心的内圆周表面冲有槽，用以放置对称三相绕组 U、V、W。定子的示意图如图 1-2 所示。定子的绕组连接方式有两种：

一种是星形联结，即三相绕组有一个公共点相连，如图 1-3 所示；另一种是三角形联结，即三相绕组首尾相连，如图 1-4 所示。

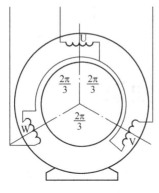

图 1-2　定子的示意图

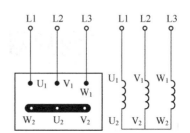

图 1-3　定子绕组星形联结

2. 转子

三相异步电动机的转子根据构造上的不同分为两种形式：笼型和绕线转子。转子铁心是圆柱状，也用硅钢片叠成，表面冲有槽，铁心装在转轴上，轴上加机械负载。

笼型转子绕组做成鼠笼状，转子铁心的槽中放铜导条，两端用端环连接，或者在槽中浇铸铝液，铸成一鼠笼，这样便可以用比较廉价的铝来代替铜，同时制造也方便。因此，目前中小型笼型电动机的转子很多都是铸铝的。笼型异步电动机的笼型转子易于识别，如图 1-5 所示。

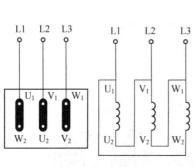

图 1-4　定子绕组三角形联结

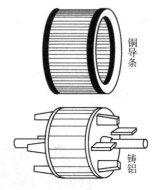

图 1-5　笼型转子外形

绕线转子异步电动机的转子绕组同定子绕组一样，也是三相的，呈星形联结。每相的始端连接在三个铜制的集电环上，集电环固定在转轴上，环与环、环与转轴都互相绝缘。集电环上弹簧压着碳质电刷，起动电阻和调速电阻借助电刷同集电环和转子绕组连接。通常根据绕线转子异步电动机具有三个集电环的构造特点进行辨认。

3. 电动机的旋转原理

交流电动机的旋转原理：交流电动机由定子和转子组成，定子就是电磁铁，转子就是线圈，定子和转子采用同一电源，所以，定子和转子中电流的方向变化总是同步，即线圈中的电流方向改变，电磁铁中的电流方向也同时改变。旋转过程的具体描述如下：

1）三相正弦交流电通入电动机定子的三相绕组，产生旋转磁场，旋转磁场的转速称为同步转速。

2）旋转磁场切割转子导体，产生感应电动势。

3）转子绕组中感生电流。

4）转子电流在旋转磁场中产生力，形成电磁转矩，电动机就转动起来。

电动机的转速达不到旋转磁场的转速，否则，旋转磁场就不能切割磁力线，就不会产生感应电动势，电动机就会停下来。转子转速与同步转速之间存在转速差称之为异步。

设同步转速为 n_0，电动机的转速为 n，则转速差为 n_0-n。

电动机的转速差与同步转速之比定义为异步电动机的转差率 s，s 是分析异步电动机运行情况的主要参数，可表示为

$$s = \frac{n_0-n}{n} \tag{1-1}$$

4. 旋转磁场的产生

（1）旋转磁场的产生

假设电动机为 2 极电动机，每相绕组只有一个线圈，定子采用星形联结，三相交流电的波形图如图 1-6 所示，定子的通电示意图如图 1-7 所示。下面详细介绍其在 $0\sim T/2$（T 表示 1 个周期）区间旋转磁场的产生过程。

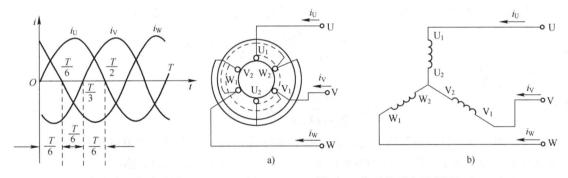

图 1-6　三相交流电的波形图　　　　　　　图 1-7　定子的通电示意图

1）$t=0$（起始阶段）时，$i_U=0$；i_V 为负，电流实际方向与正方向相反，即电流从 V_2 端流到 V_1 端；i_W 为正，电流实际方向与正方向一致，即电流从 W_1 端流到 W_2 端。按右手螺旋法则确定三相电流产生的合成磁场，如图 1-8a 中箭头所示。

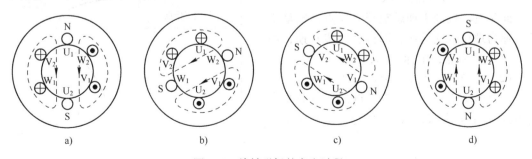

图 1-8　旋转磁场的产生过程

2）$t=T/6$ 时，$\omega t=\omega T/6=\pi/3$（相位角），$i_U$ 为正，电流从 U_1 端流到 U_2 端；i_V 为负，电流从 V_2 端流到 V_1 端；$i_W=0$。此时的合成磁场如图 1-8b 所示，合成磁场已从 $t=0$ 瞬间所在位置顺时针方向旋转了 $\pi/3$。

3）$t=T/3$ 时，$\omega t=\omega T/3=2\pi/3$（相位角），$i_U$ 为正；$i_V=0$；i_W 为负。此时的合成磁场如图 1-8c 所示，合成磁场已从 $t=0$ 瞬间所在位置顺时针方向旋转了 $2\pi/3$。

4）$t=T/2$ 时，$\omega t=\omega T/2=\pi$（相位角），$i_U=0$；i_V 为正；i_W 为负。此时的合成磁场如图 1-8d 所示，合成磁场从 $t=0$ 瞬间所在位置顺时针方向旋转了 π。

以上分析表明：当三相电流随时间不断变化时，合成磁场的方向在空间也不断旋转，这样就产生了旋转磁场。

（2）旋转磁场的旋转方向

旋转磁场的旋转方向与三相交流电的相序一致。改变三相交流电的相序，即由 U_1—V_1—W_1 变为 W_1—V_1—U_1，旋转磁场反向。要改变电动机的转向，只要任意对调三相电源的两根接线即可。

1.1.2 三相异步电动机的机械特性和调速原理

1. 三相异步电动机的机械特性

异步电动机的转速 $n=(1-s)n_0$，转速与转矩之间的关系曲线称为异步电动机的机械特性。理解异步电动机的机械特性至关重要。异步电动机的机械特性可表示为

$$T=\frac{km_1pU_1^2R_2s}{2\pi f_1\left[R_2^2+(sX_{20})^2\right]}=Km_1\Phi I_2\cos\varphi_2 \qquad (1-2)$$

视频
三相异步电动机的机械特性和调速原理

式（1-2）可简化为

$$T=K\frac{sR_2U_1^2}{R_2^2+(sX_{20})^2}=K\frac{sR_2U^2}{R_2^2+(sX_{20})^2} \qquad (1-3)$$

式中，K 为与电动机结构参数、电源频率有关的常数；U_1、U 为定子绕组电压、电源电压；R_2 为转子每相绕组的电阻；X_{20} 为电动机不动（$s=1$）时转子每相绕组的感抗。

三相异步电动机的固有机械特性曲线如图 1-9 所示。

从图 1-9 可以看出，曲线上有 4 个特殊点可以决定特性曲线的基本形状和异步电动机的运行性能。这 4 个特殊点分别如下：

（1）$T=0$，$n=n_0$，$s=0$

此时电动机处于理想空载工作点，电动机的转速为理想空载转速，即达到同步转速，如图 1-9 中的 A 点，坐标为 $(0,n_0)$。

（2）$T=T_N$，$n=n_N$，$s=s_N$

此时电动机处于额定工作点，如图 1-9 中的 Q_N 点，坐标为 (T_N,n_N)，额定转矩和额定转差率为

$$T_N=9.55\frac{P_N}{n_N}, \quad s_N=\frac{n_0-n_N}{n_0} \qquad (1-4)$$

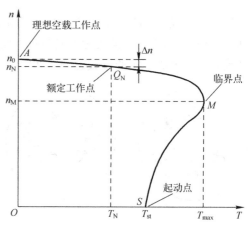

图 1-9 三相异步电动机的固有机械特性曲线

式中，P_N 为电动机的额定功率；n_N 为电动机的额定转速，一般 $n_N = (0.94 \sim 0.985) n_0$；$s_N$ 为电动机的额定转差率，一般 $s_N = 0.06 \sim 0.015$；T_N 为电动机的额定转矩。

（3）$T = T_{st}$，$n = 0$，$s = 1$

此时电动机处于起动工作点，电动机刚接通电源，转速为 0，这时的转矩 T_{st} 称为起动转矩，也称堵转转矩，如图 1-9 中的 S 点，坐标为 $(T_{st}, 0)$。起动转矩满足

$$T_{st} = K \frac{R_2 U^2}{R_2^2 + X_{20}^2} \tag{1-5}$$

由式（1-5）可见，异步电动机的起动转矩 T_{st} 与 U、R_2 及 X_{20} 有关。

1）当施加在定子每相绕组上的电压降低时，起动转矩会明显减小。

2）当转子电阻适当增大时，起动转矩会增大。

3）若增大转子电抗则会使起动转矩大大减小。

一般情况下，$T_{st} \geq 1.5 T_N$。

（4）$T = T_{max}$，$n = n_M$，$s = s_m$

此时电动机处于临界工作点，电动机产生的转矩最大，称为临界转矩 T_{max}，如图 1-9 中的 M 点，坐标为 (T_{max}, n_M)。临界转矩计算公式为

$$T_{max} = K \frac{U^2}{2 X_{20}} \tag{1-6}$$

临界转矩与额定转矩之比即异步电动机的过载能力，它表征了电动机能够承受冲击负载的能力大小，是电动机的又一个重要运行参数，一般过载能力 $\lambda_m \geq 2$，即

$$T_{max} = \lambda_m T_N \geq 2 T_N \tag{1-7}$$

2. 三相异步电动机的调速原理

分析式（1-5）可知，异步电动机的机械特性与电动机的参数有关，也与外加电源电压、电源频率有关。将式（1-5）中的参数人为地加以改变而获得的特性称为异步电动机的人为机械特性。改变定子绕组电压 U、定子电源频率 f、定子电路串入电阻或电抗、转子电路串入电阻或电抗、改变磁极对数等，都可得到异步电动机的人为机械特性。这就是异步电动机的调速原理。

（1）改变定子绕组电压调速

这种调速方式实际就是改变转差率调速。降压调速会降低起动转矩和临界转矩，并会使电动机的机械特性变软，其调速范围小，所以它并不是一种理想的调速方法。

（2）定子电路串电阻或电抗调速

在电动机定子电路中串电阻或电抗后，电动机端电压为电源电压减去定子外接电阻或电抗上的电压降，致使定子绕组相电压降低，这种情况下的人为机械特性与降低电源电压时的机械特性相似，在此不再赘述。

（3）转子电路串电阻调速

转子电路串电阻调速也是变转差率调速。在三相绕线转子异步电动机的转子电路中串入电阻后，如图 1-10a 所示，转子电路中的电阻为 $R_2 + R_{2r}$。

串电阻调速的特点：如图 1-10b 所示，串电阻后，临界转矩不变，但起动转矩增加；

机械特性变软；低速时的调速范围小，是一种有级调速；转子电路串电阻调速的机械性能比定子电路串电阻调速要好，但这种调速方式仅用于绕线转子电动机，如起重机的电动机，低速时能耗高。

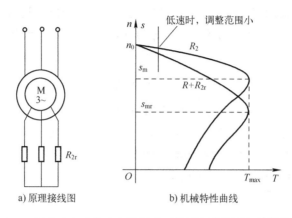

a) 原理接线图　　　　b) 机械特性曲线

图 1-10　三相异步电动机串电阻调速时的原理接线图和机械特性曲线

（4）改变磁极对数调速

生产中，大量的生产机械并不需要连续平滑调速，只需要几种特定的转速，如只要求几种转速的有级变速小功率机械，且对起动性能要求不高，一般只在空载或轻载起动可选用变级变速电动机（双速、三速、四速）。

改变磁极对数调速的特点：体积大，结构简单；有级调速，调速范围小，最大传动比为4；用于中小机床，替代齿轮箱，如早期的镗床。这种调速方式的使用在逐渐减少。

（5）定子电源的变频调速

1）恒转矩调速。一般变频调速采用恒转矩调速，即希望最大转矩保持为恒值，为此在改变频率的同时，电源电压也要做相应的变化，使 U/f 为一个恒定值，实质上是使电动机气隙磁通保持不变。如图 1-11 所示，变频器在频率 f_1 和 f_2 工作时，就是恒转矩调速。这种调速方式中，保持 U/f 不变，临界转矩不变，起动转矩变大，机械硬度不变。又由于 $P = 9.55 T_N n$，电动机的输出功率随着其转速的升高成比例升高。

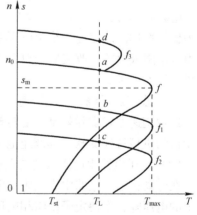

图 1-11　三相异步电动机变频调速时的机械特性曲线

2）恒功率调速。当工作频率大于额定频率（如 $f_3 > f$）时，变频器是恒功率调速。保持定子绕组的电压 U 不变，但磁通 Φ_m 要减小，所以也称为弱磁调速。由 $T = 9.55 \dfrac{P_N}{n}$ 可知，采用恒功率调速时，随着转速的升高，电动机的输出转矩会降低，但机械硬度不变。可见，变频调速是一种理想的调速方式。这种调速方式将越来越多被采用，是当前交流调速的主流。

1.2　变频器概述

1.2.1　变频器的发展

1. 变频器技术的发展阶段

芬兰瓦萨控制系统有限公司的前身是瑞典的 STRONGB，于 20 世纪 60 年代成立，并于 1967 年开发出世界上第一台变频器，被称为变频器的鼻祖，开创了世界商用变频器的市场。之后变频器技术不断发展，按照变频器的控制方式，变频器技术的发展可划分为以下几个阶段：

（1）第一阶段：恒压频比 U/f 技术

U/f ⊖ 控制就是保证输出电压与频率成正比的控制，这样可以使电动机的磁通保持一定，避免弱磁和磁饱和现象的产生，多用于风机、泵类，节能型变频器用压控振荡器实现。20 世纪 80 年代，日本开发出电压空间矢量（SVPWM）控制技术，后引入频率补偿控制。电压空间矢量的频率补偿方法不仅能消除速度控制的误差，而且可以通过反馈估算磁链幅值，消除低速时定子电阻的影响，将输出电压、电流闭环，以提高动态的精度和稳定度。

（2）第二阶段：矢量控制

20 世纪 70 年代，德国人 F. Blaschke 首先提出了矢量控制模型。矢量控制实现的基本原理是通过测量和控制异步电动机定子电流矢量，根据磁场定向原理分别对异步电动机的励磁电流和转矩电流进行控制，从而达到控制异步电动机转矩的目的。

（3）第三阶段：直接转矩控制

直接转矩控制系统（Direct Torque Control，DTC）是在 20 世纪 80 年代中期继矢量控制技术之后发展起来的一种高性能异步电动机变频调速系统。

表 1-1 为 20 世纪 60 年代到 21 世纪初变频器技术发展的历程。

表 1-1　20 世纪 60 年代到 21 世纪初变频器技术发展的历程

项　　目	20 世纪 60 年代	20 世纪 70 年代	20 世纪 80 年代	20 世纪 90 年代	21 世纪初
电动机控制算法	U/f 控制		矢量控制	无速度矢量控制，电流矢量 U/f	算法优化
功率半导体技术	SCR	GTR	IGBT	IGBT 大容量	更大容量、更高开关频率
计算机技术			单片机 DSP	高速 DSP 专用芯片	更高速率和容量
PWM 技术		PWM 技术	SPWM 技术	电压空间矢量调制技术	PWM 优化新一代开关技术
变频器的特点	大功率传动使用变频器，体积大，价格高	变频器体积缩小，开始在中小功率电动机上使用	超静音变频器开始流行，解决了 GTR 噪声问题，变频器性能大幅提升，大批量使用，取代直流		未来发展方向，无谐波，如矩阵式变频器

2. 我国变频器技术的发展现状

目前，国内有超过 200 家变频器生产厂家，以森兰、汇川、英威腾为代表，技术水平较接近世界先进水平，总市场份额逐年增加。国产变频器主要是交流 380V 的中小型变频器，

⊖　有资料写作 V/f 控制。

且大部分为低压变频器，高压大功率变频器相对较少。

3. 变频器的发展趋势

随着节约环保型社会发展模式的提出，人们开始更多地关注生活的环境品质。节能型、低噪声变频器是今后一段时间发展的总趋势。我国的变频器生产厂家虽然不少，但缺少统一的、具体的变频器规范标准，使得产品差异性较大。且大部分变频器采用 U/f 控制和电压矢量控制。

就变频器设备来说，其发展趋势主要表现在以下方面：

1）变频器将朝着高压大功率和低压小功率、小型化、轻型化的方向发展。

2）工业高压大功率变频器、民用低压中小功率变频器潜力巨大。

3）目前，IGBT、IGCT 和 SGCT 仍将扮演主要的角色，SCR、GTO 将会退出变频器市场。

4）无速度传感器的矢量控制、磁通控制和直接转矩控制等技术的应用，将趋于成熟。

5）全面实现数字化和自动化，参数自设定技术、过程自优化技术、故障自诊断技术日益发展。

6）高性能单片机的应用优化了变频器的性能，实现了变频器的高精度和多功能。

7）相关配套行业正朝着专业化、规模化发展，社会分工逐渐明显。

8）伴随着节约型社会的发展，变频器在民用领域的使用逐步得到推广。

1.2.2 变频器的分类

变频器发展至今，已经研制出了多种适合不同用途的变频器。下面详细介绍变频器的分类。

1. 按变换的环节分类

1）交-直-交变频器，即先将工频交流通过整流器变成直流，然后再将直流逆变成频率电压可调的交流，又称间接式变频器，是目前广泛应用的通用型变频器。

2）交-交变频器，即将工频交流直接变换成频率、电压可调的交流，又称直接式变频器，主要用于大功率（500kW 以上）低速交流传动系统中，目前已经在轧机、鼓风机、破碎机、球磨机和卷扬机等设备中应用。这种变频器既可用于异步电动机，也可用于同步电动机的调速控制。

2. 按直流电源性质分类

（1）电压型变频器

电压型变频器的特点是中间直流环节的储能元件采用大电容，负载的无功功率将由它来缓冲，直流电压比较平稳，直流电源内阻较小，相当于电压源，故称为电压型变频器，常用于负载电压变化较大的场合，应用广泛。

（2）电流型变频器

电流型变频器的特点是中间直流环节采用大电感作为储能环节，缓冲无功功率，即扼制电流的变化，使电压接近正弦波，由于该直流内阻较大，故称电流源型（电流型）变频器。电流型变频器能扼制负载电流频繁而急剧的变化，常用于负载电流变化较大的场合。

3. 按照用途分类

变频器按照用途可以分为通用变频器、高性能专用变频器、高频变频器、单相变频器和三相变频器等。

4. 按变频器调压方式分类

1）PAM 变频器，通过改变电压源 U_d 或电流源 I_d 的幅值进行输出控制。这种变频器已很少使用。

2）PWM 变频器，在变频器输出波形的一个周期产生多个脉冲波，其等值电压为正弦波，波形较平滑。

5. 按控制方式分类

1）U/f 控制变频器（VVVF 控制），保证输出电压与频率成正比的控制。低端变频器都采用 U/f 控制原理。

2）SF 控制变频器，SF 控制即转差频率控制，通过控制转差频率来控制转矩和电流，是高精度的闭环控制，但通用性差，一般用于车辆控制。与 U/f 控制相比，其加减速特性和限制过电流的能力得到提高。另外，它有速度调节器，利用速度反馈构成闭环控制，速度的静态误差小。然而要达到自动控制系统稳态控制，还达不到良好的动态性能。

3）VC 控制变频器，VC 控制即矢量控制，通过测量和控制异步电动机定子电流矢量，根据磁场定向原理分别对异步电动机的励磁电流和转矩电流进行控制，从而达到控制异步电动机转矩的目的，一般用于精度要求高的场合。

4）直接转矩控制，简单地说就是将交流电动机等效为直流电动机进行控制。

6. 按电压等级分类

1）高压变频器：3 kV、6 kV、10 kV。

2）中压变频器：660 V、1140 V。

3）低压变频器：220 V、380 V。

1.2.3　变频器的应用

1. 主要应用行业

如今变频器已经在各行各业得到了广泛的应用，主要应用行业按照使用量占比排序，依次是纺织、冶金、石化、电梯、供水、电力、油田、市政、塑料、印刷、建材、起重和造纸。变频器在其他行业也有很多应用。

2. 变频器在节能方面的应用

变频器主要用来实现对交流电动机的无级调速，但由于全球能源供求矛盾日益突出，其节能效果越来越受到重视，尤其是变频器在风机和水泵应用中的节能效果，因此多数变频器生产厂家都生产了专门的风机、水泵用变频器。

（1）风机、泵类的 123 定律

1）风机、水泵的流量与电动机转速的一次方成正比。

2）风机、水泵的扬程（压头）与电动机转速的二次方成正比。扬程是指水泵能够扬水的高度，也是单位质量液体通过泵所获得的能量，通常用 H 表示，单位为 m。

3）风机、水泵的轴功率与转速的三次方成正比。

（2）节能效果

有关资料表明，风机、泵类负载使用变频调速后节能率可达 20%～60%。这类负载的应用场合是恒压供水、风机、中央空调、液压泵变频调速等。

3. 变频器在精确自控系统中的应用

算术运算和智能控制功能是变频器的另一优势，输出精度可达 0.1%～0.01%。这类负载的应用场合是印刷、电梯、纺织、机床、生产流水线等行业的速度控制。

4. 变频器在提高工艺方面的应用

使用变频器可以改善工艺和提高产品质量，减少设备冲击和噪声，延长设备使用寿命，使机械设备简化，操作和控制更具人性化，从而提高整个设备的性能。

1.2.4 主流变频器品牌的市场份额

国产变频器品牌众多（超过 200 家），在变频器市场中的份额逐年增加，上升势头比较明显，多个国产品牌进入了我国市场销售前列。在变频器技术方面，知名的国产品牌打破了国外品牌的长期垄断，不断突破核心技术，受到越来越多客户的认可，成长为与国外知名品牌齐名的大品牌，如汇川技术和合康，分别占据我国低压变频器和高压变频器市场份额的首位，无疑是国货的骄傲。

2020 年我国低压变频器市场份额排名中，前 8 个品牌占领的市场份额高达 81%，见表 1-2，可见少数品牌占据了绝大部分的市场份额。

表 1-2 2020 年低压变频器和高压变频器的国内市场份额

低压变频器			高压变频器		
序号	品　牌	份额	序号	品　牌	份额
1	汇川技术	19%	1	合康	11%
2	ABB	18%	2	汇川技术	11%
3	西门子	12%	3	施耐德+利德华福	11%
4	英威腾	7%	4	西门子	9%
5	中达	7%	5	ABB	8%
6	施耐德	6%	6	东芝三菱电机（TEMIC）	7%
7	三菱	6%	7	智光	6%
8	丹富士	5%	8	莱信	6%
9	其他	19%	9	其他	31%

1.3 变频器的工作原理

1.3.1 交-直-交变换技术

视频
变频器的工作原理

电网的电压和频率是固定的。在我国，低压电网的电压和频率为 380 V、50 Hz。要想得到电压和频率都能调节的电源，只能通过另一种能源变换，即直流电。因此，交-直-交变频器的工作可分为以下两个基本过程：

1）交-直变换过程，即先将不可调的电网的三相（或单相）交流电经整流桥整流成直流电。

2）直-交变换过程，就是反过来又将直流电逆变成电压和频率都任意可调的三相交流电。

交-直-交变频器框图如图 1-12 所示。

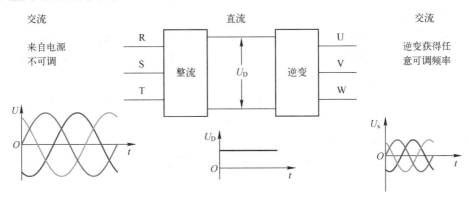

图 1-12　交-直-交变频器框图

1.3.2　变频变压的原理及实现方法

1. 变频变压的原理

电动机的转速公式为

$$n = \frac{60f(1-s)}{p} \tag{1-8}$$

式中，n 为电动机的转速；f 为电源的频率；s 为转差率；p 为电动机的磁极对数。

很显然，改变电动机的频率 f 就可以改变电动机的转速。但为什么还要改变电压呢？这是因为电动机的磁通量计算公式为

$$\Phi_m = \frac{E}{4.44fN_S k_{nS}} \approx \frac{U}{4.44fN_S k_{nS}} \tag{1-9}$$

式中，Φ_m 为电动机每极气隙的磁通量；f 为定子的频率；N_S 为定子绕组的匝数；k_{nS} 为定子基波绕组系数；U 为定子相电压；E 为气隙磁通在定子每相中感应电动势的有效值。

由于实际测量 E 比较困难，而 U 和 E 大小近似，所以用 U 代替 E。又因为在设计电动机时，电动机每极气隙的磁通量 Φ_m 接近饱和值，因此如果降低电动机频率时，U 不降低，那么势必使得 Φ_m 增加，而 Φ_m 接近饱和值，不能增加，导致绕组线圈的电流急剧上升，从而造成电动机的绕组烧毁。所以变频器在改变频率的同时要改变 U，通常保持磁通为一个恒定的数值，也就是电压和频率呈固定的比例，即满足

$$\frac{U}{f} = const \tag{1-10}$$

2. 变频变压的实现方法

变频变压的实现方法有脉幅调制（PAM）、脉宽调制（PMW）和正弦脉宽调制（SP-WM）。

（1）脉幅调制

脉幅调制就是在频率下降的同时，使直流电压下降。因为晶闸管的可控整流技术已经成熟，所以在整流的同时可使直流电的电压和频率同步下降。PAM 调制如图 1-13 所示。其中图 1-13a 频率高，整流后的直流电压也高；图 1-13b 频率低，整流后的直流电压也低。

脉幅调制比较复杂，因为要同时控制整流和逆变两个部分，现在使用并不多。

（2）脉宽调制

脉宽调制即脉冲宽度调制（Pulse Width Modulation），是利用微处理器的数字输出来对模拟电路进行控制的一种非常有效的技术，广泛应用于从测量、通信到功率控制与变换的众多领域中，最早用于无线电领域。PWM 控制技术控制简单、灵活，动态响应好，是电力电子技术应用最广泛的控制方式，也是人们研究的热点，用于直流电动机调速和阀门控制，如目前的电动车电动机调速使用的就是 PWM 控制技术。

占空比（Duty Ratio）是在一串脉冲周期序列（如方波）中，脉冲的持续时间与脉冲总周期的比值。脉冲波形图如图 1-14 所示。占空比计算公式为

$$i = \frac{t}{T} \tag{1-11}$$

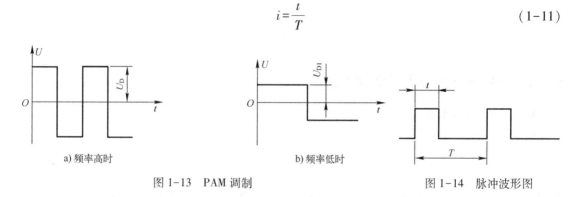

图 1-13　PAM 调制

图 1-14　脉冲波形图

对于变频器的输出电压而言，PWM 实际就是将每半个周期分割成许多个脉冲，通过调节脉冲宽度和脉冲周期的占空比来调节平均电压，占空比越大，平均电压越大。

PWM 控制的优点是只需要在逆变侧控制脉冲的上升沿和下降沿的时刻（即脉冲的时间宽度），而不必控制直流侧，从而大大简化了电路。

（3）正弦脉宽调制

所谓正弦脉宽调制（Sinusoidal Pulse Width Modulation），就是在 PWM 的基础上改变了调制脉冲的方式，脉冲宽度时间占空比按正弦规律排列，这样输出波形经过适当的滤波可以实现正弦波输出。

正弦脉宽调制的波形图如图 1-15 所示，图形上部是正弦波，下部是正弦脉宽调制波，图中正弦波与时间轴围成的面积分成 7 块，每一块的面积与下面的矩形的面积相等，也就是说正弦脉宽调制波等效于正弦波。

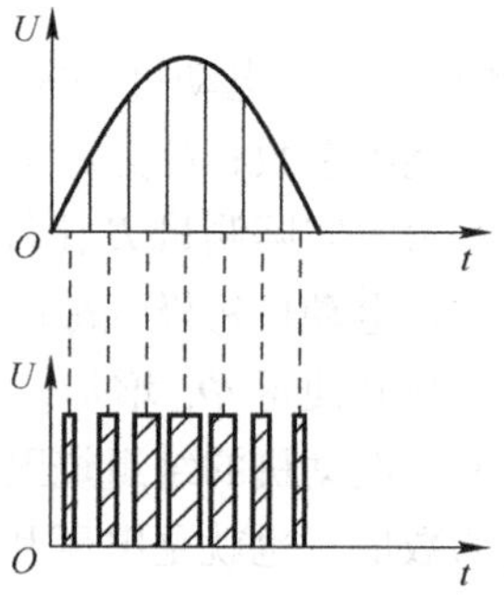

图 1-15　正弦脉宽调制的波形图

SPWM 的优点：由于电动机绕组具有电感性，因此，尽管电压是由一系列的脉冲波构成，但通入电动机的电流（电动机绕组相当于电感，可对电流进行滤波）十分接近正弦波。

载波频率是指变频器输出的 PWM 信号的频率，一般为 0.5~12 kHz，可通过功能参数设定。提高载波频率，可使电磁噪声减少，电动机获得较理想的正弦电流曲线。开关频率高，电磁辐射增大，输出电压下降，开关元件耗损大。

1.3.3　正弦脉宽调制波的实现方法

正弦脉宽调制的实现有两种方法，即单极性正弦脉宽调制和双极性正弦脉宽调制。双极性正弦脉宽调制使用较多，而单极性正弦脉宽调制很少使用，但其简单，容易说明问题。

1. 单极性正弦脉宽调制

单极性正弦脉宽调制的波形图如图 1-16 所示，正弦波是调制波，其周期取决于需要的给定频率 f_X，其振幅 U_X 按比例 U_X/f_X 随给定频率 f_X 变化；等腰三角波是载波，其周期取决于载波频率，原则上随着载波频率而改变，但也不全是如此，取决于变频器的品牌，载波的振幅不变，每半周期内所有三角波的极性均相同（即单极性）。

图 1-17 中，调制波和载波的交点，决定了 SPWM 脉冲系列的宽度和脉冲的间隔宽度，每半周期内的脉冲系列也是单极性的。

单极性正弦脉宽调制的工作特点：每半个周期内，逆变桥同一桥臂的两个逆变器件中，只有一个器件按脉冲系列的规律时通时断地工作，另一个完全截止；而在另半个周期内，两个器件的工况正好相反，流经负载的便是正、负交替的交变电流。

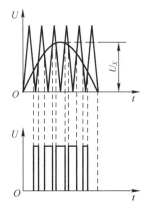

图 1-16　单极性正弦脉宽调制的波形图

值得注意的是，变频器中并无三角波发生器和正弦波发生器，图 1-16 所示的交点，都是变频器中的计算机计算得来的，这些交点十分关键，实际决定了脉冲的上升时刻。

2. 双极性正弦脉宽调制

双极性正弦脉宽调制应用最为广泛。单相桥式 SPWM 逆变电路如图 1-17 所示。

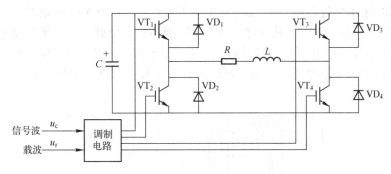

图 1-17　单相桥式 SPWM 逆变电路

双极性正弦脉宽调制的波形图如图 1-18 所示，正弦波是调制波，其周期取决于需要的给定频率 f_X，其振幅 U_X 按比例 U_X/f_X 随给定频率 f_X 变化；等腰三角波是载波，其周期取决于载波频率，原则上随着载波频率而改变，但也不全是如此，取决于变频器的品牌，载波的振幅不变。调制波与载波的交点决定了逆变桥输出相电压的脉冲系列，此脉冲系列也是双极性的。

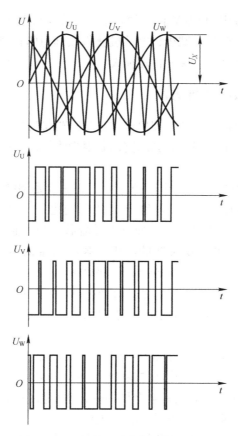

图 1-18 双极性正弦脉宽调制的波形图

但是，由相电压合成为线电压（$U_{UV} = U_U - U_V$，$U_{VW} = U_V - U_W$，$U_{WV} = U_W - U_V$）时，所得到的线电压脉冲系列却是单极性的。

双极性正弦脉宽调制的工作特点：逆变桥在工作时，同一桥臂的两个逆变器件总是按相电压脉冲系列的规律交替地导通和关断。如图 1-19 所示，当 VT_1 导通时，VT_4 关断，而 VT_4 导通时，VT_1 关断。图中正脉冲时，驱动 VT_1 导通；而负脉冲时，脉冲经过反相，驱动 VT_4 导通。开关器件 VT_1 和 VT_4 交替导通，并不是毫不停息，必须先关断，停顿一小段时间（死区时间），确保开关器件完全关断，再导通另一个开关器件。而流过负载的是按线电压规律变化的交变电流。

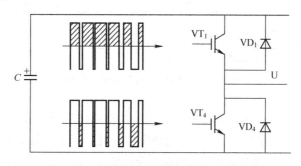

图 1-19 双极性正弦脉宽调制的工作特点

1.3.4 交-直-交变频器的主电路

1. 整流与滤波电路

（1）整流电路

整流和滤波电路如图 1-20 所示。整流电路比较简单，由 6 个二极管组成全桥整流（如果进线为单相变频器，则需要 4 个二极管），交流电经过整流后就变成了直流电。

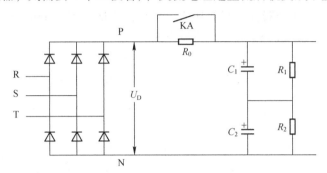

图 1-20　整流和滤波电路

（2）滤波电路

市电经过左侧的全桥整流后，转换成直流电，但此时的直流电有很多交流成分，因此需要经过滤波，电解电容器 C_1 和 C_2 的作用就是滤波。实际使用的变频器的 C_1 和 C_2 上还会并联小容量的电容，主要是为了吸收短时间的干扰电压。

由于经过全桥滤波后直流 U_D 的峰值为 $380 \times \sqrt{2} = 537\,V$，又因为我国的电压许可范围是 $\pm 20\%$，所以 U_D 的峰值实际可达 $645\,V$，一般取 U_D 的峰值为 $650 \sim 700\,V$，而电解电容的耐压通常不超过 $500\,V$，所以，在滤波电路中要将两个电容器串联起来，但又由于电容器的容量有误差，所以每个电容器并联一个电阻（R_1 和 R_2），这两个电阻就是均压电阻，由于 $R_1 = R_2$，所以能保证两个电容的电压基本相等。

由于变频器都采用滤波器件，而滤波器件都有储能作用，以电容滤波为例，当主电路断电后，电容器上还存储有电能，因此即使主电路断电，人体也不能立即触碰变频器的导体部分，以免触电。一般变频器上设置了指示灯，用来指示电荷是否释放完成，如果指示灯亮，表示电荷没有释放完成。这个指示灯并不用于指示变频器是否通电。

（3）限流

在合上电源前，电容器上没有电荷，电压为 $0\,V$，而电容器两端的电压又不能突变，因此在合闸瞬间，整流桥两端（P、N 之间）相当于短路。而在合上电源瞬间，将有很大的冲击电流，有可能损坏整流管。为了保护整流桥，在回路上接入一个限流电阻 R_0，如果限流电阻一直接在回路中，将有两个坏处：一是电阻要耗费电能，特别是大型变频器更是如此；二是 R_0 的分压作用使得逆变后的电压将减少，这是非常不利的（例如，假设 R_0 一直接入，那么当变频器的输出频率与输入的市电频率同为 $50\,Hz$ 时，变频器的输出电压将小于 $380\,V$）。因此，变频器起动后，继电器 KA 导通，短接 R_0，使变频器在正常工作时，R_0 不接入电路。

通常变频器使用电容滤波，而不采用 Ⅱ 形滤波，因为 Ⅱ 形滤波要在回路中接入电感器，电感器的分压作用类似于图 1-20 中 R_0 的分压，使得逆变后的电压减少。

2. 逆变电路

（1）逆变电路的工作原理

交-直-交变频器中的逆变器一般是三相桥式电路，以便输出三相交流变频电源。如图 1-21 所示，6 个电力电子开关器件 $VT_1 \sim VT_6$ 组成三相逆变器主电路，控制各开关器件轮流导通和关闭，可使输出端得到三相交流电压。在某一瞬间，控制一个开关器件关断、控制另一个开关器件导通，可实现两个器件之间的换流。三相桥式逆变器有 180° 导通型和 120° 导通型两种换流方式，以下仅介绍 180° 导通型换流方式。

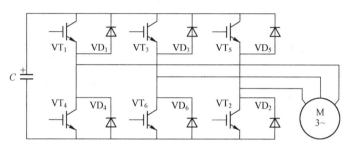

图 1-21　三相桥式逆变器电路

当 VT_1 关断后，使 VT_4 导通，而 VT_4 关断后，使 VT_1 导通。实际上，每个开关器件在一个周期中导通的区间是 180°，其他各相也是如此。每一时刻都有 3 个开关器件导通。但必须防止同一桥臂上、下两个开关器件（如 VT_1 和 VT_4）同时导通，因为这样会造成直流电源短路，即直通。为此，在换流时，必须采取"先关后通"的方法，即先给要关断的开关器件发送关断信号，待其关断后留一定的时间裕量，称为死区时间，再给要导通的开关器件发送导通信号。死区时间的长短要根据开关器件的开关速度确定，如 MOSFET 的死区时间就可以很短，设置死区时间非常必要，在安全的前提下，死区时间越短越好，因为死区时间会造成输出电压畸变。

（2）反向二极管的作用

如图 1-22 所示，逆变桥的每个逆变器件旁边都反向并联一个二极管。下面以一个桥臂为例进行说明，其他桥臂也是类似。

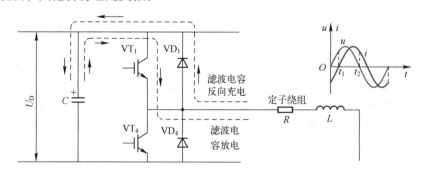

图 1-22　逆变桥反向并联二极管的作用

1）在 $0 \sim t_1$ 时间段，电流 i 和电压 u 的方向相反，绕组的自感电动势（反电动势）克服电源电压做功，这时的电流通过二极管 VD$_1$ 流向直流回路，向滤波电容器充电。如果没有反向并联的二极管，电流的波形将发生畸变。

2）在 $t_1 \sim t_2$ 时间段，电流 i 和电压 u 的方向相同，电源电压克服绕组自感电动势做功，这时的电流为滤波电容向电动机放电的电流。

习题

一、选择题

1. 交流电动机定、转子的磁极对数要求（　　　）。
   A. 不等　　　　　　　B. 相等　　　　　　　C. 不可确定
2. 关于交流电动机调速方法正确的有（　　　）。
   A. 变频调速　　　　B. 改变磁通调速　　C. 改变转差率调速　　　D. 定子串电阻调速
3. 三相异步电动机正在运行时，转子突然被卡住，这时电动机的电流会（　　　）。
   A. 减少　　　　　　　B. 增加　　　　　　　C. 等于零
4. 三相异步电动机的（　　　）又称发电制动。
   A. 反接制动　　　　B. 反馈制动　　　　C. 能耗制动
5. 机床上常用的电气制动方式中，不常用的是（　　　）。
   A. 能耗制动　　　　B. 反馈制动　　　　C. 反接制动　　　　　　D. 直接制动
6. 异步电动机的转向是由（　　　）决定的。
   A. 电源的相序　　　　　　　　　B. 电源的相数
   C. 脉冲的宽度　　　　　　　　　D. 脉冲的分配顺序
7. 三相交流异步电动机在断一相的情况下，下列说法正确的是（　　　）。
   A. 不可以起动
   B. 可以起动，且转速很快
   C. 轻载时可以起动，但电动机发热严重
   D. 没什么影响

二、简答题

1. 将三相异步电动机接三相电源的三根引线中的两根对调，此电动机是否会反转？为什么？
2. 三相异步电动机正在运行时，转子突然被卡住，这时电动机的电流会如何变化？对电动机有何影响？
3. 三相异步电动机断了一根电源线后，为什么不能起动？而在运行时断了一根电源线，为什么仍能继续转动？这两种情况对电动机将产生什么影响？
4. 简述变频器主电路的滤波回路中均值电阻的作用。
5. 变频器主电路的逆变回路中为什么开关器件需要并联一个二极管？
6. 能否用变频器上的指示灯作为判断其通电的标志？如果不能，如何判断？

第 2 章

SINAMICS G120 变频器的接线与参数设置

本章介绍 SINAMICS G120 变频器控制单元和功率模块的分类、接线，变频器的参数设置和基本操作。

2.1 SINAMICS G120 变频器的配置

2.1.1 西门子变频器概述

西门子公司生产的变频器品种较多，下面仅简介西门子低压变频器的产品系列。

1. MM4 系列变频器

MM4 系列变频器分为四个子系列：MM410、MM420、MM430 和 MM440。MM4 系列变频器有一定的市场占有率，将被 SINAMICS G120 系列变频器取代。

2. SINAMICS 系列变频器

SINAMICS 系列变频器分为三大系列，分别是 SINAMICS V、SINAMICS G 和 SINAMICS S，其中 SINAMICS V 系列变频器的性能最弱，而 SINAMICS S 系列变频器的性能最强，具体简介如下。

1）SINAMICS V。SINAMICS V 系列变频器只涵盖关键硬件以及功能，实现了高耐用性，同时投入本很低，操作可直接在变频器上完成。

① SINAMICS V20：一款高性价比的基本功能的变频器。

② SINAMICS V50：单机传动变频调速柜，适用于多种变转矩负载的单机传动应用，如风机和水泵。

③ SINAMICS V60 和 V80：系统包括伺服驱动器和伺服电机两部分。能够接收上位机脉冲信号，进行定位和速度控制。有人称其为简易型的伺服驱动系统。

④ SINAMICS V90：有两大类产品，第一类为脉冲型伺服驱动系统，能接收脉冲信号，支持 USS 和 Modbus 总线；第二类支持 PROFINET 总线，不能接收脉冲信号，不支持 USS 和 Modbus 总线，性价比较高。

2）SINAMICS G。SINAMICS G 系列变频器有较为强大的工艺功能，维护成本低，性价比高，是通用功能的变频器，有"万金油"的美誉。总体性能优于 SINAMICS V 系列变频器。

① SINAMICS G120C、G120、G120P 和 G120P Cabinet：多数变频器含控制单元（CU）和功率模块（PM）两部分，可四象限运行，功能强大，主要用于泵、风机和输送系统等场合。G120 还有基本定位功能。

② SINAMICS G110D、G110D 和 G110M：提高了 SINAMICS G120 系列变频器的防护等级，可以达到 IP65，但功率范围有限，主要用于输送和基本定位功能的应用。

③ SINAMICS G150、G150：大功率的变频器柜，主要用于泵、风机和混料机等场合。

④ SINAMICS G180：功率范围高达 6.6MW，有紧凑型设备、柜式系统和风冷柜式设备版本，用于泵、风机和混料机等场合。

3）SINAMICS S。SINAMICS S 系列变频器是高性能变频器，功能强大，价格较高，将在后续部分介绍。

2.1.2　SINAMICS G120 变频器的系统构成

1. 初识 SINAMICS G120 变频器

西门子 SINAMICS G120 变频器的设计目标是为交流电动机提供经济的、高精度的速度/转矩控制。其功率范围覆盖 0.37~250kW，广泛应用于变频驱动的场合。

SINAMICS G120 变频器采用模块化设计方案，外形如图 2-1c 所示，其构成的必要部分有控制单元 CU（见图 2-1a，是整个变频器的控制核心，包含对外输入/输出和通信接口等）和功率模块 PM（如图 2-1b 所示，主要作用是整流、滤波和逆变），CU 和 PM 有各自的订货号，分开出售，BOP-2 基本操作面板是可选件。SINAMICS G120C 变频器是一体机，其CU 和 PM 集成于一体，性价比较高，如图 2-1d 所示[⊖]

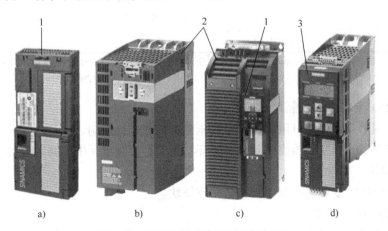

a)　　　　　b)　　　　　c)　　　　　d)

图 2-1　SINAMICS G120 变频器的外形
1—控制单元 CU　2—功率模块 PM　3—BOP-2 基本操作面板

2. 控制单元

SINAMICS G120 变频器 CU 型号的含义如图 2-2 所示。

SINAMICS G120 变频器有三大类可选控制单元。

⊖　本书的 G120 泛指所有型号的 G120 变频器，而 G120C 特指一体机。

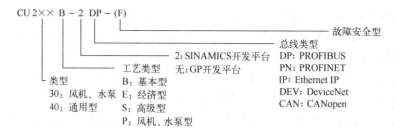

图 2-2　SINAMICS G120 变频器 CU 型号的含义

（1）CU240 控制单元

CU240 控制单元为变频器提供开环和闭环功能，还可以根据需要进行相应参数化，具体见表 2-1。

表 2-1　CU240 控制单元参数

型　号	通 信 类 型	集成安全功能	IO 接口种类和数量
CU240B-2	USS，Modbus RTU	无	4DI（数字量输入）、1DO（数字量输出）、1AI（模拟量输入）、1AO（模拟量输出）
CU240B-2 DP	PROFIBUS-DP	无	
CU240E-2	USS，Modbus RTU	STO	6DI（数字量输入）、3DO（数字量输出）、2AI（模拟量输入）、2AO（模拟量输出）
CU240E-2 DP	PROFIBUS-DP	STO	
CU240E-2 PN	PROFINET	无	
CU240E-2F	USS，Modbus RTU PROFIsafe	STO、SS1、SLS、SSM、SDI	
CU240E-2 DP-F	PROFIsafe		
CU240E-2 PN-F	PROFIsafe		

注：STO—安全转矩关闭（Safe Torque Off）；SS1—安全停止 1（Safe Stop 1）；SLS—安全限制转速（Safely-Limited Speed）；SSM—安全转速监控（Safe Speed Monitor）；SDI—安全运行方向（Safe Direction）。

（2）CU230 和 CU250 控制单元

CU230 控制单元专门针对风机、水泵和压缩类负载进行控制。

CU250 控制单元为变频器提供开环和闭环功能，是控制单元中的高端型号。

3. 功率模块

SINAMICS G120 变频器有四大类可选功率模块。

（1）PM230 功率模块

PM230 功率模块是风机、泵类和压缩机专用模块，其功率因数高、谐波小。这类模块不能进行再生能量回馈，其制动产生的再生能量通过外接制动电阻转换成热量消耗。

（2）PM240 功率模块

PM240 功率模块不能进行再生能量回馈，其制动产生的再生能量通过外接制动电阻转换成热量消耗。

（3）PM240-2 功率模块

PM240-2 功率模块不能进行再生能量回馈，其制动产生的再生能量通过外接制动电阻转换成热量消耗。PM240-2 功率模块允许穿墙式安装。

（4）PM250 功率模块

PM250 功率模块能进行再生能量回馈，其制动产生的再生能量通过外接制动电阻转换成热量消耗，也可以回馈电网，达到节能的目的。

4. 控制单元和功率模块兼容性

在变频器选型时，控制单元和功率模块兼容性是必须要考虑的因素。控制单元和功率模块兼容性列表见表 2-2。

表 2-2　控制单元和功率模块兼容性列表

	PM230	PM240	PM240-2	PM250
CU230P-2	√	√	√	√
CU240B-2	√	√	√	√
CU240E-2	√	√	√	√
CU250S-2	×	√	√	√

注：兼容—√，不兼容—×。

2.2　SINAMICS G120 变频器的接线

2.2.1　SINAMICS G120 变频器控制单元的接线

1. SINAMICS G120 变频器控制单元的端子排定义

在接线之前，必须熟悉变频器的端子排。SINAMICS G120 变频器控制端子排定义见表 2-3。

视频
G120 变频器
的接线

表 2-3　SINAMICS G120 变频器控制端子排定义

端子序号	端子名称	功　能	端子序号	端子名称	功　能
1	+10V OUT	输出+10 V	17	DI5	数字输入 5
2	GND	输出 0 V/GND	18	DO0 NC	数字输出 0/常闭触点
3	AI0+	模拟输入 0（+）	19	DO0 NO	数字输出 0/常开触点
4	AI0-	模拟输入 0（-）	20	DO0 COM	数字输出 0/公共点
5	DI0	数字输入 0	21	DO1 POS	数字输出 1（+）
6	DI1	数字输入 1	22	DO1 NEG	数字输出 1（-）
7	DI2	数字输入 2	23	DO2 NC	数字输出 2/常闭触点
8	DI3	数字输入 3	24	DO2 NO	数字输出 2/常开触点
9	+24V OUT	隔离输出+24V OUT	25	DO2 COM	数字输出 2/公共点
10	AI1+	模拟输入 1（+）	26	AO1+	模拟输出 1（+）
11	AI1-	模拟输入 1（-）	27	AO1-	模拟输入 1（-）
12	AO0+	模拟输出 0（+）	28	GND	GND/max. 100 mA
13	AO0-	GND/模拟输出 0（-）	31	+24V IN	外部电源
14	T1 MOTOR	连接 PTC/KTY84	32	GND IN	外部电源
15	T1 MOTOR	连接 PTC/KTY84	34	DI COM2	公共端子 2
16	DI4	数字输入 4	69	DI COM1	公共端子 1

注意： 不同型号的 SINAMICS G120 变频器控制单元的端子数量不一样，如 CU240B-2 无 16、17 号端子，但 CU240E-2 有此端子。

SINAMICS G120 变频器的核心部件是 CPU 单元，它根据设定的参数，经过运算输出控制正弦波信号，再经过 SPWM 调制，放大输出正弦交流电驱动三相异步电动机运转。

2. CU240E-2 控制单元的接线

不同型号的 SINAMICS G120 变频器的接线有所不同。CU240E-2 框图如图 2-3 所示，图中标示了各个端子的接线方法。

（1）数字量输入 DI 的接线

CU240E-2 的数字量输入 DI 的接线有两种方式。第一种使用控制单元的内部 24 V 电源，必须使用 9 号端子（U24V，即变频器上的+24 V，一般不能与外部 24 V 电源连接），此外，公共端子 34 和 69 要与 28 号端子（0 V）短接。第二种使用外部 24 V 电源，不使用 9 号端子（U24V），但公共端子 34 和 69 要与外部 24 V 电源的 0 V 短接。

（2）数字量输出 DO 的接线

CU240E-2 的数字量输出 DO 有继电器型输出和晶体管输出两种类型。数字量输出 DO 的信号与相应的参数设置有关，如可将 DO0 设置为故障或者报警信号输出。

当数字量输出 DO 为继电器类型时，输出两对常开和常闭触点，如当参数 p0730 = 52.3，代表变频器故障时 DO0 输出，此时 19 号和 20 号接线端子导通，而 18 号端子和 20 端子断开。

当数字量输出 DO 为晶体管类型时，输出高电平，如当参数 p0731 = 52.3，代表变频器故障时 DO1 输出，此时 21 号和 22 号接线端子输出 24 V 高电平。

（3）模拟量输入 AI 的接线（或者转速设定）

模拟量输入主要用于对变频器转速进行设定。CU240E-2 的模拟量输入 AI 的接线有两种方式。第一种使用控制单元的内部 10 V 电源，电位器的电阻大等于 4.7 kΩ，1 号端子（+10 V）和 2 号端子（0 V）连接在电位器固定值电阻端子上，4 号端子和 0 V 短接，3 号端子与电位器的活动端子连接。

第二种接线方式，3 号端子与外部模拟信号正连接，4 号端子与外部模拟量信号负连接。

（4）模拟量输出 AO 的接线

模拟量输出主要是输出变频器的输出频率（或者实时转速）、电压和电流等参数，具体取决于参数的设定。

以 AO0 为例说明模拟量输出 AO 的接线，AO0+与负载的信号+相连，AO0-与负载的信号-相连。

（5）通信接口端子定义

CU240B-2、CU240E-2 和 CU240E-2 F 基于 RS-485 的 USS/Modbus-RTU 通信接口定义如图 2-4a 所示。如果此变频器位于网络的最末端，则 DIP 开关拨到"ON"上，表示已经接入终端电阻，否则 DIP 开关拨到"OFF"上，表示未接入终端电阻。

RS-485 接口的 2 号端子（RS-485P）是通信的信号+，3 号端子（RS-485N）是通信的信号-，4 号端子（Shield）接屏蔽线。

G120 变频器与 S7-1200 的 RS-485 串行通信模块 CM1241 的连接如图 2-4b 所示，串行通信模块 CM1241 的 3 号端子信号正，8 号端子信号负，所以连线时 G120 的 2 号端子与 CM1241 的 3 号相连，G120 的 3 号端子与 CM1241 的 8 号相连。

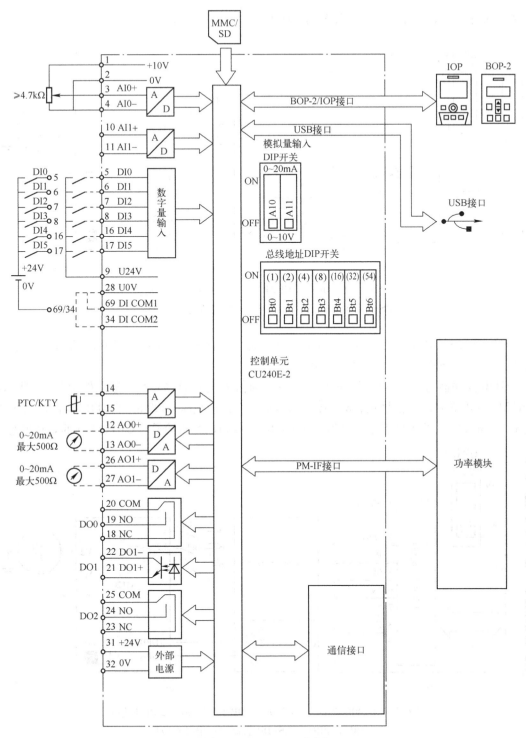

图 2-3　CU240E-2 框图

CU240B-2 DP、CU240E-2 DP 和 CU240E-2 DP F 基于 RS485 的 PROFIBUS-DP 通信接口定义如图 2-5 所示。如果此变频器位于网络的最末端，则 DIP 开关拨到 "ON" 上，表示

已经接入终端电阻，否则 DIP 开关拨到"OFF"上，表示未接入终端电阻。

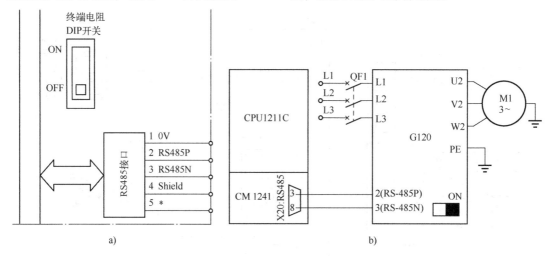

图 2-4　CU240B-2、CU240E-2 和 CU240E-2 F 基于
RS-485 的 USS/Modbus-RTU 通信接口定义与应用

PROFIBUS-DP 接口的 3 号（DPB）端子是通信的信号 B，8 号（DPBA）端子是通信的信号 A，1 号（Shield/PE）端子接屏蔽线。

G120 变频器与 S7-1200 的 PROFIBUS-DP 通信模块 CM1243-5 的连接如图 2-5b 所示，CM1243-5 的 3 号端子信号正，8 号端子信号负，所以连线时 G120 的 PROFIBUS 接口的 3 号端子与 CM1243-5 的 3 号相连，G120 的 PROFIBUS 接口的 8 号端子与 CM1243-5 的 8 号相连。

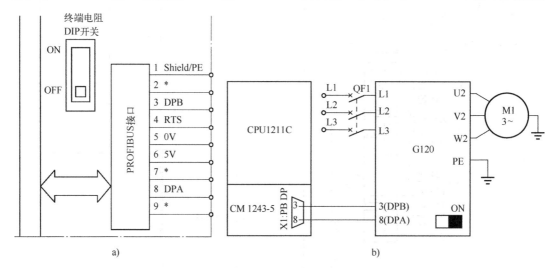

图 2-5　CU240B-2 DP、CU240E-2 DP 和 CU240E-2 DP F 基于
RS-485 的 PROFIBUS-DP 通信接口定义与应用

2.2.2　SINAMICS G120 变频器功率模块的接线

功率模块主要与强电部分连接，PM240 功率模块接线如图 2-6 所示。L1、L2 和 L3 为

交流电接入端子；U2、V2 和 W2 为交流电输出端子，一般与电动机连接；R1 和 R2 为连接外部制动电阻的端子，没有制动要求时，此端子空置不用；A 和 B 为连接抱闸继电器的端子，用于抱闸电动机的制动，非抱闸电动机此端子不用。

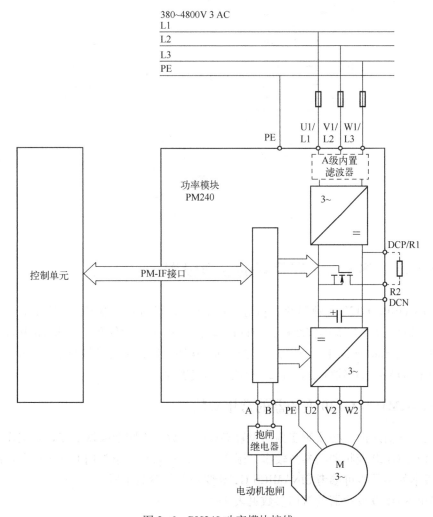

图 2-6　PM240 功率模块接线

2.3　SINAMICS G120 变频器的接线实例

下面举例介绍 SINAMICS G120 变频器接线的具体应用。

【例 2-1】某自动化设备选用的 SINAMICS G120 变频器为 CU240E-2 控制单元和 PM240 功率模块，用数字量输入作为起停控制，用数字量输出作为报警信号，报警时点亮一盏灯，模拟量输入作为转速设定，模拟量输出作为转速监控信号，采用制动电阻制动，要求绘制变频器的控制原理图。

解：变频器的控制原理图如图 2-7 所示。

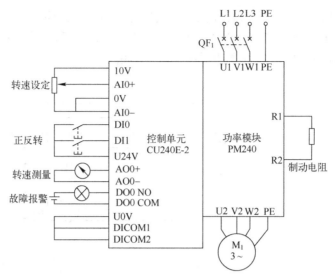

图 2-7　例 2-1 变频器控制原理图

2.4　SINAMICS G120 变频器的参数设置

　　设置 SINAMICS G120 变频器参数和调试 G120 变频器的方法很多，如使用 IOP-2（智能操作面板）、BOP-2（基本操作面板）、Starter 软件、SCOUT 软件和 TIA Portal 软件等。其中 SCOUT 软件包含 Starter 软件，使用方法与 Starter 软件一样，本书不做介绍，而使用 BOP-2、Starter 软件和 TIA Portal 软件设置 G120 参数更具代表性。

2.4.1　SINAMICS G120 变频器的常用参数

　　在使用变频器之前，必须对变频器设置必要的参数，否则变频器不能正常工作。

　　SINAMICS G120 变频器的参数较多，限于篇幅，本书只介绍常用的几十个参数的部分功能，完整版本的参数表可参考 SINAMICS G120 变频器的参数手册。

　　SINAMICS G120 变频器的常用参数见表 2-4。

表 2-4　SINAMICS G120 变频器的常用参数

序号	参　　数	说　　　　明	
1	p0003	存取权限级别	3：专家；4：维修
2	p0010	驱动调试参数筛选	0：就绪；1：快速调试 2：功率模块调试；3：电动机调试
3	p0015	驱动设备宏指令，通过宏指令设置输入/输出端子排	
4	p0304	电动机额定电压（V）	
5	p0305	电动机额定电流（A）	
6	p0307	电动机额定功率（kW）或（hp）	
7	p0310	电动机额定频率（Hz）	
8	p0311	电动机额定转速（r/min）	

（续）

序号	参　数	说　　明			
9	r0722	数字量输入的状态			选择允许的设置：
		.0	端子 5	DI0	p0840：ON/OFF（OFF1）
		.1	端子 6、64	DI1	p0844：无惯性停车（OFF2）
		.2	端子 7	DI2	p0848：无快速停机（OFF3）
		.3	端子 8、65	DI3	p0855：强制打开抱闸
		.4	端子 16	DI4	p1020：转速固定设定值选择，位 0
		.5	端子 17、66	DI5	p1021：转速固定设定值选择，位 1 p1022：转速固定设定值选择，位 2
		.6	端子 67	DI6	p2103：应答故障
		.7	端子 3、4	AI0	p1055：JOG，位 0 p1056：JOG，位 1
		.8	端子 10、11	AI1	p2103：应答故障 p2106：外部故障 1
10	p0730	端子 DO0 的信号源			选择允许的设置：
		端子 19、20（常开触点） 端子 18、20（常闭触点）			52.0：接通就绪 52.1：运行就绪
11	p0731	端子 DO1 的信号源			52.3：故障
		端子 21、22（常开触点）			52.7：报警
12	p0732	端子 DO2 的信号源			
		端子 24、25（常开触点）端子 23、25（常闭触点）			
13	r0755	模拟量输入，当前值（%）			
		[0]	AI0		
		[1]	AI1		
14	p0756	模拟量输入类型			0：单极电压输入（0~10V） 1：单极电压输入，受监控（2~10V）
		[0]	端子 3、4	AI0	2：单极电流输入（0~20mA） 3：单极电流输入，受监控（4~20mA）
		[1]	端子 10、11	AI1	4：双极电压输入（-10~10V）
15	p0771	模拟量输出信号源			选择允许的设置： 0：模拟量输出被封锁
		[0]	端子 12、13	AO0	21：转速实际值 24：经过滤波的输出频率
		[1]	端子 26、27	AO1	25：经过滤波的输出电压 26：经过滤波的直流母线电压 27：经过滤波的电流实际值绝对值
16	p0776	模拟量输出类型			0：电流输出（0~20mA）
		[0]	端子 12、13	AO0	1：电压输出（0~10V）
		[1]	端子 26、27	AO1	2：电流输出（4~20mA）
17	p0840	设置指令"ON/OFF"的信号源			如设为 r722.0，表示将 DI0 作为起动信号
18	p1000	转速设定值选择			0：无主设定值；1：电动电位计 2：模拟设定值；3：转速固定；6：现场总线

（续）

序号	参　数	说　明	
19	p1001	转速固定设定值 1	
20	p1002	转速固定设定值 2	
21	p1003	转速固定设定值 3	
22	p1004	转速固定设定值 4	
23	p1058	JOG 1 转速设定值	
24	p1020	BI：转速固定设定值选择位 0。如设为 r722.2，表示将 DI2 作为固定值 1 的选择信号	
25	p1021	BI：转速固定设定值选择位 1。如设为 r722.3，表示将 DI3 作为固定值 2 的选择信号	
26	p1022	BI：转速固定设定值选择位 2。如设为 r722.4，表示将 DI4 作为固定值 3 的选择信号	
27	p1059	JOG 2 转速设定值	
28	p1070	主设定值	选择允许的设置： 0：主设定值＝0；755[0]：AI0 值 1024：固定设定值；1050：电动电位器 2050[1]：现场总线的 PZD2
29	p1080	最小转速（r/min）	
30	p1082	最大转速（r/min）	
31	p1120	斜坡函数发生器的斜坡上升时间（s）	
32	p1121	斜坡函数发生器的斜坡下降时间（s）	
33	p1900	电动机数据检测及旋转检测，电动机检测和转速测量	设置值： 0：禁用 1：静止电动机数据检测，旋转电动机数据检测 2：静止电动机数据检测 3：旋转电动机数据检测
34	p2030	现场总线接口的协议选择	选择允许的设置： 0：无协议；3：PROFIBUS；7：PROFINET

SINAMICS G120 变频器的部分参数详细介绍如下：

1）p0003：存取权限级别。一般取值为 3 即可，取值越小，则过滤掉的参数越多，即可以查看到的参数越少。

2）p0010：驱动调试参数筛选。设置电动机相关参数（如额定电压 p0304）和 p0015 时，p0010 设置为 1，设置其余参数和运行时，p0010 设置为 0。

3）p0304、p0305、p0307、p0310、p0311：电动机相关参数，分别表示电动机的额定电压、额定电流、额定频率、额定功率和额定转速。设置这些参数前，必须将 p0010 设置为 1。

4）r0722：数字量输入的状态。如 r0722.0 表示数字量输入 5 号端子，即 DI0 的状态，如 r0722.0＝1，表示 DI0 与 24 V 短接（图 2-3 中 5 号与 9 号端子短接）。如 p0840 设置为 722.0，则 DI0 与 24 V 短接时，参数 p0840 为 1，即变频器的起动信号。

5）p0730、p0731、p0732：数字量输出参数，分别表示数字量输出 DO0、DO1 和 DO2 的信号源。如 p0730＝52.3，当变频器有故障时，DO0 输出，即 DO0 控制的继电器的常开触点闭合（图 2-3 中 20 号与 19 号端子短接）、常闭触点断开（图 2-3 中 20 号与 18 号端子断开）。

6）p0756：模拟量输入参数，表示端子 AI0、AI1 的信号的类型。如当 p0756＝0 时，表示模拟量输入信号是单极电压输入（0~10 V），表示模拟量速度设置时，3 号和 4 号端子有效信号是单极电压输入（见图 2-3）。

7）p0771、p0776：模拟量输出参数。其中 p0771 表示端子 AO 的信号源，如当 p0771［0］＝21 时，模拟量输出信号 AOO（图 2-3 中 12 号和 13 号端子）表示电动机的转速实际值；p0776 是模拟量输出类型，p0776＝2 表示输出信号是 4~20 mA 的电流信号。

视频
数字量参数

视频
显示参数

8）p1900：电动机数据检测参数。建议初学者将 p1900 设置为 0，即变频器不检测电动机。

其余参数在用到时解释[注]。

视频
通信参数

2.4.2　用 BOP-2 设置 SINAMICS G120 变频器的参数

设置最基本的变频器参数，并用 BOP-2 实现变频器的一些基本操作，如手动点动、手动正反转和恢复出厂值等，对初步掌握一款变频器来说是十分必要的。

1. BOP-2 按键和图标

BOP-2 的外形如图 2-8 所示，利用 BOP-2 可以设置变频器的参数。BOP-2 可显示 5 位数字，可以显示参数的序号和数值、报警和故障信息，以及设定值和实际值。BOP-2 上按钮的功能见表 2-5。

图 2-8　BOP-2 的外形

视频
用 BOP-2 面板
设置 G120 的
参数

表 2-5　BOP-2 上按钮的功能

按　钮	功　能　说　明
OK	1）菜单选择时，表示确认所选的菜单项 2）参数选择时，表示确认所选的参数和参数值设置，并返回上一级画面 3）在故障诊断画面，使用该按钮可以清除故障信息

○　p15 和 p0015 是同一个参数；p756 和 p0756 也是同一个参数。其他参数也是如此。

（续）

按 钮	功 能 说 明
 ▲	1）菜单选择时，表示返回上一级画面 2）参数修改时，表示改变参数号或参数值 3）在"HAND"模式下，点动运行方式下，长时间同时按▲和▼可以实现以下功能：若在正向运行状态下，则将切换为反向运行状态；若在停止状态下，则将切换为运行状态
 ▼	1）菜单选择时，表示进入下一级画面 2）参数修改时，表示改变参数号或参数值
ESC	1）若按该按钮2s以下，表示返回上一级菜单，或表示不保存所修改的参数值 2）若按该按钮3s以上，将返回到监控画面 注意：在参数修改模式下，此按钮表示不保存所修改的参数值
 I	1）在"AUTO"模式下，该按钮不起作用 2）在"HAND"模式下，表示起动命令
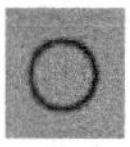 ○	1）在"AUTO"模式下，该按钮不起作用 2）在"HAND"模式下，若连续按两次，将按照"OFF2"自由停车 3）在"HAND"模式下，若按一次，将按照"OFF1"停车，即按p1121的下降时间停车
HAND AUTO	BOP（HAND）与总线或端子（AUTO）的切换按钮 1）"HAND"模式下，按下该键，切换到"AUTO"模式。I和○按键不起作用 2）在"AUTO"模式下，按下该键，切换到"HAND"模式。I和○按键将起作用 在电动机运行期间，可以实现"HAND"和"AUTO"模式的切换

BOP-2 上图标的描述见表 2-6。

表 2-6　BOP-2 上图标的描述

图标	功　能	状　态	描　述
✋	控制源	手动模式	"HAND"模式下会显示，"AUTO"模式下不会显示
 ◐	变频器状态	运行状态	表示变频器处于运行状态，该图标是静止的
JOG	JOG 功能	点动功能激活	
 ✕	故障和报警	静止表示报警，闪烁表示故障	故障状态下图标会闪烁，变频器会自动停止。静止图标表示处于报警状态

2. BOP-2 的菜单结构

BOP-2 的菜单结构如图 2-9 所示。

BOP-2 的菜单功能描述见表 2-7。

表 2-7　BOP-2 的菜单功能描述

菜　单	功 能 描 述
MONITOR	监视菜单，显示运行速度、电压和电流值
CONTROL	控制菜单，使用 BOP-2 面板控制变频器
DIAGNOS	诊断菜单，故障报警和控制字、状态字的显示
PARAMS	参数菜单，查看或设置参数
SETUP	调试向导，快速调试
EXTRAS	附加菜单，设备的工厂复位和数据备份

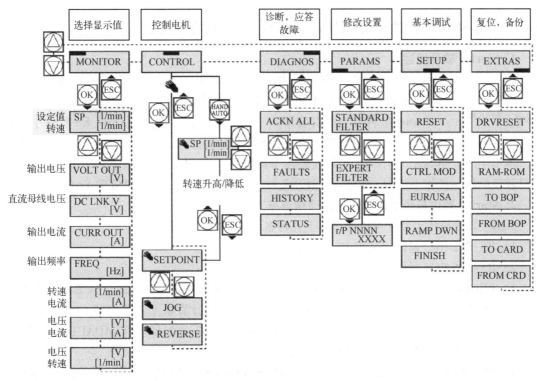

图2-9 BOP-2的菜单结构

3. 用BOP-2设置参数

用BOP-2设置参数的方法是选择参数号,如p10;再设置参数值,如将p10的数值修改为1。下面通过将参数p10的第0组参数,即p10[0]设置为1的过程为例,介绍用BOP-2设置参数的方法。参数的设置方法见表2-8。

表2-8 参数的设置方法

序 号	操 作 步 骤	BOP-2显示
1	按▲或▼键将光标移到"PARAMS"	PARAMS
2	按OK键进入"PARAMS"菜单	STANDARD FILtEr
3	按▲或▼键将光标移到"EXPERT FILTER"	EXPERT FILtEr
4	按OK键,面板显示p或者r参数,并且参数号不断闪烁,按▲或▼键选择所需要的参数p10	P10 [00] 0
5	按OK键,光标移到下标[00],[00]不断闪烁,按▲或▼键选择所需要的下标,本例下标为[00]	P10 [00] 0
6	按OK键,光标移到参数值,参数值不断闪烁,按▲或▼调整参数值的大小	P10 [00] 0
7	按OK键,保存设置的参数值	P10 [00] 1

2.4.3 用 Starter 软件设置 SINAMICS G120 变频器的参数

1. Starter 软件概述

视频
用 Starter 设
置 G120 参数
和 IP 地址

Starter 软件作为变频器的调试工具，可用于 SINAMICS 传动系统，可在西门子自动化官方网站上免费下载，无须购买授权。

Starter 软件有三种安装形式，即独立安装；集成在 Drive ES 软件中，用于对 SINAMICS 的应用；集成在 SCOUT 软件中，用于对 SIMOTION 的应用。

本书主要介绍 Starter V5.4，可以安装在 Windows 7/Windows 8/Windows 10 操作系统中。在计算机的同一操作系统中，如安装 STEP 7 和插件 Technology，则不能安装 Starter 软件。

2. Starter 软件与传动装置常用的通信连接方式

Starter 软件与传动装置可以通过以下几种常用通信方式建立连接：

1）RS-232 串口通信。采用 USS 通信协议。

2）RS-485 串口通信。采用 USS 通信协议。

3）PROFIBUS 通信。采用 PROFIBUS 通信协议调试 SINAMICS G120 变频器时，变频器的控制单元上要有 PROFIBUS 接口（如 CU240E-2 DP），计算机上需要安装 CP5621（目前的新型号模块）等通信模块或使用 PC ADAPTER USB A2 适配器。PC ADAPTER USB A2（或 CP5621）与变频器均要有 PROFIBUS 接口。

4）以太网通信。采用以太网通信协议调试 SINAMICS G120 变频器时，变频器的控制单元上要有以太网接口（如 CU240E-2 PN），计算机上只需要安装普通网卡即可，计算机和 SINAMICS G120 变频器用普通网线连接。

5）USB 通信。采用 USB 通信协议调试 SINAMICS G120 变频器时，变频器的控制单元上要有 USB 接口（SINAMICS G120 变频器均有 USB 接口），计算机上只需要 USB 接口即可，计算机和 SINAMICS G120 变频器用普通 mini-USB 线连接。

3. 用 Starter 软件设置 G120 的参数实例

当控制系统使用的变频器数量较大且很多参数相同时，使用 PC 进行变频器调试可以大大地节省调试时间，提高工作效率。下面举例介绍用 Starter 软件设置参数并调试 SINAMICS G120 变频器。

【例 2-2】某设备上有一台 SINAMICS G120 变频器，要求：使用 Starter 软件对变频器进行参数设置。

解：

（1）软硬件配置

1）一套 Starter 5.4（或者 SCOUT）。

2）一台 SINAMICS G120 变频器和一台电动机。

3）一根以太网网线。

在设置 SINAMICS G120 变频器参数之前，先用一根以太网网线将计算机和 SINAMICS G120 变频器进行连接，如图 2-10 所示。

（2）具体设置过程

1）新建项目。打开 Starter 软件，新建项目，本例为 "SINAMICS G120_1"，存储在 D 盘，如图 2-11 所示。

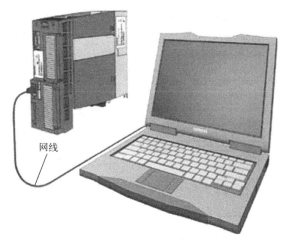

图 2-10　连接计算机和 SINAMICS G120 变频器

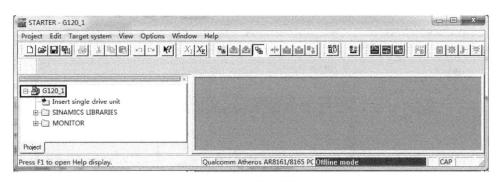

图 2-11　新建项目

2）设置 PG/PC 接口。单击菜单栏的"Options"→"Set PG/PC Interface…"，如图 2-12 所示，弹出如图 2-13 所示界面，选择本机所采用的网卡，本例为"Qualcomm Atheros AR8161/8165"，单击"确定"按钮，PG/PC 接口设置完成。

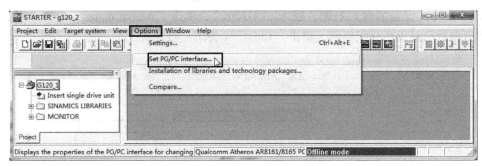

图 2-12　设置 PG/PC 接口（1）

3）搜索可访问的节点。单击工具栏中的"可访问节点"⏹按钮，Starter 开始搜索可访问的节点，如图 2-14 所示。

4）修改变频器 IP 地址。新购置的变频器或者恢复出厂值的变频器，其 IP 地址是"0.0.0.0"，如图 2-15 所示，选中"Bus node…"，单击鼠标右键，弹出快捷菜单，单击

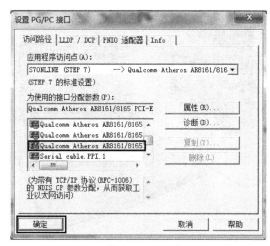

图 2-13　设置 PG/PC 接口（2）

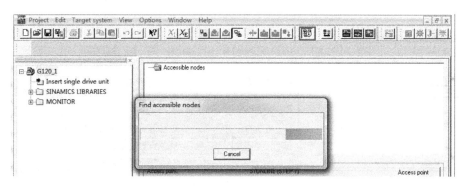

图 2-14　搜索可访问的节点

"Edit Ethernet node…"（编辑以太网…），弹出如图 2-16 所示界面，在"IP address："（IP 地址）右侧，输入变频器 IP 地址，本例为"192.168.0.2"，在"Subnet mask"（子网掩码）右侧，输入"255.255.255.0"，单击"Assign IP Configuration"（分配 IP 地址）按钮。在"Device name"（设备名称）右侧，输入"G120C"，单击"Assign name"（分配名称）按钮，弹出参数已经成功分配界面，单击"Close"（关闭）按钮关闭此界面。

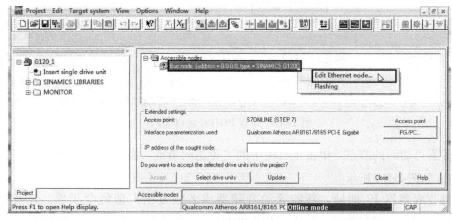

图 2-15　修改变频器 IP 地址（1）

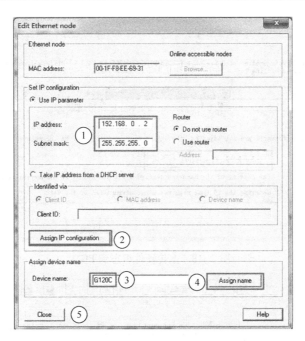

图 2-16　修改变频器 IP 地址（2）

5）上传参数到 PG。在图 2-17 中，勾选"Drive_uint_1…"，单击"Accept"按钮，如已经建立连接，则在弹出界面中单击"Close"按钮关闭此界面。

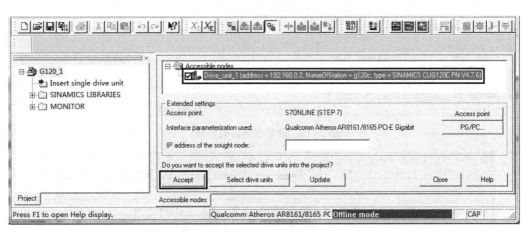

图 2-17　建立 PG 与变频器的通信连接

在图 2-18 所示的界面，单击"Load HW configuration to PG"（上传硬件组态到 PG）按钮，硬件组态上传到 PG 后，如图 2-19 所示。

6）设置变频器的参数，并下载参数。在图 2-19 中设置变频器的参数，单击工具栏中的"下载"按钮，将参数下载到变频器中，最后单击"Yes"按钮，如图 2-20 所示，参数从变频器的 RAM 传输到 ROM 中。

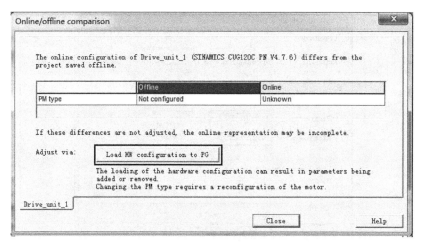

图 2-18　上传硬件组态到 PG

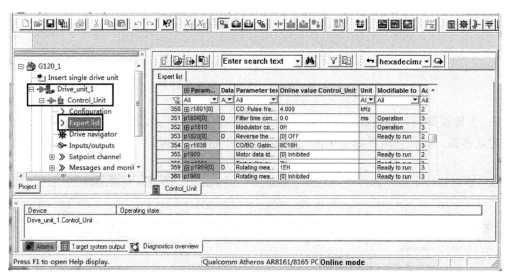

图 2-19　设置变频器的参数

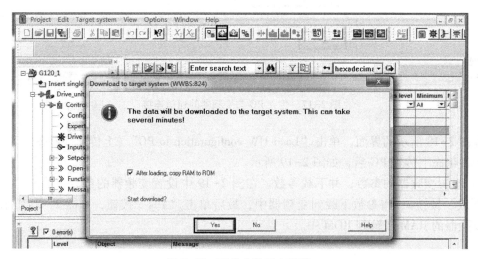

图 2-20　下载参数到变频器

2.4.4　用 TIA Portal 软件设置 SINAMICS G120 变频器的参数

西门子推出的 TIA Portal（博途）软件，是面向工业自动化领域的新一代工程软件平台，主要包括三部分，即 SIMATIC STEP 7、SIMATIC WinCC 和 StartDrive。

视频
用 TIA Portal
设置 G120 的
参数和 IP 地址

StartDrive 软件可以独立安装，也可以集成安装到 TIA Portal 软件中，TIA Portal 软件中必须安装 StartDrive 软件才能设置变频器的参数。

下面通过实例介绍用 TIA Portal 软件设置 G120 变频器的参数。

【例 2-3】 某设备上有一台 SINAMICS G120，要求使用 TIA Portal 软件对变频器进行参数设置。

解：

（1）软硬件配置

1）一套 TIA Portal V18（含 StartDrive）。

2）一台 SINAMICS G120C 变频器和一台电动机。

3）一根 mini-USB 线。

在调试 SINAMICS G120 变频器之前，先将计算机和 SINAMICS G120 变频器进行连接（见图 2-10）。

（2）具体设置过程

1）打开 TIA Portal 软件的参数视图。打开 TIA Portal 软件，在项目树中单击"在线访问"→"USB［S7USB］"双击"更新可访问的设备"，再单击"G120C_USS_MB［ZVH71B60001S2］"→"参数"，单击"所有参数"，在"参数视图"选项卡中，参数 p15 栏中有锁形标记，表示此参数不能修改，已经被锁定，如图 2-21 所示。

图 2-21　打开 TIA Portal 软件的参数视图

2）设置参数 p15。本例需要将 p15＝21 设置为 18，由于 p15 已经锁定，所以必须先将 p10 设置为 1，再将 p15 设置为 18，如图 2-22 所示，最后将 p10 设置为 0，使变频器处于运行状态。

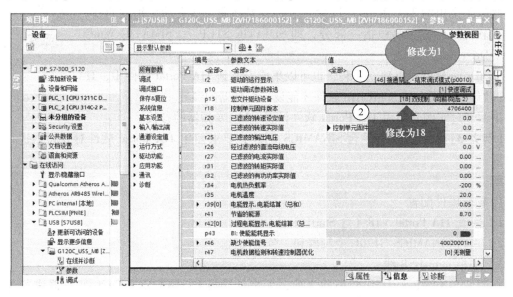

图 2-22　设置参数 p15

3）保存设置的参数。已经设置的参数如不保存，断电后修改值就会丢失，因此必须保存设置的参数。方法如下：如图 2-23 所示，单击项目树中的"调试"，再单击"保存/复位"，最后单击"保存"按钮。

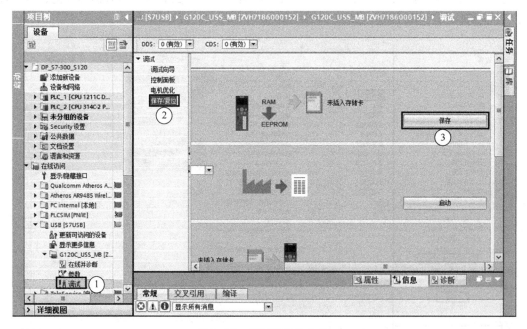

图 2-23　保存设置的参数

2.4.5   SINAMICS G120 变频器参数的上传和下载

1. SINAMICS G120 变频器参数的上传

当需要把 SINAMICS G120 变频器中的参数保存在计算机中时，利用 TIA Portal 软件（含 StartDrive 插件）上传参数非常重要。下面介绍 SINAMICS G120 变频器参数的上传。

视频
G120 参数的
上传和下载

1）新建项目并添加设备。新建项目"G120E"，如图 2-24 所示，在项目树中单击"添加新设备"→"驱动"→"CU240E-2 PN"（与用户的设备一致），选择 CU 单元的订货号和版本号，最后单击"确定"按钮。

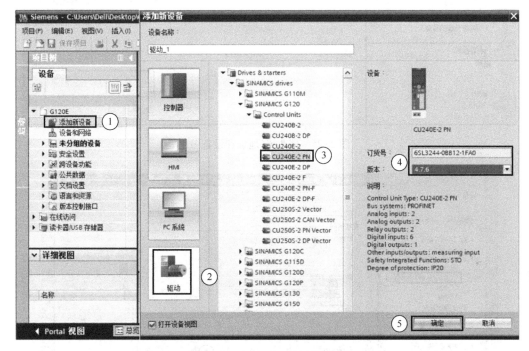

图 2-24   新建项目并添加设备

2）修改 IP 地址和设备名。如图 2-25 所示，在项目树中单击 CU 单元，在右侧下方界面中，单击"属性"→"常规"→"PROFINET 接口…"，将 CU 单元的 IP 地址（本例为"192.168.0.8"），和设备名（本例为"G120"）修改为与实际 G120 变频器的 IP 地址和设备名一致。

3）设备转至在线。如图 2-26 所示，在项目树中单击"在线并诊断"，在右侧界面中选择通信类型，本例为以太网，所以 PG/PC 接口的类型选择"PN/IE"，PG/PC 接口选择本计算机的有线网卡，单击"转到在线"按钮，弹出如图 2-27 所示界面，单击"开始搜索"按钮。

4）上传 SINAMICS G120 变频器的参数。如图 2-28 所示，在项目树中单击"Drive_unit_…"，单击工具栏中的"上传" 📤 按钮，弹出"从设备中上传"提示框，显示 SINAMICS G120 变频器的参数正在上传到 TIA Portal 软件的项目中。

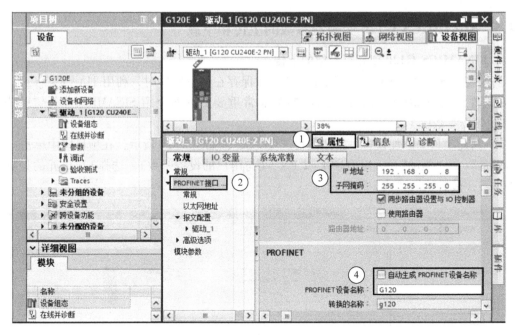

图 2-25　修改 IP 地址和设备名

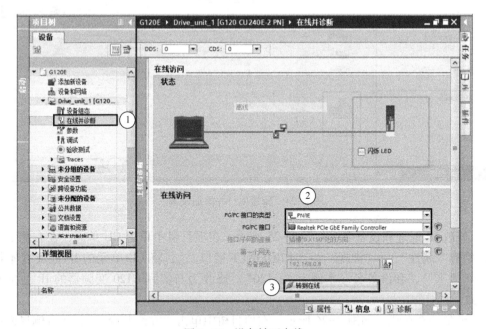

图 2-26　设备转至在线

2. SINAMICS G120 变频器的参数下载

当多台 SINAMICS G120 变频器的参数相同时，使用 TIA Portal 软件（含 StartDrive 插件）下载参数可以大幅提高工作效率。下面介绍 SINAMICS G120 变频器的参数下载。

1）下载参数。单击工具栏中的"下载" ![按钮]按钮，弹出如图 2-29 所示界面，开始下载参数。

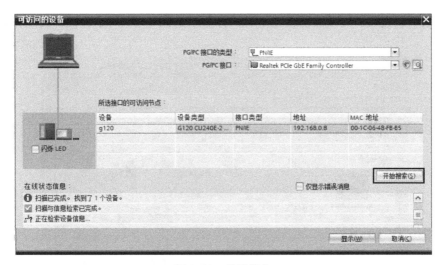

图 2-27　搜索设备

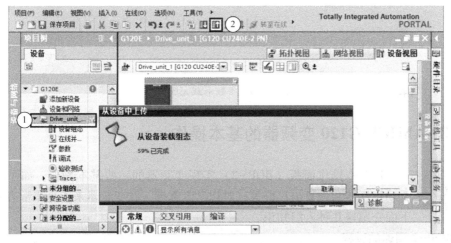

图 2-28　上传 SINAMICS G120 变频器的参数

图 2-29　下载参数

2）参数下载完成。当参数下载完成后，将显示如图 2-30 所示界面，提示参数下载已完成。

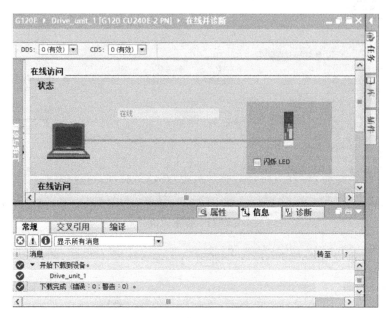

图 2-30　参数下载完成

2.5　SINAMICS G120 变频器的基本操作

视频
BOP-2 面板的
基本应用

用基本操作面板（BOP-2）实现变频器的一些基本操作，如手动点动、手动正反转和恢复出厂值等，对初学者掌握一款变频器来说是非常有必要的，下面介绍这几种入门知识。

1. BOP-2 调速的过程

使用 BOP-2 面板上的手动/自动切换键可以切换变频器的手动/自动模式。在手动模式下，面板上会显示手动符号。手动模式有两种操作方式，即起停操作方式和点动操作方式。

1）起停操作：按下起动键起动变频器，并以"SETPOINT"（设置值）功能中设定的速度运行，按下停止键停止变频器。

2）点动操作：长按起动键变频器按照点动速度运行，释放起动键变频器停止运行，点动速度在参数 p1058 中设置。

在 BOP-2 面板"CONTROL"菜单下提供了三个功能：

1）SETPOINT：设置变频器起停操作的运行速度。

2）JOG：使能点动控制。

3）REVERSE：设定值反向。

（1）SETPOINT 功能

在"CONTROL"菜单下，按▲或▼键选择"SETPOINT"，按键进入 SETPOINT 功能，按▲或▼键可以修改"SP 0.0"设定值，修改值立即生效，如图 2-31 所示。

（2）激活 JOG（点动）功能

在 "CONTROL" 菜单下，按▲或▼键选择 "JOG"，按OK键进入 JOG 功能，按▲或▼键选择 "ON"，按OK键使能点动操作，面板上会显示 JOG 符号，点动功能被激活，如图 2-32 所示。

图 2-31　SETPOINT 功能

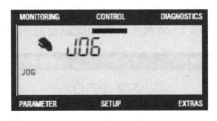

图 2-32　激活 JOG 功能

（3）激活 REVERSE（反转）功能

在 "CONTROL" 菜单下，按▲或▼键选择 "REVERSE"，按OK键进入 REVERSE 功能，按▲或▼键选择 "ON"，按OK键使能设定值反向。激活设定值反向后，变频器会把起停操作方式或点动操作方式的速度设定值 反向。激活 REVERSE 功能后的界面如图 2-33 所示。

注意：如变频器的功率与电动机功率相差较大时，电动机可能不运行，将 p1900（电动机识别）设置为 0，表示禁用电动机识别。这个设置初学者容易忽略。

2. 恢复参数到工厂设置

初学者在设置变频器参数时，有时进行了错误的设置，但又不能确定在哪个参数的设置上出了错，这种情况下可以对变频器进行复位，一般的变频器都有复位功能，复位后变频器的所有的参数变成出厂的设定值，但工程中正在使用的变频器要谨慎使用复位功能。

西门子 SINAMICS G120 变频器的复位步骤如下：按▲或▼键将光标移动到 "EXTRAS" 菜单，按OK键进入 "EXTRAS" 菜单，按▲或▼键找到 "DRVRESET"，按OK键激活复位出厂设置，按ESC键取消复位出厂设置，按OK键后开始恢复参数，BOP-2 上会显示 "BUSY"，参数复位完成后，屏幕上显示 "DONE"，如图 2-34 所示。

图 2-33　激活 REVERSE 功能

图 2-34　完成恢复参数到工厂设置

注意：按OK或ESC键返回到 "EXTRAS" 菜单。

3. 从变频器上传参数到 BOP-2

步骤如下：按▲或▼键将光标移动到 "EXTRAS" 菜单，按OK键进入 "EXTRAS" 菜单，按▲或▼键选择 "TO BOP"，按OK键进入 TO BOP 功能，按OK键开始上传参数，BOP-2 显示上传状态。BOP-2 将创建一个所有参数的 Zip 压缩文件，在 BOP-2 上会显示备份过程，显示 "CLONING"。备份完成后，会有 "Done" 提示，如图 2-35 所示，按OK或ESC键返回到

"EXTRAS" 菜单。

4. 从 BOP-2 下载参数到变频器

步骤如下：按▲或▼键将光标移动到"EXTRAS"菜单，按 ok 键进入"EXTRAS"菜单，按▲或▼键选择"FROM BOP"，按 ok 键进入 FROM BOP 功能，按 ok 键开始下载参数，BOP-2 显示下载状态，显示"CLONING"，BOP-2 解压数据文件。下载参数完成后，会有"Done"提示，如图 2-36 所示，按 ok 或 ESC 键返回到"EXTRAS"菜单。

图 2-35　备份参数完成

图 2-36　下载参数完成

在工程实践中，从 BOP-2 下载参数到变频器和从变频器上传参数到 BOP-2 两项操作非常有用。当一个项目中几台变频器参数设置都相同时，先设置一台变频器的参数，再从变频器上传参数到 BOP-2，接着再从 BOP-2 下载参数到变频器，明显可以提高工作效率。

习题

一、选择题

1. G120 变频器频率设定由参数（　　　）设定。

A. p0003　　　　　　　B. p0010　　　　　　　C. p0700　　　　　　　D. p0015

2. G120 变频器的模拟量输入类型设为 0~20 mA，应设参数（　　　）。

A. p0756 = 0　　　　　B. p0756 = 1　　　　　C. p0756 = 2　　　　　D. p0756 = 3

3. G120 变频器操作面板上的显示屏幕可显示（　　　）位数字或字母。

A. 2　　　　　　　　　B. 3　　　　　　　　　C. 4　　　　　　　　　D. 5

4. 某学生将 G120 变频器的 p0015 设为 17，可当 DIO 与 9 号端子（24V OUT）短接，电动机不旋转，可能的原因是（　　　）。

A. p0010 = 1　　　　　　　　　　　　　　B. p1900 = 2

C. 模拟量输入端没有信号　　　　　　　　D. 未接入交流电源

5. 某学生将 G120 希望将变频器的 p0015 设为 17，可无法进行设置，可能的原因是（　　　）。

A. p0010 = 0　　　　　B. p0010 = 1　　　　　C. p0010 = 2　　　　　D. p0010 = 4

二、简答题

1. SINAMICS G120 变频器的控制单元和功率模块的主要功能是什么？

2. 解释参数 p0010 和 p0015 的含义。

3. 用软件上传和下载变频器参数的优势是什么？

4. 常见的调试 SINAMICS G120 变频器的软件有哪几种？

5. 常用的设置 SINAMICS G120 变频器参数的方法有哪几种？

第 3 章

SINAMICS G120 变频器的运行与功能

改变变频器的输出频率就可以改变电动机的转速。要调节变频器的输出频率，变频器必须提供改变频率的信号，这个信号称为频率设定信号，所谓频率设定方式就是供给变频器设定信号的方式。由于转速与频率成正比，所以转速设定的实质是频率设定，本书不严格区分。

变频器频率设定方式主要有操作面板设定、外部端子设定（MOP 功能、多段转速设定、模拟量信号设定）和通信方式设定等。这些频率设定方式各有优缺点，必须根据实际情况进行选择。频率设定方式的选择由信号端口和变频器参数设置完成。

变频器的功能主要有 U/f 功能、矢量控制功能和 PID 功能等。

3.1 SINAMICS G120 变频器的 BICO 和宏功能

3.1.1 SINAMICS G120 变频器的 BICO 功能

1. BICO 功能的概念

BICO 功能即二进制/模拟量互联，是一种把变频器输入和输出功能联系在一起的设置方法，也是西门子变频器特有的功能，可以根据实际工艺要求灵活定义端口。MM4 系列和 SINAMICS 系列变频器均有 BICO 功能。

2. BICO 参数

在 CU240E/B-2 的参数中，有些参数名称的前面有字符"BI:""BO:""CI:"和"CO:"，这都是 BICO 参数，可以通过 BICO 参数确定功能块输入信号的来源，确定功能块是从哪个模拟量接口或二进制接口读取或者输入信号，从而可以按照要求，互联各种功能块。

BICO 功能示意如图 3-1 所示。

BICO 参数的含义见表 3-1。

表 3-1 BICO 参数的含义

序 号	参 数	含 义
1	BI:	二进制互联输入，即参数作为某个功能的二进制输入接口，通常与参数"p"对应
2	BO:	二进制互联输出，即参数作为某个功能的二进制输出接口，通常与参数"r"对应
3	CI:	模拟量互联输入，即参数作为某个功能的模拟量输入接口，通常与参数"p"对应

（续）

序 号	参 数	含 义
4	CO：	模拟量互联输出，即参数作为某个功能的模拟量输出接口，通常与参数"r"对应
5	CO/BO：	模拟量/二进制互联输出，即多个二进制合并成一个字参数，该字中的每一位表示一个二进制互联输出信号，16 位合并在一起表示一个模拟量互联输出信号

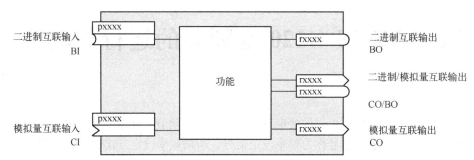

图 3-1　BICO 功能示意

3. BICO 功能实例

BICO 功能实例见表 3-2。

表 3-2　BICO 功能实例

序 号	参数号	参数值	功 能	说 明
1	p0840	722.0	数字量输入 DI0 作为起动信号	p0840[1]：BI 参数，ON/OFF 命令 r722.0[2]：CO/BO 参数，数字量输入 DI0 的状态
2	p1070	755.0	模拟量输入 AI0 作为主设定值	p1070：CI 参数，主设定值 r755.0：CO 参数，模拟量输入 AI0 的输入值

① 变频器的 ON/OFF 命令参数为 p0804，是 BI 参数。

② r722.0 代表数字量输入 DI0 的状态（0 或者 1），是 CO/BO 参数。

当参数 p0840 赋值为 722.0 时，DI0 即为变频器的起动信号，当 DI0 为高电平时，变频器起动。

3.1.2　预定义接口宏的概念

宏就是预定接线端子（如数字量、模拟量端子），完成特定功能（如多段转速运行、模拟量转速设定运行），与这些特定功能相关的多个参数，都随着宏的修改而大部分被修改，而无须操作者逐个修改，大大提高了工作效率。预定义的端子定义可以修改，如数字量端子 DI2 一般定义为应答，但有时数字量端子不够用或者其他端子烧毁时，通过修改 DI2 对应的参数，也可以改变 DI2 端子的定义（功能）。

视频
预定义接口宏

宏编号设置在参数 p0015 中。如多段转速运行时，可以将 p0015 设为 1，1 就是宏的编号，即 p0015＝1 表示 G120 变频器可以完成多段转速运行。

SINAMICS G120 变频器的宏最多有 18 种，范围为 1~22。根据机型不同，CU240B 控制单元的宏数量少，CU250S 控制单元的宏数量多。

注意：修改参数 p0015 之前，必选将参数 p0010 修改为 1，然后再修改参数 p0015，变频器运行时，必须设置参数 p0010＝0。

3.1.3　SINAMICS G120 的预定义接口宏

不同类型的控制单元有相应数量的宏，如 CU240B-2 有 8 种宏，CU240E-2 有 18 种宏。而 G120 PN 也有 18 种宏，见表 3-3。

表 3-3　SINAMICS G120 PN 变频器的预定义接口宏（部分）

宏编号	宏功能描述	主要端子定义	主要参数设定值
1	二线制控制，两个固定转速	DI0：ON/OFF1 正转 DI1：ON/OFF1 反转 DI2：应答 DI4：固定转速 3 DI5：固定转速 4	p1003：固定转速 3，如 150 p1004：固定转速 4，如 300
2	单方向两个固定转速，带安全功能	DI0：ON/OFF1+固定转速 1 DI1：固定转速 2 DI2：应答 DI4：预留安全功能 DI5：预留安全功能	p1001：固定转速 1 p1002：固定转速 2
3	单方向四个固定转速	DI0：ON/OFF1+固定转速 1 DI1：固定转速 2 DI2：应答 DI4：固定转速 3 DI5：固定转速 4	p1001：固定转速 1 p1002：固定转速 2 p1003：固定转速 3 p1004：固定转速 4
4	现场总线 PROFINET		p0922：352（西门子报文 352）
7	现场总线 PROFINET 和点动之间的切换	现场总线模式时 DI2：应答 DI3：低电平 点动模式时 DI0：JOG1 DI1：JOG 2 DI2：应答 DI3：高电平	p0922：1（标准报文 1）
9	电动电位器（MOP）	DI0：ON/OFF1 DI1：MOP 升高 DI2：MOP 降低 DI3：应答	
12	二线制控制 1，模拟量调速	DI0：ON/OFF1 正转 DI1：反转 DI2：应答 AI0+和 AI0-：转速设定	
17	二线制控制 2，模拟量调速	DI0：ON/OFF1 正转 DI1：ON/OFF1 反转 DI2：应答 AI0+和 AI0-：转速设定	
18	二线制控制 3，模拟量调速	DI0：ON/OFF1 正转 DI1：ON/OFF1 反转 DI2：应答 AI0+和 AI0-：转速设定	
19	三线制控制 1，模拟量调速	DI0：Enable/OFF1 DI1：脉冲正转起动 DI2：脉冲反转起动 DI4：应答 AI0+和 AI0-：转速设定	

（续）

宏编号	宏功能描述	主要端子定义	主要参数设定值
20	三线制控制 2，模拟量调速	DI0：Enable/OFF1 DI1：脉冲正转起动 DI2：反转 DI4：应答 AI0+和 AI0-：转速设定	
21	现场总线 USS	DI2：应答	P2020：波特率，如 6 P2021：USS 站地址 P2022：PZD 数量 P2023：PKW 数量

关于宏的应用，将在后续章节中详细介绍。

3.2 变频器正、反转控制

3.2.1 正、反转控制方式

视频
G120 变频器
的正反转控制

（1）操作面板控制

通过操作键盘上的运行键（正、反转）、停止键直接控制变频器的运转。其特点是简单方便，一般在简单机械及小功率变频器上应用较多。

操作面板控制最大的特点是使用方便，不需要增加任何硬件就能实现对电动机的正转、反转、点动、停止和复位控制，同时还能显示变频器的运转参数（电压、电流、频率和转速等）和故障警告等。变频器的操作面板可以通过延长线放置在容易操作的地方。距离较远时，还可用远程操作器操作。

一般来说，如果单台设备且仅限于正、反转调速时，用操作面板控制是经济实用的控制方法。

（2）输入端口控制

输入端口控制是指在变频器的数字量输入端口上连接按钮或开关，用其通断来控制电动机的正、反转及停止。

输入端口控制的优点是可以进行远距离和自动化控制。端口控制根据不同的变频器有以下三种具体表现形式：

1）专用的端口。每个端口固定一种功能，不需要参数设置，在运转时不会造成误动作。专用端口在较早期的变频器较为普遍。

2）多功能端口。用参数定义进行设置，灵活性好。在端口较少的小型经济型变频器中采用较多。如东芝 VF-S9 系列变频器、日立 SJ100 系列变频器等。

3）专用端口和多功能端口并用。正、反转用专用的端口，其余如点动、复位等用多功能端参数定义设置。如三菱变频器 STF（正转）、STR（反转）为专用端口，其余用多功能端参数定义设置。大部分变频器均采用这种混合型端口设置。

下面以 SINAMICS G120C 变频器为例介绍通过输入端口控制电动机正、反转的具体操作。

【例 3-1】 有一台 SINAMICS G120C 变频器，接线如图 3-2 所示，当接通按钮 SA1 和 SA3 时，三相异步电动机以 180 r/min 转速正转，当接通按钮 SA2 和 SA4 时，三相异步电动机以 180 r/min 转速反转，已知电动机的功率为 0.75 kW，额定转速为 1440 r/min，额定电压为 380 V，额定电流为 2.05 A，额定频率为 50 Hz，要求设计方案。

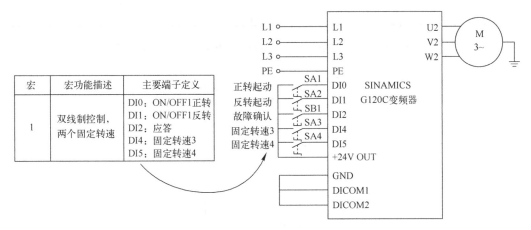

图 3-2　SINAMICS G120C 变频器接线图（1）

解：图 3-2 左侧是宏 1 定义的数字量输入端子的功能（如 DI0 为正转起动，DI4 为固定转速 3），根据宏 1 的定义，设计图 3-2 右侧的多段转速设定原理图，当 SA1 和 SA3 闭合，电动机以固定转速 3 正转，当 SA2 和 SA4 闭合，电动机以固定转速 4 反转。当 SA1、SA3 和 SA4 闭合，电动机以固定转速 3+固定转速 4 正转。变频器参数见表 3-4。

表 3-4　变频器参数

序　号	变频器参数	设定值	单　位	功　能　说　明
1	p0003	3		权限级别
2	p0010	1/0		驱动调试参数筛选。先设置为 1，当把 p15 和电动机相关参数修改完成后，再设置为 0
3	p0015	1		驱动设备宏指令
4	p1003	180	r/min	固定转速 3
5	p1004	180	r/min	固定转速 4

本例使用了预定义的接口宏 1，宏 1 规定了变频器的 DI0 为正转起停控制、DI1 为反转起停控制。如工程中需要将 DI0 定义为起停控制、DI2 定义为反转起停控制，则可以在宏 1 的基础上进行修改，变频器参数见表 3-5。

表 3-5　在宏 1 基础上修改后的变频器参数

序　号	变频器参数	设定值	单　位	功　能　说　明
1	p0003	3		权限级别
2	p0010	1/0		驱动调试参数筛选。先设置为 1，当把 p15 和电动机相关参数修改完成后，再设置为 0
3	p0015	1		驱动设备宏指令

（续）

序　号	变频器参数	设定值	单　位	功能说明
4	p1003	180	r/min	固定转速 3
5	p1004	180	r/min	固定转速 4
6	p3331	722.2		将 DI2 作为反转选择信号

按照表 3-5 设置参数后，变频器接线也要做相应更改，如图 3-3 所示。

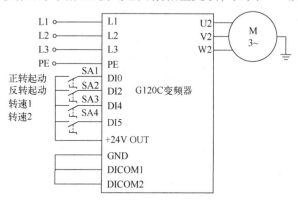

图 3-3　SINAMICS G120C 变频器接线图（2）

3.2.2　二线制和三线制控制

所谓二线制（也称双线制）、三线制实质是指用开关还是用按钮来进行正、反转控制。二线制控制是一种开关触点闭合/断开的起停方式。而三线制控制是一种脉冲上升沿触发的起动方式。

如果选择了通过数字量输入来控制变频器起停，需要在基本调试中通过参数 p0015 定义数字量输入如何起动停止电动机、如何在正转和反转之间进行切换。有五种方法可用于控制电动机，其中三种方法通过两个控制指令进行控制（二线制控制），另外两种方法需要三个控制指令（三线制控制）。基于宏的接线方法可参考预定义接口宏中的相关内容。SINAMICS G120 变频器的二线制和三线制控制方法见表 3-6。

表 3-6　SINAMICS G120 变频器的二线制和三线制控制方法[①]

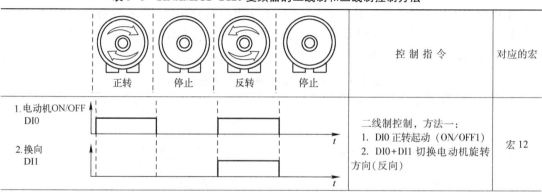

（续）

	控 制 指 令	对应的宏
正转　停止　反转　停止		
1. 电动机ON/OFF 正转，DI0 2. 电动机ON/OFF 反转，DI1	二线制控制，方法二、三： 1. DI0 正转起动（ON/OFF1） 2. DI1 反转起动（ON/OFF1）	宏 17 宏 18
1. 使能电动机OFF DI0 2. 电动机ON/正转 DI1 3. 电动机ON/反转 DI2	三线制控制，方法一： 1. DI0 断开停止电动机（OFF1） 2. DI1 脉冲正转起动 3. DI2 脉冲反转起动	宏 19
1. 使能电动机OFF DI0 2. 电动机通电 DI1 3. 换向 DI2	三线制控制，方法二： 1. DI0 断开停止电动机（OFF1） 2. DI1 脉冲正转起动 3. DI1 脉冲+DI2 切换电动机旋转方向(反向)	宏 20

① 序号含义如下：1 代表控制指令 1；2 代表控制指令 2；3 代表控制指令 3。

3.2.3　命令源和设定值源

通过预定义接口宏定义变频器用什么信号控制起动、用什么信号控制输出频率，通常可以满足工程需求，但在预定义接口宏不能完全满足要求时，必须根据 BICO 功能来调整命令源和设定值源。

1. 命令源

命令源是指变频器接收控制命令的接口。在设置预定义接口宏 p0015 时，变频器对命令源进行了定义。命令源举例见表 3-7。

表 3-7　命令源举例

参 数 号	参 数 值	含 义
p0840	722.0	将数字输入端子 DI0 定义为起动命令
	2090.0	将总线控制字 1 的第 0 位定义为起动命令
p0844	722.1	将数字输入端子 DI1 定义为 OFF2 命令
	2090.1	将总线控制字 1 的第 1 位定义为 OFF2 命令
p2013	722.2	将数字输入端子 DI2 定义为故障应答命令
p2016	722.3	将数字输入端子 DI3 定义为故障命令

2. 设定值源

设定值源是指变频器接收设定值的接口。在设置预定义接口宏 p0015 时，变频器对设定值源进行了定义。设定值源举例见表 3-8。

表 3-8　设定值源举例

参　数　号	参　数　值	含　　　义
p1070	1050	将电动电位器作为主设定值
	755［0］	将模拟量 AI0 作为主设定值
	755［1］	将拟量 AI1 作为主设定值
	1024	将固定转速作为主设定值
	2050［1］	将现场总线过程数据作为主设定值

3.3　SINAMICS G120 变频器多段转速/频率设定控制及应用

视频
G120 变频器
多段转速设定

通过基本操作面板进行手动转速/频率设定方法简单、资源消耗少，但这种转速/频率设定方法对于操作者来说比较烦琐，而且不容易实现自动控制。而通过 PLC 控制的多段转速/频率设定和通信转速/频率设定，就容易实现自动控制。

3.3.1　数字量输入

CU240B-2 提供了 4 路数字量输入端子（DI），CU240E-2 和 SINAMICS G120C 变频器提供了 6 路数字量输入端子。必要时，模拟量输入 AI 也可以作为数字量输入使用。数字量输入对应的状态见表 3-9。

表 3-9　数字量输入对应的状态

数字量输入编号	端子号	数字量输入状态位	数字量输入编号	端子号	数字量输入状态位
数字量输入 0，DI0	5	r722.0	数字量输入 3，DI3	8	r722.3
数字量输入 1，DI1	6	r722.1	数字量输入 4，DI4	16	r722.4
数字量输入 2，DI2	7	r722.2	数字量输入 5，DI5	17	r722.5

在 StartDrive 中查看数字量输入状态。打开 StartDrive 软件，选中计算机里的有线网卡，双击"更新可访问的设备"，选中"参数"→"参数视图"，单击 r722 旁边的三角号展开此参数，如图 3-4 所示，可以看到 G120 的数字输入端子与参数 r722 的对应关系，例如 DI2 与 r722.2 对应。而且当 r722.2 为高电平，表示 G120 的 DI2 此时与高电平短接，处于激活状态。当然也可以用 BOP-2 查看，相比较而言，用 BOP-2 查看要麻烦多了。

图 3-4　数字量输入对应的状态

3. 3. 2 数字量输出

CU240B-2 提供了 1 路继电器数字量输出（DO），SINAMICS G120C 变频器提供了 1 路继电器数字量输出和 1 路晶体管数字量输出，CU240E-2 提供了 2 路继电器数字量输出和 1 路晶体管数字量输出。

1. 数字量输出功能设置

SINAMICS G120 变频器数字量输出功能设置见表 3-10。

表 3-10　SINAMICS G120 变频器数字量输出功能设置

数字量输出编号	端　子　号	对应参数号
数字量输出 0，DO0	18、19、20	p0730
数字量输出 1，DO1	21、22	p0731
数字量输出 2，DO2	23、24、25	p0732

SINAMICS G120 变频器数字量输出常用功能设置见表 3-11。

表 3-11　SINAMICS G120 变频器数字量输出常用功能设置

参　数　号	参　数　值	说　　明
p0730	0	禁用数字量输出
	52.2	变频器运行
	52.3	变频器故障
	52.7	变频器报警
	52.14	变频器正转运行

注意： p0731 和 p0732 参数值的含义与表 3-11 相同。

在发生故障时，变频器的继电器数字量输出端子的常闭触点，通常用于切断变频器控制电路的电源，从而达到保护变频器的目的。

【例 3-2】 当 SINAMICS G120C 变频器故障报警时，报警灯亮，要求设置参数，并绘制报警部分接线图。

解： SINAMICS G120C 变频器故障报警原理图如图 3-5 所示。设置 p0730 = 52.7，DO0 时继电器输出，当变频器报警时，内部继电器常开触点闭合指示灯的 24 V 电源接通，即报警灯亮。

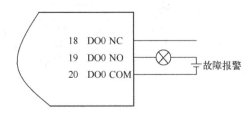

图 3-5　SINAMICS G120C 变频器故障报警原理图

2. 数字量输出信号取反

将参数 p0748 的状态（0 和 1）翻转，则对应的输出信号会取反，p0748.0 对应数字量输出 0（DO0），p0748.1 对应数字量输出 1（DO1）。比较简单的做法是在 StarterDrive 软件中修改，如图 3-6 所示，已经将 p0748.1 设置为 1，下载到变频器中即可实现数字量输出 1 的信号取反。

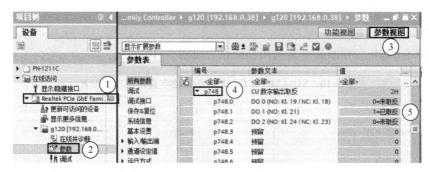

图 3-6　数字量输出 1 的信号取反

3.3.3　直接选择模式设定

一个数字量输入选择一个固定设定值，多个数字量输入同时激活时，选定的设定值是对应固定设定值的叠加。最多可以设置 4 个数字量输入信号。采用直接选择模式需要设置 p1016=1。直接选择模式的相关参数设置见表 3-12。

表 3-12　直接选择模式的相关参数设置

参　数　号	含　　义	参　数　号	含　　义
p1020	固定设定值 1 的选择信号	p1001	固定设定值 1
p1021	固定设定值 2 的选择信号	p1002	固定设定值 2
p1022	固定设定值 3 的选择信号	p1003	固定设定值 3
p1023	固定设定值 4 的选择信号	p1004	固定设定值 4

如果预定义接口宏能满足要求，则直接使用预定义接口宏，如果不能满足要求，则可以修改预定义接口宏。下面通过例题介绍 SINAMICS G120C 变频器的多段频率设定。

【例 3-3】有一台 SINAMICS G120C 变频器，接线如图 3-7 所示，当接通按钮 SA1 时，三相异步电动机以 180 r/min 转速正转，当接通按钮 SA1 和 SA2 时，三相异步电动机以

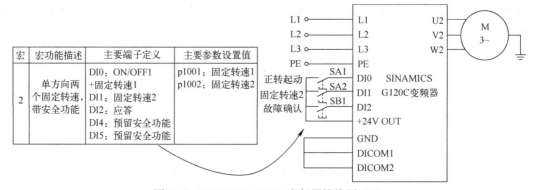

图 3-7　SINAMICS G120C 变频器接线图（1）

360 r/min 转速正转，已知电动机的功率为 0.75 kW，额定转速为 1440 r/min，额定电压为 380 V，额定电流为 2.05 A，额定频率为 50 Hz，设计方案。

解： 图 3-7 左侧是宏 2 定义的数字量输入端子的功能（如 DI0 为正转起动+固定转速 1，DI2 为固定转速度 2），根据宏 2 的定义，设计图 3-7 右侧的多段频率设定原理图。当接通按钮 SA1 时，DI0 端子与变频器的+24 V OUT（端子 9）连接，对应固定转速 1，固定转速在 p1001 中设定；当接通按钮 SA1 和 SA2 时，DI0 和 DI1 端子与变频器的+24 V OUT（端子 9）连接时再对应一个速度（固定转速 1+固定转速 2），固定速度 2 在 p1002 中设定。变频器参数见表 3-13。

表 3-13　变频器参数（1）

序　号	变频器参数	设定值	单　位	功能说明
1	p0003	3		权限级别
2	p0010	1/0		驱动调试参数筛选。先设置为 1，当把 p15 和电动机相关参数修改完成后，再设置为 0
3	p0015	2		驱动设备宏指令
4	p1001	180	r/min	固定转速 1
5	p1002	180	r/min	固定转速 2

本例使用了预定义接口宏 2，宏 2 规定了变频器的 DI0 为起停控制和固定转速 1、DI1 为固定转速 2。如工程中需要将 DI0 定义为起停控制和固定转速 1、DI2 定义为固定转速 2，则可以在宏 2 的基础上进行修改，变频器参数见表 3-14。

表 3-14　变频器参数（2）

序　号	变频器参数	设定值	单　位	功能说明
1	p0003	3		权限级别
2	p0010	1/0		驱动调试参数筛选。先设置为 1，当把 p15 和电动机相关参数修改完成后，再设置为 0
3	p0015	2		驱动设备宏指令
4	p1001	180	r/min	固定转速 1
5	p1002	180	r/min	固定转速 2
6	p1021	722.2		将 DI2 作为固定设定值 2 的选择信号

按照表 3-14 设置参数后，变频器接线也要做相应更改，如图 3-8 所示。

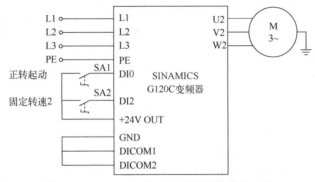

图 3-8　SINAMICS G120C 变频器接线图（2）

【例 3-4】 用一台继电器输出 CPU 1211C（AC/DC/继电器）控制一台 SINAMICS G120C 变频器，当按下按钮 SB1 时，三相异步电动机以 90 r/min 转速正转 10 s，再以 270 r/min 转速正转 10 s，停 10 s，再以 180 r/min 转速反转 10 s 后停机，当按下按钮 SB2 时，电动机也停机，已知电动机的功率为 0.75 kW，额定转速为 1440 r/min，额定电压为 380 V，额定电流为 2.05 A，额定频率为 50 Hz，设计方案，并编写程序。

解： 主要软硬件配置

1）一套 TIA Portal V18。

2）一台 SINAMICS G120C 变频器。

3）一台 CPU 1211C。

4）一台电动机。

硬件接线如图 3-9 所示。

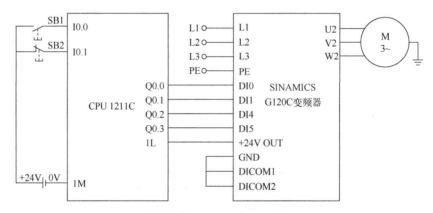

图 3-9　硬件接线图（PLC 为继电器输出）（1）

多段转速设定时，当 DI0 和 DI4 端子与变频器的 +24 V OUT（端子 9）连接时，对应正转转速 90 r/min，当 DI0、DI4 和 DI5 端子同时与变频器的 +24 V OUT（端子 9）连接时，对应正转转速 270 r/min，DI1、DI5 端子与变频器的 +24 V OUT 接通时，对应反转转速 180 r/min。变频器参数见表 3-15。

表 3-15　变频器参数（3）

序　号	变频器参数	设定值	单　位	功　能　说　明
1	p0003	3		权限级别
2	p0010	1/0		驱动调试参数筛选。先设置为 1，当把 p15 和电动机相关参数修改完成后，再设置为 0
3	p0015	1		驱动设备宏指令
4	p1003	90	r/min	固定转速 3
5	p1004	180	r/min	固定转速 4

当 Q0.0 和 Q0.2 为 1 时，变频器的 9 号端子与 DI0 和 DI4 端子连通，电动机以 90 r/min（固定转速 3）的转速运行，固定转速 3 设定在 p1003 中。当 Q0.0、Q0.2 和 Q0.3 同时为 1 时，DI0、DI4 和 DI5 端子同时与变频器的 +24 V OUT（端子 9）连接，电动机以 270 r/min（固定转速 3+固定转速 4）的转速正转运行，固定转速 4 在 p1004 中设定。当 Q0.1 和 Q0.3

同时为 1 时，DI1 和 DI5 端子同时与变频器的 + 24 V OUT（端子 9）连接，电动机以 180 r/min（固定转速 4）的转速反转运行。

【关键点】不管是什么类型的 PLC，只要是继电器输出，其硬件接线图都可以参考图 3-9，若增加三个中间继电器则系统更加可靠，如图 3-10 所示。

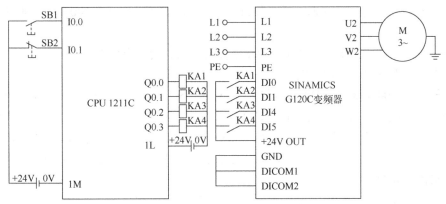

图 3-10　硬件接线图（PLC 为继电器输出）（2）

梯形图程序如图 3-11 所示。

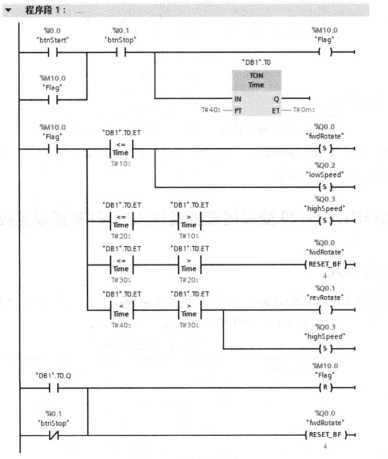

图 3-11　梯形图程序

程序段 1：起停控制，注意起动按钮 SB1 接常闭触点，所以对应梯形图中第一行的 I0.1 是常开触点。

程序段 2："DB1".T0.ET 是定时器的当前时间，"DB1".T0.ET ≤ 10 s，Q0.0 和 Q0.2 置位，低速正转；当 10 s < "DB1".T0.ET ≤ 20 s 时，Q0.0~Q0.3 复位，停机；当 20 s < "DB1".T0.ET ≤ 30 s 时，Q0.0~Q0.3 复位，高速正转，停机；当 30 s < "DB1".T0.ET ≤ 40 s 时，Q0.1 和 Q0.3 置位，中速反转。

程序段 3：定时器定时超过 40 s 或者压下停止按钮，变频器停车。

PLC 为晶体管输出（PNP 型输出）时的控制方案如下：

西门子 S7-1200 PLC 为 PNP 型输出，SINAMICS G120C 变频器的数字量输入端子为 PNP 型输入，因此电平可以兼容。由于 Q0.0（或其他输出点输出时）输出 DC 24 V 信号，又因为 PLC 与变频器有共同的 0 V，所以，当 Q0.0（或其他输出点输出时）输出时，等同于 DI0（或其他数字量输入）与变频器的 9 号端子（+24 V OUT）连接，硬件接线如图 3-12 所示，控制程序同图 3-11。

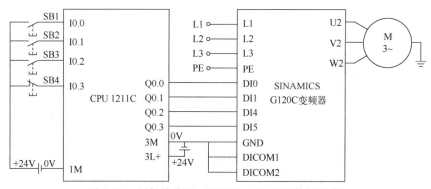

图 3-12　硬件接线图（PLC 为 PNP 型晶体管输出）

【关键点】PLC 为晶体管输出时，其 3M（0 V）必须与变频器的 GND（数字地）短接，否则，PLC 的输出不能形成回路。

3.4　SINAMICS G120 变频器模拟量输入频率/转速设定控制及应用

3.4.1　模拟量输入

CU240B-2 和 SINAMICS G120C 变频器提供了 1 路模拟量输入（AI0），CU240E-2 提供了 2 路模拟量输入（AI0 和 AI1），AI0 和 AI1 在表 3-16 中设置。

视频
模拟量转速设定（二线制）

视频
模拟量转速设定

表 3-16　参数 p0756 的功能

参　　数	CU 端子号	模拟量	设定值的含义说明
p0756[0]	3、4	AI0	0：单极电压输入（0~10 V） 1：单极电压输入，带监控（2~10 V） 2：单极电流输入（0~20 mA） 3：单极电流输入，受监控（4~20 mA） 4：双极电压输入（-10~10 V） 8：未连接传感器
p0756[1]	10、11	AI1	

例如：外接信号是 -10~10 V 连接在 3 和 4 号端子上，说明使用的是 AI0 通道进行模拟量转速设定，所以将参数 p0756[0] 设置为 4，如果模拟量接在 10 和 11 上，说明使用的是 AI1 通道，则将参数 p0756[1] 设置为 4。

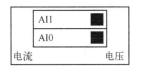

图 3-13　模拟量输入信号设定

当模拟量输入信号是电压信号时，需要把 DIP 拨码开关拨到电压侧，出厂时在电压侧，当模拟量输入信号是电流信号时，需要把 DIP 拨码开关拨到电流侧。如图 3-13 所示，两个模拟量输入通道的信号在电压侧，也就是接电压信号。

CU240B-2 和 SINAMICS G120C 变频器只有 1 路模拟量输入，AI1 拨码开关无效。

使用参数 p0756 修改模拟量输入类型后，变频器会自动调整模拟量输入标定。线性标定曲线由两个点（p0757，p0758）和（p0759，p0760）确定，也可以根据实际标定。模拟量输入标定举例见表 3-17。

表 3-17　模拟量输入标定举例

参数号	设定值	说　　明
p0757[0]	-10	-10 V 对应 -100% 的标定，即 -50 Hz
p0758[0]	-100	-100%
p0759[0]	10	10 V 对应 100% 的标定，即 50 Hz
p0760[0]	100	100%
p0761[0]	0	死区宽度

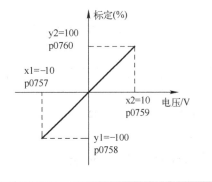

3.4.2　模拟量输出

CU240B-2 和 SINAMICS G120C 变频器提供了 1 路模拟量输出（AO0），CU240E-2 提供了 2 路模拟量输出（AO0 和 AO1），AO0 和 AO1 在下表中设置。

1. 模拟量输出类型选择

变频器提供了多种模拟量输出模式，使用参数 p0776 进行选择，见表 3-18。

表 3-18　参数 p0776 的功能

参　　数	CU 端子号	模　拟　量	设定值的含义说明
p0776[0]	12、13	AO0	0：电流输出（0~20 mA）
p0776[1]	26、27	AO1	1：电压输出（0~10 V） 2：电流输出（4~20 mA）

例如：模拟量输出信号是 0~10 V 连接在 12 和 13 号端子上，说明使用的是 AO0 通道，所以将参数 p0776[0] 设置为 1，如模拟量接在 26 和 27 上，说明使用的是 AO1 通道，则将参数 p0776[1] 设置为 1。

使用参数 p0776 修改了模拟量输出类型后，变频器会自动调整模拟量输出标定。线性标定曲线由两个点（p0777、p0778）和（p0779、p0780）确定，也可以根据实际标定。模拟量输出标定举例见表 3-19。

表 3-19　模拟量输出标定举例

参数号	设定值	说　　明	
p0777[0]	0	0%对应输出 4 mA 100%对应输出 20 mA	
p0778[0]	4		
p0779[0]	100		
p0780[0]	20		

2. 模拟量输出功能设置

变频器的模拟量输出大小对应电动机的转速、变频器的频率、变频器的电压或变频器的电流等，通过改变参数 p0771 实现，具体设置见表 3-20。

表 3-20　参数 p0771 的功能

参　　数	CU 端子号	模　拟　量	设定值的含义说明
p0771[0]	12、13	AO0	0：模拟量输出被封锁 21：电动机转速实际值 24：经过滤波的输出频率 25：经过滤波的输出电压
p0771[1]	26、27	AO1	26：经过滤波的直流母线电压 27：经过滤波的电流实际值绝对值

【例 3-5】 要求设计一个电路，用 CPU1211C 的模拟量通道测量 SINAMICS G120 变频器的输出频率，并设置相关参数。

解：

1）设计原理图如图 3-14 所示。

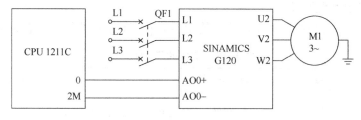

图 3-14　例 3-5 设计原理图

2）设置相关的参数。由于 CPU1211C 的模拟量通道仅能采集 0~10 V 的电压信号，且 G120 有模拟量输出通道，所以设置 G120 变频器的模拟量输出类型为电压，即 p0776[0]=1。又要求测量变频器的输出频率，所以设置 p0771[0]=24。

顺便指出：如果要监控转速，则设置 p0771[0]=21。

3.4.3　模拟量转速设定的应用

数字量多段转速设定可以设定的转速段数量有限，不能做到无级调速，而外部模拟量输入可以做到无级调速，也容易实现自动控制，而且模拟量可以是电压信号或电流信号，使用比较灵活，因此应用较广。下面通过实例介绍模拟量信号转速设定。

【例 3-6】要对一台 G120C 变频器进行电压信号模拟量转速设定，已知电动机的功率为 0.75 kW，额定转速为 1440 r/min，额定电压为 380 V，额定电流为 2.05 A，额定频率为 50 Hz。要求设计电气控制系统，并设定参数。

解：图 3-15 左侧为宏 17 定义的数字量输入和模拟量输入端子的功能（如 DI0 为正转起动，AI0+和 AI0-为模拟量转速设定），根据宏 17 的定义，设计图 3-15 右侧的模拟量转速设定电气控制系统设定，只要调节电位器就可以对电动机进行无级调速。变频器参数见表 3-21。

当 SA1 闭合，变频器开始使能运行，此时调节电位器，实际就是改变模拟量输入电压的大小，电动机的转速随之改变，实现无极调速。

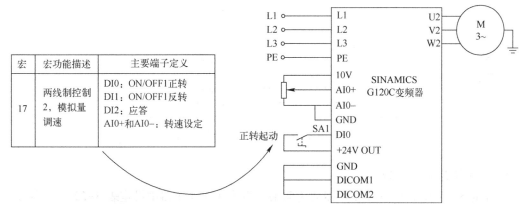

宏	宏功能描述	主要端子定义
17	两线制控制 2，模拟量调速	DI0：ON/OFF1 正转 DI1：ON/OFF1 反转 DI2：应答 AI0+和 AI0-：转速设定

图 3-15　SINAMICS G120C 变频器接线图

表 3-21　变频器参数（1）

序　号	变频器参数	设定值	单　位	功　能　说　明
1	p0003	3		权限级别
2	p0010	1/0		驱动调试参数筛选。先设置为 1，当把 p15 和电动机相关参数修改完成后，再设置为 0
3	p0015	17		驱动设备宏指令
4	p0756	0		模拟量输入类型，0 表示电压范围 0~10 V

【例 3-7】用一台触摸屏、CPU 1212C 对变频器进行模拟量转速设定，同时触摸屏显示实时转速，已知电动机的，功率为 0.75 kW，额定转速为 1440 r/min，额定电压为 380 V，额定电流为 2.05 A，额定频率为 50 Hz。设计方案。

解：

（1）软硬件配置

1）一套 TIA Portal V18。

2）一台 SINAMICS G120C 变频器。

3）一台 CPU 1212C 和 SM 1234。

4）一台电动机。

5）一台 HMI。

将 CPU 1212C、变频器、模拟量输入/输出模块 SM1234 和电动机按照图 3-16 接线。注意：CPU 1212C 输出端的 0 V 必须与 G120 输入端的 GND 短接，否则 CPU 1212C 的数字量输出处于断路状态，CPU 1212C 的数字量信号送不到 G120，因此 G120 不能起动。本例不能使用 CPU 1211C 模块，因为此模块不能扩展模拟量模块。

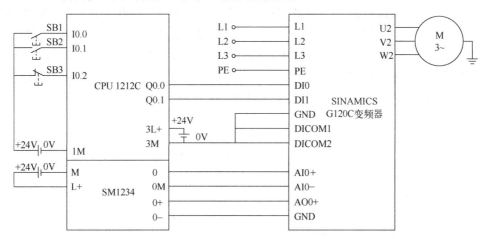

图 3-16　例 3-7 原理图

（2）设定变频器的参数

先查询 SINAMICS G120C 变频器的说明书，再依次在变频器中设定表 3-22 中的参数。

表 3-22　变频器参数（2）

序　号	变频器参数	设定值	单　位	功　能　说　明
1	p0003	3		权限级别
2	p0010	1/0		驱动调试参数筛选。先设置为 1，当把 p15 和电动机相关参数修改完成后，再设置为 0
3	p0015	17		驱动设备宏指令
4	p0756	0		模拟量输入类型，0 表示电压范围 0~10 V
5	p0771	21	r/min	输出的实际转速
6	p0776	1		输出电压信号

【关键点】p0756 设定为 0 表示使用电压信号对变频器设定；此外还要将 I/O 控制板上的 DIP 开关设定为 ON。

（3）编写程序，并将程序下载到 PLC 中

梯形图程序如图 3-17 所示。

程序段 1：正转，Q0.0 发出正转信号。

程序段 2：反转，Q0.1 发出反转信号。

程序段 3：设置转速，并把转速信号从模拟量输出通道 QW96 发出。

程序段 4：测量实时转速，从模拟量输入通道 IW96 采集转速信号，并转换成转速。

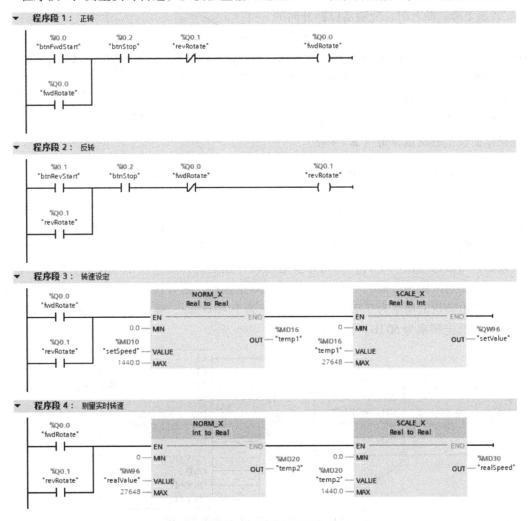

图 3-17　梯形图程序

3.5　SINAMICS G120 变频器的 MOP（电动电位器）频率/转速设定及应用

3.5.1　SINAMICS G120 变频器的 MOP 频率/转速设定

视频
MOP 升降速
设定

变频器的 MOP 功能是通过变频器数字量端口的通、断来控制变频器频率/转速的升、降，又称为 UP/DOWN（远程遥控设定）功能。大部分变频器通过多功能输入端口进行数字量 MOP 设定。

MOP 功能通过频率/转速上升（UP）和频率/转速下降（DOWN）控制端子实现，两端子将多功能端子通过功能预置为 MOP 功能。将预置为 UP 功能的控制端子开关闭合时，变频器的输出频率/转速上升，断开时，变频器以断开时的频率/转速运行；将预置为 DOWN 功能的控制端子开关闭合时，变频器的输出频率/转速下降，断开时，变频器以断开时的频率/转速运行，如图 3-18 所示。用 UP 和 DOWN 端子控制频率/转速的升降比用模拟输入端子控制稳定性好，因为该端子为数字量控制，不受干扰信号的影响。

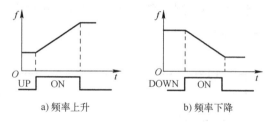

图 3-18　频率上升与频率下降控制曲线

实质上，MOP 功能就是通过数字量端口实现操作面板上的键盘设定（▲/▼键）。

3.5.2　SINAMICS G120 变频器 MOP 频率/转速设定的应用

如果预定义接口宏能满足要求，则直接使用预定义接口宏，如果不能满足要求，则可以修改预定义接口宏。下面通过例题介绍 SINAMICS G120C 变频器的 MOP 转速设定。

【例 3-8】一台 SINAMICS G120C 变频器的接线如图 3-19 所示，当接通按钮 SA1 时，使能变频器。当接通按钮 SB1 时，三相异步电动机升速运行，断开按钮 SB1 时，保持当前转速运行；当接通按钮 SB2 时，三相异步电动机降速运行，断开按钮 SB2 时，保持当前转速运行。已知电动机的功率为 0.75 kW，额定转速为 1440 r/min，额定电压为 380 V，额定电流为 2.05 A，额定频率为 50 Hz，设计方案。

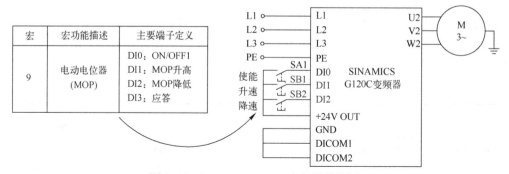

图 3-19　SINAMICS G120C 变频器接线图

解：

图 3-19 左侧为宏 9 定义的数字量输入端子的功能（如 DI0 为起/停控制，DI1 为转速升高控制，DI2 为转速下降控制），根据宏 9 的定义，设计图 3-19 右侧的 MOP 设定原理图。当接通按钮 SA1 时，DI0 端子与变频器的+24 V OUT（端子 9）连接，使能变频器；当接通按钮 SB1 时，DI1 端子与变频器的+24 V OUT（端子 9）连接时，升速运行，当接通按钮 SB2 时，三相异步电动机降速运行。变频器参数见表 3-23。

表 3-23　变频器参数

序　号	变频器参数	设定值	单　位	功　能　说　明
1	p0003	3		权限级别
2	p0010	1/0		驱动调试参数筛选。先设置为 1，当把 p15 和电动机相关参数修改完成后，再设置为 0
3	p0015	9		驱动设备宏指令

3.6　PLC 与 SINAMICS G120 变频器通信及应用

3.6.1　USS 通信

USS 协议（Universal Serial Interface Protocol，通用串行接口协议）是西门子公司所有传动产品的通用通信协议，它是一种基于串行总线进行数据通信的协议。USS 协议是主-从结构的协议，规定了在 USS 总线上可以有一个主站和最多 31 个从站；总线上的每个从站都有一个站地址（在从站参数中设定），主站依靠它识别每个从站；每个从站也只对主站发来的报文做出响应并回送报文，从站之间不能直接进行数据通信。另外，还有一种广播通信方式，主站可以同时给所有从站发送报文，从站在接收到报文并做出相应的响应后，可不回送报文。

使用 USS 协议的优缺点：

1）对硬件设备要求低，减少了设备之间的布线。

2）无须重新连线就可以改变控制功能。

3）可通过串行接口设置或改变传动装置的参数。

4）可实时监控传动系统。

5）USS 通信的实时性不佳，不适合用于实时性要求高的场合。

视频
S7-1200 PLC
与 G120 变频器
的 USS 通信

3.6.2　S7-1200 PLC 与 SINAMICS G120 变频器的 USS 通信

S7-1200 PLC 的 USS 通信需要配置串行通信模块，如 CM1241（RS-485）、CM1241（RS-422/RS-485）和 CB1241（RS-485）板，每个 RS-485 端口最多可与 16 台变频器通信。一台 S7-1200 PLC CPU 中最多可安装三个 CM1241（RS-422/RS-485）模块和一块 CB 1241（RS-485）板。

S7-1200 CPU（V4.1 版本及以上）扩展了 USS 的功能，可以使用 PROFINET 或 PROFIBUS 分布式 I/O 机架上的串行通信模块与西门子变频器进行 USS 通信。下面举例介绍 S7-1200 PLC 与 SINAMICS G120C 变频器的 USS 通信应用。

【例 3-9】用一台 CPU 1211C 对变频器拖动的电动机进行 USS 无级调速，已知电动机的功率为 0.75 kW，额定转速为 1440 r/min，额定电压为 380 V，额定电流为 2.05 A，额定频率为 50 Hz。要求设计解决方案。

解：

（1）软硬件配置

1）一套 TIA Portal V18 和 Starter V5.4。

2）一台 SINAMICS G120C 变频器和一台电动机。

3）一台 CPU 1211C 和 CM1241（RS-485）。

接线如图 3-20 所示，CM1241（RS-485）模块串口的 3、8 号引脚与 SINAMICS G120 变频器的通信口的 2、3 号端子相连，PLC 端和变频器端的终端电阻置于 ON。

（2）硬件组态

1）新建项目"USS_1200"，添加新设备，先将 CPU 1211C 拖拽到"设备视图"界面中，再将 CM1241（RS485）通信模块拖拽到"设备视图"界面中，如图 3-21 所示。

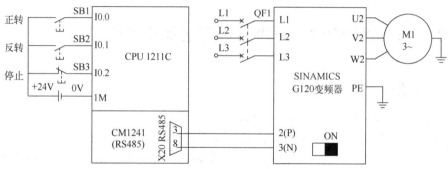

图 3-20　例 3-9 接线图

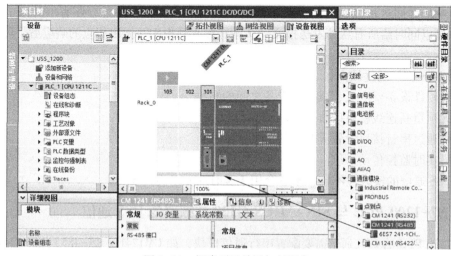

图 3-21　新建项目并添加新设备

2）选中 CM1241（RS485）的串口，在单击"属性"选项卡中，单击"常规"→"IO-Link"，不修改 IO-Link 串口的参数（也可根据实际情况修改，但变频器参数要与此参数一致），如图 3-22 所示。

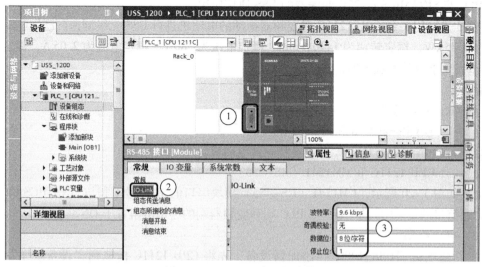

图 3-22　IO-Link 串口的参数

（3）指令介绍和程序编写

1）相关指令简介。USS_PORT 指令处理 USS 程序段上的通信，主要用于设置通信接口参数。在程序中，每个串行通信端口使用一条 USS_PORT 指令来控制与一个驱动器的传输。通常，程序中每个串行通信端口只使用一条 USS_PORT 指令，且每次调用该指令都会处理与单个驱动器的通信。与同一个 USS 网络和串行通信端口相关的所有 USS 指令都必须使用同一个背景数据块。

USS_PORT 指令格式见表 3-24。

表 3-24 USS_PORT 指令格式

LAD	SCL	输入/输出	说　明
USS_PORT EN　　ENO 　　ERROR 　　STATUS PORT BAUD USS_DB	"USS_PORT" (PORT: =_uint_in_, BAUD: =_dint_in_, ERROR =>_bool_out_, STATUS =>_word_out_, USS_DB: =_fbtref_inout_);	EN	使能
		PORT	端口，通过哪个通信模块进行 USS 通信
		BAUD	通信波特率
		USS_DB	USS_DRIVE 指令的背景数据块
		ERROR	输出错误，0 表示无错误，1 表示有错误
		STATUS	扫描或初始化的状态

使用 USS_PORT 指令时，通信波特率和奇偶校验必须与变频器参数（见表 3-27）和串行通信模块硬件组态（见图 3-22）一致。

S7-1200 PLC 与变频器的通信与其本身的扫描周期不同步参数，在完成一次与变频器的通信事件之前，S7-1200 PLC 通常完成了多个扫描。用户程序执行 USS_PORT 指令的次数必须足够多，以防止驱动器超时。通常从循环中断 OB 调用 USS_PORT 以防止驱动器超时，确保 USS_DRV 调用最新的 USS 数据更新内容。比 USS_PORT 间隔更频繁地调用 USS_PORT 指令不会增加事务数。

USS_PORT 通信的时间间隔是 S7-1200 PLC 与变频器通信所需要的时间，不同的通信波特率对应的 USS_PORT 通信间隔时间不同。不同的通信波特率对应的 USS_PORT 最小通信间隔时间见表 3-25。

表 3-25 波特率对应的 USS_PORT 最小通信间隔时间

波特率/(bit/s)	最小时间间隔/ms	最大时间间隔/ms
4800	212.5	638
9600	116.3	349
19200	68.2	205
38400	44.1	133
57600	36.1	109
115200	28.1	85

USS_DRV 功能块用于与变频器进行交换数据，从而读取变频器的状态以及控制变频器的运行。每个变频器使用唯一的一个 USS_DRV 指令，但同一个 CM1241（RS-485）模块的

USS 网络的所有变频器（最多16个）都使用同一个 USS_DRV_DB。USS_DRV 指令必须在主 OB 中调用，不能在循环中断 OB 中调用。USS_DRV 指令格式见表 3-26。

表 3-26　USS_DRV 指令格式

LAD	SCL	输入/输出	说　明
		EN	使能
		RUN	驱动器起始位，该输入为真时，将使驱动器以预设速度运行
	"USS_DRV"(	OFF2	紧急停止，自由停车
	RUN:=_bool_in_,	OFF3	快速停车，带制动停车
	OFF2:=_bool_in_,	F_ACK	变频器故障确认
	OFF3:=_bool_in_,	DIR	变频器控制电动机的转向
	F_ACK:=_bool_in_,		
	DIR:=_bool_in_,	DRIVE	变频器的 USS 站地址（有效值 1~16）
	DRIVE:=_usint_in_, PZD_LEN:=_usint_in_, SPEED_SP:		
	=_real_in_, CTRL3:	PZD_LEN	PZD 字长
USS_DRV	=_word_in_, CTRL4:	SPEED_SP	变频器的速度设定值，用百分比表示
—EN　　　ENO—	=_word_in_, CTRL5:		
NDR—	=_word_in_, CTRL6:		
—RUN　　ERROR—	=_word_in_, CTRL7:	CTRL3	控制字 3，写入驱动器上用户可组态参数的值，必须在驱动器上组态该参数
—OFF2　STATUS—	=_word_in_, CTRL8:		
—OFF3　RUN_EN—	=_word_in_, NDR=>_bool_out_,		
—F_ACK　D_DIR—	ERROR=>_bool_out_,	CTRL8	控制字 8，写入驱动器上用户可组态参数的值，必须在驱动器上组态该参数
—DIR　　INHIBIT—	STATUS=>_word_out_,		
—DRIVE　FAULT—	RUN_EN=>_bool_out_,		
—PZD_LEN　SPEED—	D_DIR=>_bool_out_,	NDR	新数据到达
—SPEED_SP STATUS1—	INHIBIT=>_bool_out_,	ERROR	出现故障
—CTRL3　STATUS3—	FAULT=>_bool_out_,	STATUS	扫描或初始化状态
—CTRL4　STATUS4—	SPEED=>_real_out_,	INHIBIT	变频器禁止位标志
—CTRL5　STATUS5—	STATUS1=>_word_out_,	FAULT	变频器故障
—CTRL6　STATUS6—	STATUS3=>_word_out_,	SPEED	变频器当前速度，用百分比表示
—CTRL7　STATUS7—	STATUS4=>_word_out_,		
—CTRL8　STATUS8—	STATUS5=>_word_out_,	STATUS1	驱动器状态字 1，该值包含驱动器的固定状态位
	STATUS6=>_word_out_,		
	STATUS7=>_word_out_,		
	STATUS8=>_word_out_);	STATUS8	驱动器状态字 8，该值包含驱动器上用户可组态的状态字

使用 USS_DRV 指令块要注意：RUN 的有效信号是高电平一直接通，而不是脉冲信号；OFF3 为高电平，自由停车，低电平通过制动快速停车。

2）编写程序。循环中断块 OB30 中的 LAD 程序如图 3-23 所示，每次执行 USS_PORT 仅与一台变频器通信，主程序块 OB1 中的 LAD 程序如图 3-24 所示，变频器的读写指令只能在 OB1 中。

查表 3-25 可知，波特率为 9600 bit/s 时，最小通信间隔时间为 116.3 ms，因此循环中断块 OB30 的循环时间要小于此间隔时间，本例设置为 50 ms。

按表 3-9 依次在变频器中设定表 3-27 中的参数。常采用基本操作面板（BOP-2）、智能操作面板（IOP）和计算机（PC）借助软件（如 Starter 软件）等方法进行变频器参数设定。

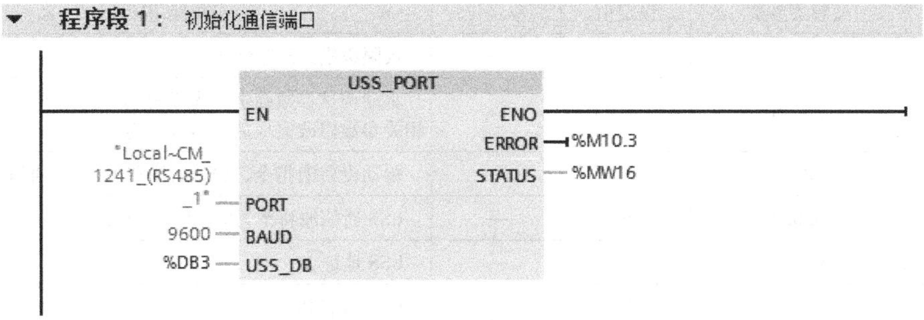

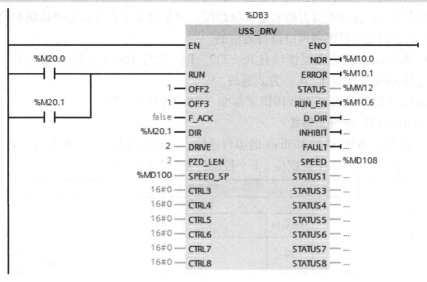

图 3-23　循环中断块 OB30 中的 LAD 程序

图 3-24　主程序块 OB1 中的 LAD 程序

表 3-27 变频器参数

序 号	变频器参数	设定值	单 位	功 能 说 明
1	p0003	3	—	权限级别，3 为专家级
2	p0010	1/0	—	驱动调试参数筛选。先设置为 1，当把 P15 和电动机相关参数修改完成后，再设置为 0
3	p0015	21	—	驱动设备宏指令，USS 通信和 Modbus 通信
4	p2020	6	—	USS 通信波特率，6 表示 9600 bit/s
5	p2021	2	—	USS 地址
6	p2022	2	—	USS 通信 PZD 长度
7	p2030	1	—	USS 通信
8	p2031	0	—	无校验
9	p2040	100	ms	总线监控时间

【关键点】p2021 设定值为 2，与程序中的地址一致，p2020 设定值为 6，与程序中的 9600 bit/s 也一致，所以正确设定变频器参数是 USS 通信成功的前提。

当有多台变频器时，总线监控时间 100 ms 不够，会造成通信不能建立，可将其设置为 0，表示不监控。这点初学者容易忽略，但十分重要。

USS 通信是一种经济的传动通信协议，不适用于实时性要求高的场合。

3.6.3 Modbus 通信

1. Modbus 协议

Modbus 是 Modicon（莫迪康）公司于 1979 年开发的一种通信协议，是一种工业现场总线协议标准。1996 年，施耐德公司推出了基于以太网 TCP/IP 的 Modbus 协议——Modbus-TCP。

Modbus 协议是一项应用层报文传输协议，包括 Modbus-ASCII、Modbus-RTU 和 Modbus-TCP 三种报文类型，协议本身并没有定义物理层，只是定义了控制器能够认识和使用的消息结构，而不管它们是经过哪种网络进行通信的。

标准的 Modbus 协议物理层接口有 RS-232、RS-422、RS-485 和以太网口。Modbus 串行通信采用 Master/Slave（主/从）方式通信。

Modbus 协议在 2004 年成为我国国家标准（GB/Z 19582—2004）。

2. Modbus-RTU 的报文格式

常使用 Modbus-RTU 进行 Modbus 的串行通信，报文格式如图 3-25 所示。Modbus-RTU 的报文包括 1 个起始位、8 个数据位、1 个校验位和 1 个停止位。

启动暂停	应用数据单元			
	Slave	协议数据单元		CRC
		功能代码	数据	
≥3.5B	1B	1B	0~252B	2B
				CRC低位 | CRC高位

图 3-25 Modbus RTU 的报文格式

3. Modbus 的地址（寄存器）

Modbus 的地址通常是包含数据类型和偏移量的 5 个字符值。第 1 个字符确定数据类型，后面 4 个字符选择数据类型内的正确数值。PLC 等对 SINAMICS G120/S120 变频器的访问是通过访问相应的寄存器（地址）实现的。这些寄存器是变频器厂家依据 Modbus 定义的。如寄存器 40111 表示 SINAMICS G120 变频器的主实际值（通常为转速）。因此，在编写通信程序前，必须熟悉需要使用的寄存器（地址）。SINAMICS G120 变频器常用的寄存器（地址）见表 3-28。

表 3-28　SINAMICS G120 变频器常用的寄存器（地址）

Modbus 寄存器号	描述	Modbus 访问	单位	标定系数	ON/OFF 或数值域	数据/参数
过程数据						
控制数据						
40100	控制字	R/W		1		过程数据 1
40101	主设定值	R/W		1		过程数据 2
状态数据						
40110	状态字	R		1		过程数据 1
40111	主实际值	R		1		过程数据 2
参数数据						

3.6.4　S7-1200 PLC 与 SINAMICS G120 变频器的 Modbus 通信

视频
S7-1200 PLC
与 G120 变频器
的 Modbus 通信

S7-1200 PLC 的 Modbus 通信需要配置串行通信模块，如 CM1241（RS-485）、CM1241（RS-422/RS-485）和 CB1241（RS-485）板。一个 S7-1200 CPU 中最多可安装三个 CM1241（RS-485）或 CM1241（RS-422/RS-485）模块和一块 CB1241（RS-485）板。

S7-1200 CPU（V4.1 版本及以上）扩展了 Modbus 的功能，可以使用 PROFINET 或 PROFIBUS 分布式 I/O 机架上的串行通信模块与设备进行 Modbus 通信。下面举例说明 S7-1200 PLC 与 SINAMICS G120C 变频器的 Modbus 通信的实施过程。

【例 3-10】用一台 CPU 1211C 对变频器拖动的电动机进行 Modbus 无级调速，已知电动机的功率为 0.75 kW，额定转速为 1440 r/min，额定电压为 380 V，额定电流为 2.05 A，额定频率为 50 Hz。要求设计解决方案。

解：

（1）软硬件配置

1）一套 TIA Portal V18 和 Starter V5.4。

2）一台 SINAMICS G120C 变频器和一台电动机。

3）一台 CPU 1211C 和 CM1241（RS-485）。

4）一根屏蔽双绞线。

接线见图 3-20，CM1241（RS485）模块串口的 3、8 引脚与 SINAMICS G120C 变频器通信口的 2、3 号端子相连，PLC 端和变频器端的终端电阻置于 ON。

（2）硬件组态

1）新建项目"Modbus_1200"，添加新设备，先将 CPU 1211C 拖拽到"设备视图"选项卡中相应的位置，再将 CM1241（RS485）通信模块拖拽到"设备视图"选项卡中相应的位置，如图 3-26 所示。

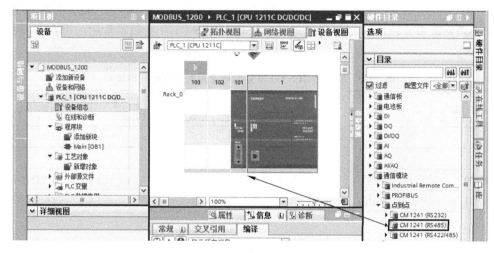

图 3-26 新建项目并添加新设备

2）选中 CM1241（RS485）的串口，再单击"属性"→"常规"→"IO-Link"，不修改 IO-Link 串口的参数（也可根据实际情况修改，但变频器中的参数要与此参数一致），如图 3-27 所示。

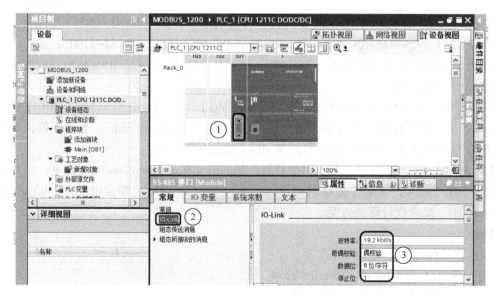

图 3-27 "IO-Link"串口的参数

（3）设置变频器参数

SINAMICS G120C 变频器的 Modbus RTU 通信时，采用宏 21，与 USS 通信的参数设置大致相同（p2030 除外），需要设定的变频器参数见表 3-29。

表 3-29　变频器参数

序　号	变频器参数	设定值	单　位	功 能 说 明
1	p0003	3		权限级别，3 为专家级
2	p0010	1/0		驱动调试参数筛选。先设置为 1，当把 P15 和电动机相关参数修改完成后，再设置为 0
3	p0015	21		驱动设备宏指令
4	p2020	7		Modbus 通信波特率，7 表示 19200 bit/s
5	p2021	2		Modbus 地址
6	p2022	2		Modbus 通信 PZD 长度
7	p2030	2		Modbus 通信协议
8	p2031	2		偶校验
9	p2040	1000	ms	总线监控时间

（4）指令介绍

1）Modbus_Comm_Load 指令。Modbus_Comm_Load 指令用于 Modbus RTU 协议通信的串行通信端口，分配通信参数。主站和从站都要调用此指令，Modbus_Comm_Load 指令的输入/输出参数见表 3-30。

表 3-30　Modbus_Comm_Load 指令的输入/输出参数

LAD	SCL	输入/输出	说　　明
		EN	使能
		REQ	上升沿时信号起动操作
	"Modbus_Comm_Load_DB"(REQ:=_bool_in, PORT:=_uint_in_, BAUD:=_udint_in_, PARITY:=_uint_in_, FLOW_CTRL:=_uint_in_, RTS_ON_DLY:=_uint_in_, RTS_OFF_DLY:=_uint_in_, RESP_TO:=_uint_in_, DONE=>_bool_out_, ERROR=>_bool_out_, STATUS=>_word_out_, MB_DB:=_fbtref_inout_);	PORT	硬件标识符
		BAUD	波特率
		PARITY	奇偶校验选择，0 表示无；1 表示奇校验；2 表示偶校验
		MB_DB	对 Modbus_Master 或 Modbus_Slave 指令所使用的背景数据块的引用
		DONE	上一请求已完成且没有出错后，DONE 位将保持为 TRUE 一个扫描周期时间
		STATUS	故障代码
		ERROR	是否出错，0 表示无错误，1 表示有错误

使用 Modbus_Comm_Load 指令应注意：

① REQ 是上升沿信号有效，不需要高电平一直接通。

② 波特率和奇偶校验必须与变频器（见表 3-29）和串行通信模块硬件组态（见图 3-27）一致。

③ 通常运行一次即可，但修改波特率等参数后，需要再次运行。PROFINET 或 PROFIBUS 分布式 I/O 机架上的串行通信模块与设备进行 Modbus 通信，需要循环调用此指令。

2）Modbus_Master 指令。Modbus_Master 指令是 Modbus 主站指令，在执行此指令前，需执行 Modbus_Comm_Load 指令初始化端口。将 Modbus_Master 指令插入程序时，将自动分配背景数据块。指定 Modbus_Comm_Load 指令的 MB_DB 参数时将使用该 Modbus_Master 背景数据块。Modbus_Master 指令的输入/输出参数见表 3-31。

表 3-31　Modbus_Master 指令的输入/输出参数

LAD	SCL	输入/输出	说　明
		EN	使能
		MB_ADDR	从站站地址，有效值为 1~247
		MODE	模式选择，0 表示读，1 表示写
	"Modbus_Master_DB"（ REQ：=_bool_in_， MB_ADDR：=_uint_in_， MODE：=_usint_in_， DATA_ADDR：=_udint_in_， DATA_LEN：=_uint_in_， DONE=>_bool_out_， BUSY=>_bool_out_， ERROR=>_bool_out_， STATUS=>_word_out_， DATA_PTR：=variant_inout）；	DATA_ADDR	从站中的寄存器地址，详见表 3-28
		DATA_LEN	数据长度
		DATA_PTR	数据指针，指向要写入或读取的数据的 M 或 DB 地址（未经优化的 DB 类型）
		DONE	上一请求已完成且没有出错后，DONE 位将保持为 TRUE 一个扫描周期时间
		BUSY	0 表示无 Modbus_Master 操作正在进行，1 表示 Modbus_Master 操作正在进行
		STATUS	故障代码
		ERROR	是否出错，0 表示无错误，1 表示有错误

LAD 图标：

```
        MB_MASTER
─ EN              ENO ─
─ REQ            DONE ─
─ MB_ADDR        BUSY ─
─ MODE          ERROR ─
─ DATA_ADDR    STATUS ─
─ DATA_LEN
─ DATA_PTR
```

使用 Modbus_Master 指令应注意：

① Modbus 寻址支持最多 247 个从站（从站编号 1~247）。每个 Modbus 网段最多可以有 32 个设备，超过 32 个站点，需要添加中继器。

② DATA_ADDR 必须查询西门子变频器手册，本例参考表 3-28。

（5）编写程序

OB100 中的 LAD 程序如图 3-28 所示。主程序块 OB1 中的 LAD 程序如图 3-29 所示。

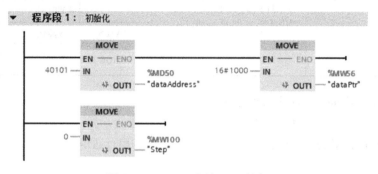

图 3-28　OB100 中的 LAD 程序

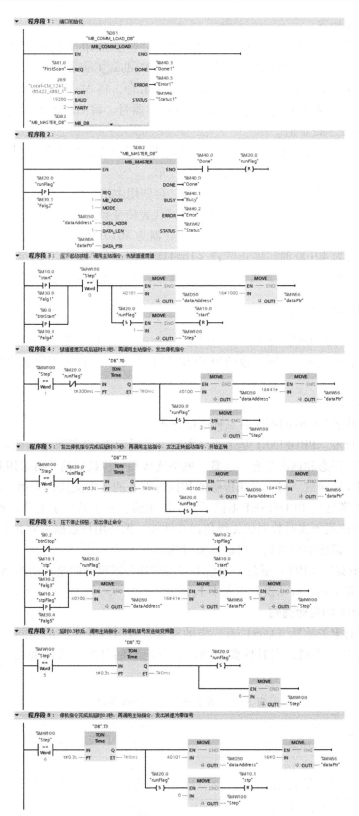

图 3-29　主程序块 OB1 中的 LAD 程序

部分程序解读如下：

程序段 1：当系统上电时，进行端口初始化，设置了 Modbus 的通信端口、波特率和奇偶校验，如果以上参数需要改变时，需要重新激活 Modbus_Comm_Load 指令。

程序段 3：当按下 SB1 按钮，I0.0 常开触点闭合，将 Modbus 从站寄存器号 DATA_ADDR 中写入 40101，40101 代表速度主设定值寄存器号。将 DATA_PTR（MW56）中写入 16#1000，代表速度主设定值。

程序段 4：赋值速度完成后延时 0.3 s，再调用主站指令，发出停机指令，即将 DATA_PTR（MW56）中写入 16#41E，代表使变频器停车。

程序段 5：发出停机指令完成后延时 0.3 s，再调用主站指令，发出正转起动指令，开始正转。将 DATA_PTR（MW56）中写入 16#41F，代表使变频器起动。

程序段 6~8：当按下停止按钮 I0.2，且寄存器为 40101 时，把主设定值（16#0）传送到 MW56。寄存器为 40100 时，停止信号（16#41E）传送到 MW56 中，变频器停机。

注意：要使变频器起动，必须先发出停车信号，无论之前变频器是否处于运行状态。

3.6.5 PROFINET 通信

PROFINET 是由 PROFIBUS & PROFINET International（PI）推出的开放式工业以太网标准。PROFINET 基于工业以太网，遵循 TCP/IP 和 IT 标准，可以无缝集成现场总线系统，属于实时以太网。

1. PROFINET 的分类

PROFINET 根据响应时间不同有三种通信方式。

1）TCP/IP 标准。PROFINET 是工业以太网，采用 TCP/IP 标准通信响应时间为 100 ms，用于工厂级通信。组态和诊断信息、装载、网络连接和上位机通信等可采用此通信方式。

2）实时（RT）通信。对于现场传感器和执行设备的数据交换，采用 RT 通信响应时间为 5~10 ms（DP 满足）。PROFINET 提供了一个优化的、基于第二层的实时通道，解决了实时性问题。RT 通信用于实时数据优先级传递高性能、循环用户数据传输和事件触发的消息/报警。网络中配备标准的交换机，可保证实时性。

3）等时同步实时（IRT）通信。通信中对实时性要求最高的是运动控制。100 个节点以下要求响应时间是 1 ms，抖动误差不大于 1 μs。

2. PROFINET 的实时通信

现场通信中对服务质量（QoS）有一定的要求，根据服务对象的不同，分为四个级别，每个级别的反应时间不同，实时性要求越高，反应时间越短，现场通信中的 QoS 要求见表 3-32。

表 3-32 现场通信中的 QoS 要求

QoS	应 用 类 型	反 应 时 间	抖 动
1	控制器之间	<100 ms	
2	分布式 I/O 设备	<10 ms	
3	运动控制	<1 ms	<1 μs
4	组态编程/参数	尽量快	

3.6.6　SINAMICS 通信报文解析

报文（Message）是网络中交换与传输的数据单元，即站点一次性要发送和接收的数据块。

1. 报文的结构

常用的标准报文结构见表 3-33。

视频　标准报文 1 的解析

表 3-33　常用的标准报文结构

	报　　文	PZD1	PZD2	PZD3	PZD4	PZD5	PZD6	PZD7	PZD8	PZD9
1	16 位转速设定值	STW1	NSOLL	→ 把报文发送到总线上						
		ZSW1	NIST	← 接收来自总线上的报文						
2	32 位转速设定值	STW1	NSOLL		STW2					
		ZSW1	NIST		ZSW2					
3	32 位转速设定值，一个位置编码器	STW1	NSOLL		STW2	G1_STW				
		ZSW1	NIST		ZSW2	G1_ZSW	G1_XIST1		G1_XIST2	
5	32 位转速设定值，一个位置编码器和 DSC	STW1	NSOLL		STW2	G1_STW	XERR		KPC	
		ZSW1	NIST		ZSW2	G1_ZSW	G1_XIST1		G1_XIST2	

注：STW1—控制字 1；STW2—控制字 2；G1_STW—编码器控制字；NSOLL—速度设定值；ZSW2—状态字 2；G1_ZSW—编码器状态字；ZSW1—状态字 1；XERR—位置差；G1_XIST1—编码器实际值 1；NIST—实际速度；KPC—位置闭环增益；G1_XIST2—编码器实际值 2。

西门子报文属于企业报文，常用的西门子报文结构见表 3-34。

表 3-34　常用的西门子报文结构

	报文	PZD1	PZD2	PZD3	PZD4	PZD5	PZD6	PZD7	PZD8	PZD9	PZD10	PZD11	PZD12
105	32 位转速设定值，一个位置编码器、转矩降低和 DSC	STW1	NSOLL		STW2	MOMRED	G1_STW	XERR			KPC		
		ZSW1	NIST		ZSW2	MELDW	G1_ZSW	G1_XIST1			G1_XIST2		
111	MDI 运行方式中的基本定位器	STW1	POS_STW1	POS_STW2	STW2	OVERRIDE	MDI_TARPOS		MDI_VELOCITY		MDI_ACC	MDI_DEC	USER
		ZSW1	POS_ZSW1	POS_ZSW2	ZSW2	MELDW	XIST_A		NIST_B		FAULT_CODE	WARN_CODE	USER

注：STW1—控制字 1；STW2—控制字 2；G1_STW—编码器控制字；POS_STW1—位置控制字；NSOLL—速度设定值；ZSW2—状态字 2；G1_ZSW—编码器状态字；POS_ZSW—位置状态字；ZSW1—状态字 1；XERR—位置差；G1_XIST1—编码器实际值 1；MOMRED—转矩降低；NIST—实际速度；KPC—位置闭环增益；G1_XIST2—编码器实际值 2；MELDW—信息的状态字；XIST_A—MDI 位置实际值；MDI_TARPOS—MDI 位置设定值；MDI_VELOCITY—MDI 速度设定值；MDI_ACC—MDI 加速度倍率；MDI_DEC—MDI 减速度倍率；FAULT_CODE—故障代码；WARN_CODE—报警代码；OVERRIDE—速度倍率。

2. 标准报文 1 的解析

标准报文适用于 SINAMICS、MICROMASTER 和 SIMODRIVE 611 系列变频器的速度控制。标准报文 1 只有 2 个字，写报文时，第 1 个字是控制字（STW1），第 2 个字是主设定值；读报文时，第 1 个字是状态字（ZSW1），第 2 个字是主监控值。

（1）控制字

当 p2038＝0 时，STW1 的内容符合 SINAMICS 和 MICROMASTER 系列变频器，当 p2038＝1 时，STW1 的内容符合 SIMODRIVE 611 系列变频器的标准。

当 p2038＝0 时，标准报文 1 的控制字（STW1）的各位的含义见表 3-35。

表 3-35　标准报文 1 的控制字（STW1）的各位的含义

信　号	含　义	关联参数	说　明
STW1.0	上升沿：ON（使能） 0：OFF1（停机）	p840[0]＝r2090.0	设置 ON/OFF（OFF1）指令的信号
STW1.1	0：OFF2（缓慢停转） 1：NO OFF2（无缓慢停转）	P844[0]＝r2090.1	缓慢停转/无缓慢停转
STW1.2	0：OFF3（快速停止） 1：NO OFF3（无快速停止）	P848[0]＝r2090.2	快速停止/无快速停止
STW1.3	0：禁止运行 1：使能运行	P852[0]＝r2090.3	使能运行/禁止运行
STW1.4	0：禁止斜坡函数发生器 1：使能斜坡函数发生器	p1140[0]＝r2090.4	使能斜坡函数发生器/禁止斜坡函数发生器
STW1.5	0：禁止继续斜坡函数发生器 1：使能继续斜坡函数发生器	p1141[0]＝r2090.5	继续斜坡函数发生器/冻结斜坡函数发生器
STW1.6	0：使能设定值 1：禁止设定值	p1142[0]＝r2090.6	使能设定值/禁止设定值
STW1.7	上升沿确认故障	p2103[0]＝r2090.7	应答故障
STW1.8	保留		
STW1.9	保留		
STW1.10	1：通过 PLC 控制	P854[0]＝r2090.10	通过 PLC 控制/不通过 PLC 控制
STW1.11	1：设定值取反	p1113[0]＝r2090.11	设置设定值取反的信号源
STW1.12	保留		
STW1.13	1：设置使能零脉冲	p1035[0]＝r2090.13	设置使能零脉冲的信号源
STW1.14	1：设置持续降低电动电位器设定值	p1036[0]＝r2090.14	设置持续降低电动电位器设定值的信号源
STW1.15	保留		

表 3-35 中，控制字的第 0 位 STW1.0 与起停参数 p840 关联，且为上升沿有效，这点要特别注意。当控制字 STW1 由 16#47E 变成 16#47F（第 0 位是上升沿信号）时，向变频器发出正转起动信号；当控制字 STW1 由 16#47E 变成 16#C7F 时，向变频器发出反转起动信号；当控制字 STW1 为 16#47E 时，向变频器发出停止信号；当控制字 STW1 为 16#4FE 时，向变频器发出故障确认信号（也可以在面板上确认）。

（2）主设定值

主设定值是 1 个字，用十六进制数表示，最大数值为 16#4000，对应变频器的额定频率或转速。如 SINAMICS V90 伺服驱动器的同步转速一般为 3000 r/min。下面举例介绍主设定值的计算。

【例 3-11】变频器通信时，需要对转速进行标准化，已知变频器的额定转速为 1440 r/min，计算 1152 r/min 对应的标准化数值。

解：因为 1440 r/min 对应的十六进制数是 16#4000，而 16#4000 对应的十进制数是 16384，所以 1152 r/min 对应的十进制数为

$$n = \frac{1152}{1440} \times 16384 = 13107.2$$

13107 对应的十六进制数是 16#3333，所以主设定值应为 16#3333。初学者容易用 16#4000×0.8 = 16#3200，这是不对的。

在 G120/V90 中，较为常用的报文有标准报文 1、标准报文 3、标准报文 20、西门子报文 105、西门子报文 111、自由报文 999。

3.6.7　S7-1200 PLC 与 SINAMICS G120 变频器的 PROFINET 通信

S7-1200 PLC 与 SINAMICS G120 变频器的 PROFINET 通信，可以支持报文 1、2、5、111 和 999 等。下面举例介绍 S7-1200 PLC 与 SINAMICS G120 变频器的 PROFINET 通信的实施过程。

视频
S7-1200 PLC
与 G120 变频器
的 PROFINET 通信

【例 3-12】用一台 HMI 和 CPU 1211C 对 SINAMICS G120 变频器拖动的电动机进行 PROFINET 无级调速，已知电动机的功率为 0.75 kW，额定转速为 1440 r/min，额定电压为 380 V，额定电流为 2.05 A，额定频率为 50 Hz。要求设计解决方案。

解：

（1）软硬件配置

1）一套 TIA Portal V18 和 Starter V5.4。

2）一台 SINAMICS G120C 变频器和一台电动机。

3）一台 CPU 1211C。

原理图如图 3-30 所示，CPU 1211C 的 PN 接口与 SINAMICS G120C 变频器 PN 接口之间用专用的以太网屏蔽电缆连接。

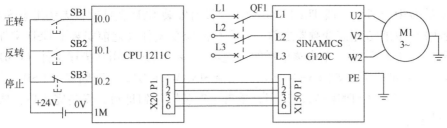

图 3-30　例 3-12 以 CPU 1211C 为控制器的原理图

（2）硬件组态

1）新建项目 "PN_1211C"，如图 3-31 所示，在项目树中，单击 "PN_1211C" → "PLC_1 [CPU 1211C]" → "设备组态" → "设备视图"，在硬件目录中，单击 "CPU" → "CPU 1211C AC/DC/Rly" → "6ES7 211-1BE40-0XBO"，并将其拖拽到 "设备视图" 选项卡中相应的位置。

2）配置 PROFINET 接口。在 "设备视图" 选项卡中选中 CPU 1211C 模块，在 "属性" 选项卡中，单击 "PROFINET 接口 [X1]" → "以太网地址"，单击 "添加新子网" 按钮，新建 PROFINET 网络，如图 3-32 所示。

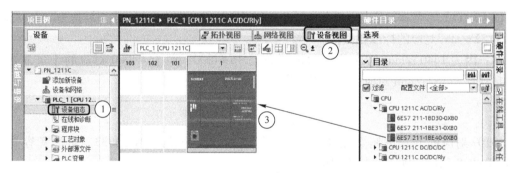

图 3-31　新建项目

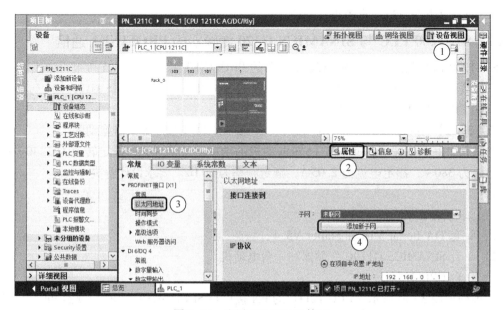

图 3-32　配置 PROFINET 接口

3）安装 GSD 文件。一般 TIA Portal 软件中没有安装 GSD 文件时，无法组态 SINAMICS G120C 变频器，因此在组态变频器之前，需要安装 GSD 文件（之前安装了 GSD 文件，则忽略此步骤）。在图 3-33 中，单击菜单栏的"选项"→"管理通用站描述文件（GSD）"，弹出安装 GSD 文件的界面，如图 3-34 所示，选择 SINAMICS G120C 变频器的 GSD 文件"GSDML-V2.25…"和"GSDML-V2.31…"，单击"安装"按钮即可，安装完成后，软件自动更新硬件目录。

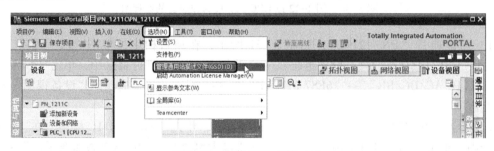

图 3-33　安装 GSD 文件（1）

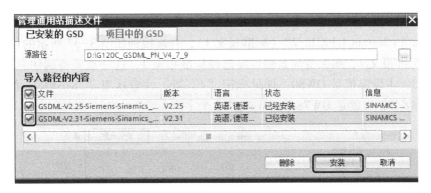

图 3-34　安装 GSD 文件（2）

4）配置 SINAMICS G120C 变频器。展开右侧的硬件目录，单击"其他现场设备"→"PROFINET IO"→"Drives"→"SIEMENS AG"→"SINAMICS"→"SINAMICS G120C"，拖拽"SINAMICS G120C"到如图 3-35 所示"网络视图"选项卡中的位置。在图 3-36 中，单击 CPU 1211C 模块的绿色标记（即 PROFINET 接口）处按住不放，拖拽到 SINAMICS G120C 模块的绿色标记（SINAMICS G120C 变频器的 PROFINET 接口）处松开鼠标。

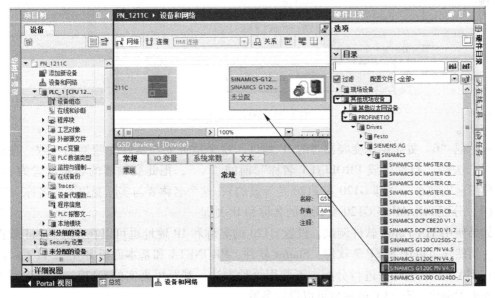

图 3-35　配置 SINAMICS G120C 变频器（1）

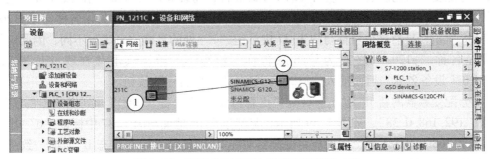

图 3-36　配置 SINAMICS G120C 变频器（2）

5）配置通信报文。选中并双击"SINAMICS G120…"，切换到 G120 的"设备视图"，选中"Standard telegram 1 PZD2/2"（标准报文 1），并拖拽到如图 3-37 所示的位置。注意：PLC 侧选择标准报文 1，那么变频器侧也要选择标准报文 1，这一点要特别注意。报文的控制字是 QW78，主设定值是 QW80，详见标记"4"处，注意这里"78…81"，代表 QB78 ~ QB81 共 4 个字节，也就是 QW78 和 QW80 共 2 个字。

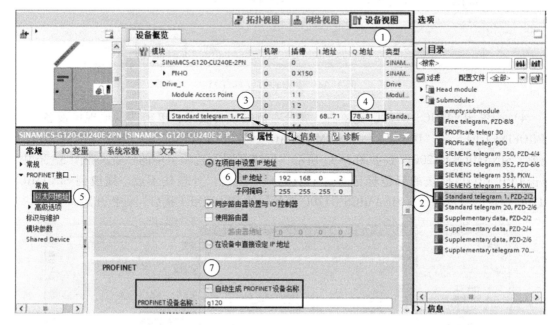

图 3-37　配置通信报文

在标记"6"处是组态变频器时的 IP 地址，这个地址要与实际变频器的一致。在标记"7"处，去掉"自动生成 PROFINET 名称"前的"√"，把此变频器的名称设置为 g120，此名称不区别大小写（即 G120 和 g120 是等效的），这个名称要与实际变频器的名称一致。

（3）分配 SINAMICS G120 变频器的名称和 IP 地址

如果使用 TIA Portal 软件调试，设置 G120 的名称和 IP 地址也可以在 TIA Portal 软件中进行。当然还可以用 STEP 7 软件、Starter 软件、PRONETA 和基本面板 BOP-2 设置。以下介绍在 TIA Portal 软件中进行分配。不管用哪种方法，都要用真实的 G120，且处于通电状态，如果无强电，有 24 V 电源也可以设置参数。

1）分配变频器的新名称。打开 TIA Portal 软件，将计算机与 G120 用网线连接，选中本计算机的有线网卡，双击"更新可访问的设备"，便可看到变频器的实际名称为"g120e"，如图 3-38 所示，显然这个名称与图 3-37 中标记"7"处的名称"g120"不同，因此应将变频器实际名称"g120e"修改为与组态名称"g120"一致。双击"在线并诊断"，在"PROFINET 设备名称"后面输入"g120"，单击"分配名称"按钮。

2）分配变频器的新 IP 地址。双击"更新可访问的设备"，便可看到变频器的实际 IP 地址为"192.168.0.38"，如图 3-39 所示，显然这个 IP 地址与图 3-37 中标记"6"处的 IP 地址"192.168.0.2"不同，因此应将变频器实际 IP 地址修改为与组态 IP 地址一致。双击"在线并诊断"，在"IP 地址"后面输入"192.168.0.2"，单击"分配 IP 地址"按钮。

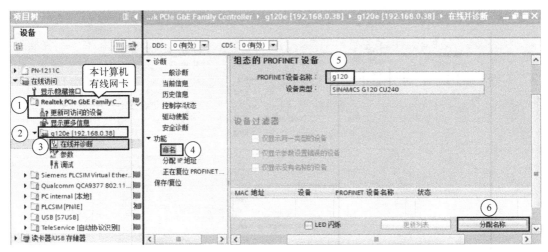

图 3-38　设置变频器的新名称

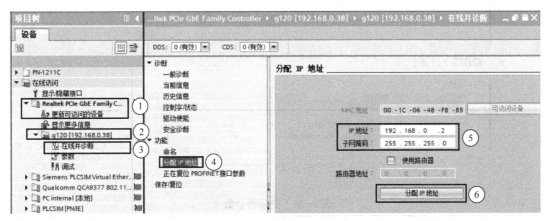

图 3-39　设置变频器的 IP 地址

分配变频器的名称和 IP 地址对于成功通信是至关重要的，初学者往往会忽略这一步从而造成通信不成功。读者在调试 PLC 与 G120/S120/V90 通信时，如果变频器的 BF（总线故障）灯为红色，应首先检查变频器的组态名称和 IP 地址与实际的是否一致，如果不一致，则必须修改为一致。

（4）编写程序

编写程序如图 3-40 所示。

程序段 1：按下起动按钮，先把设置的转速标准化为 0~1，然后再缩放到 0~16384，这个数值输送到主设定值 QW80（与图 3-39 中标记"4"对应）中，实际对应电动机的转速为 0~1440 r/min。16#47F 送到控制字 QW78 中，正转开始的命令。

程序段 2：16#47E 送到控制字 QW78 中，是停止的命令。0 送到主设定值 QW80，表示转速为 0。

反转的程序由读者自己编写。

（5）设置 SINAMICS G120C 变频器的参数

SINAMICS G120C 变频器的参数设置十分关键，否则通信不能正确建立。变频器参数见表 3-36。

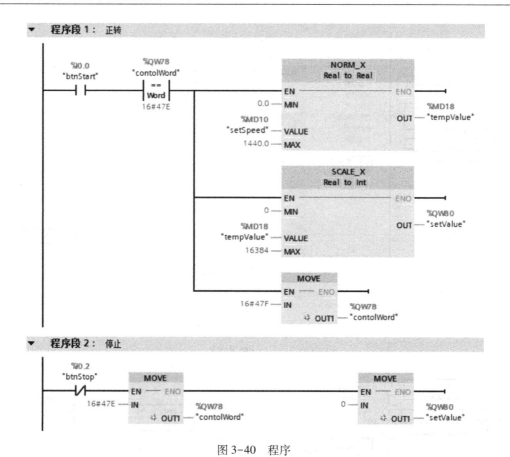

图 3-40　程序

表 3-36　变频器参数

序　号	变频器参数	设定值	单　位	功　能　说　明
1	p0003	3	—	权限级别，3 是专家级
2	p0010	1/0	—	驱动调试参数筛选。先设置为 1，当把 p15 和电动机相关参数修改完成后，再设置为 0
3	p0015	7	—	驱动设备宏 7 指令，默认为标准报文 1
4	p2000	1440	r/min	参考转速，默认值为 1500

注意：本例中变频器设置的是宏 7 指令，宏 7 指令中采用的是标准报文 1，与 S7-1200 PLC 组态时选用的报文一致（必须一致）。

注意：本章讲解的是 PLC 与 G120 的 PROFINET 通信，其实 PLC 与 G120/MM4 系列变频器的 PROFIBUS-DP 通信方法也是类似的，其程序基本一致。

3.7　U/f 控制功能

变频器调速系统的控制方式通常有两种，一种是 U/f（有的资料称为 V/f）控制，为基本方式，一般的变频器都有这项功能；另一种是矢量控制，为高级方式，有些经济型变频器没有这项功能，如西门子 MM420 变频器就没有矢量控制功能，而西门子 SINAMICS G120 变频器有矢量控制功能。

SINAMICS G120 变频器的控制方式通过设置参数 p1300 来实现。参数 p1300 控制的开环/闭环运行方式见表 3-37。

表 3-37　参数 p1300 控制的开环/闭环运行方式

序　号	设　定　值	含　义
1	0	采用线性特性曲线的 U/f 控制
2	1	具有线性特性和 FCC（磁通电流控制）的 U/f 控制
3	2	采用抛物线特性曲线的 U/f 控制
4	3	采用可编程特性曲线的 U/f 控制
5	4	采用线性曲线和 ECO 的 U/f 控制
6	5	用于要求精确频率的驱动的 U/f 控制（纺织行业）
7	6	用于要求精确频率的驱动和 FCC 的 U/f 控制
8	7	采用抛物线特性曲线和 ECO 的 U/f 控制
9	19	采用独立电压设定值的 U/f 控制
10	20	转速控制（无编码器）
11	21	转矩控制（带编码器）
12	22	转矩控制（无编码器）
13	23	转矩控制（带编码器）

3.7.1　U/f 控制方式

由于电动机的磁通为

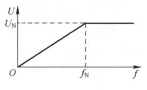

图 3-41　U/f 控制曲线

$$\Phi_{\mathrm{m}} = \frac{E}{4.44 f N_{\mathrm{S}} k_{\mathrm{ns}}} \approx \frac{U}{4.44 f N_{\mathrm{S}} k_{\mathrm{ns}}}$$

在变频调速过程中，为了保持主磁通的恒定，所以使 $U/f=$ 常数，这是变频器的基本控制方式。U/f 控制曲线如图 3-41 所示，真实的曲线与这条曲线有区别。

参数 p1300 默认值为 0，即为线性特性曲线的 U/f 控制。

3.7.2　转矩补偿功能

1. 转矩补偿

在 U/f 控制方式下，利用增加输出电压来提高电动机转矩的方法称为转矩补偿或者转矩提升。

2. 转矩补偿的原因

在基频以下调速时，须保持 E/f 恒定，即保持主磁通 Φ_{m} 恒定。频率 f 较高时，保持 U/f 恒定，即可近似地保持主磁通 Φ_{m} 恒定。f 较低时，E/f 会下降，导致输出转矩下降。所以提高变频器的输出电压即可补偿转矩不足，变频器的这个功能称为转矩提升。下面举例说明转矩补偿的原理。

【例 3-13】有一台三相异步电动机，其额定电压为 45 kW，额定频率为 50 Hz，额定电压为 380 V，额定转速为 1480 r/min，相电流为 85 A。满载时阻抗电压降为 30 V。采用 U/f 模式变频调速，试计算 10 Hz 时其磁通的相对值。

解：

1）电动机以 50 Hz 频率工作，满载时定子绕组每相的反电动势为

$$E = U_1 - \Delta U = (380 - 30) \text{ V} = 350 \text{ V}$$

$$\frac{E}{f} = \frac{350}{50} = 7.0$$

显然，此时的磁通等于额定磁通，由于计算准确的磁通值比较烦琐，这里的磁通用相对值表示，额定磁通为 100%，即 $\Phi_m^* = 100\%$。

2）电动机以 10 Hz 频率工作时，每相绕组的电压为

$$U_{1X} = K_U U_1 = \frac{f_1}{f} U_1 = \frac{10}{50} \times 380 \text{ V} = 76 \text{ V}$$

$$E_1 = U_{1X} - \Delta U = (76 - 30) \text{ V} = 46 \text{ V}$$

$$\frac{E_1}{f_1} = \frac{46}{10} = 4.6$$

所以相对磁通为

$$\Phi^* = \Phi_m^* \times \frac{4.6}{7.0} = 65.7\%$$

显然，此时的磁通只相当于额定磁通的 65.7%，电动机的带负载能力势必降低。而且随着频率的降低，带负载能力不断降低，所以低频率时不能保持磁通量不变，因此某些情况下转矩补偿就十分必要。

图 3-42 为 U/f=恒定值条件下的机械特性，可以明显看出，当电动机的频率 f 小于额定频率 f_N 时，其输出转矩小于额定转矩，特别是在低频段，输出转矩快速降低，由此可见，转矩补偿是非常必要的。

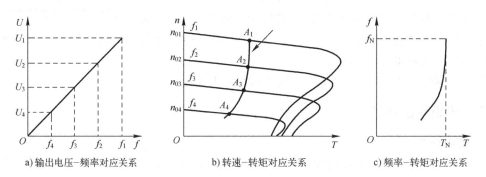

图 3-42 U/f=恒定值条件下的机械特性

3. 常用的补偿方法

（1）线性补偿

在低频时，变频器的起动电压从 0 提升到某一数值，U/f 曲线仍保持线性关系。线性补偿如图 3-43 所示。适当增加 U/f 后，实际就是增加了反向电动势与频率的比值。

那么增加到多少合适呢？以例 3-13 为例说明，假设要求低频时相对磁通为 100%，则

$$\frac{E_1'}{f_1} = 7.0$$

$$E_1' = 7.0 \times f_1 = 7.0 \times 10 \text{ V} = 70 \text{ V}$$

所以补偿电压为

$$\Delta U = E' - E_1 = (70-46) \text{ V} = 24 \text{ V}$$

（2）可编程特性曲线的 U/f 控制

可编程特性曲线的 U/f 控制也称为分段补偿，起动过程

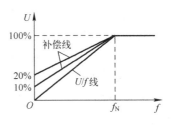

图 3-43　线性补偿

中的分段补偿有正补偿、负补偿两种。可编程特性曲线的 U/f 控制如图 3-44 所示。西门子公司称这种补偿为可编程 U/f 特性补偿。SINAMICS G120 变频器中，设置 p1300 = 3 时为可编程特性曲线的 U/f 控制。

正补偿：补偿曲线在标准 U/f 曲线的上方，适用于高转矩起动运行的场合。

负补偿：补偿曲线在标准 U/f 曲线的下方，适用于低转矩起动运行的场合。

（3）抛物线特性曲线的 U/f 控制

抛物线特性曲线的 U/f 控制也称为平方律补偿，补偿曲线为抛物线，低频时斜率小（U/f 值小），高频时斜率大（U/f 值大），多用于风机和泵类负载的补偿，以达到节能的目的。因为风机和水泵是二次方负载，低速时负载转矩小，所以要负补偿，而随着速度的升高，其转矩呈二次方升高，所以要进行二次方补偿，以达到节能的目的。抛物线特性曲线的 U/f 控制如图 3-45 所示。SINAMICS G120 变频器中，设置 p1300 = 2 时为抛物线特性曲线的 U/f 控制。

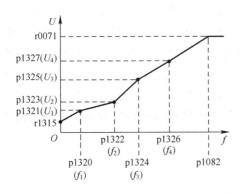

图 3-44　可编程特性曲线的 U/f 控制

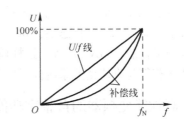

图 3-45　抛物线特性曲线的 U/f 控制

3.8　矢量控制功能

电气拖动系统按所用电动机的类型，分为交流拖动系统和直流拖动系统两大类。交流电动机由于其结构简单、制造方便、价格低廉、工作可靠、易于维修，以及能在带有腐蚀性、易爆性、含尘气体等恶劣环境下工作等优点，自 19 世纪末问世以来，在各个领域获得了广泛的应用。但交流电动机的调速性能及负载适应能力一直没有得到很好的解决，故长期以来，在调速领域直流电动机一直占主要地位。直流电动机虽不如

交流电动机结构简单、制造方便、价格低廉、容易维护等，但由于其具有良好的起动、制动性能，以及能在很广范围内平滑调速的性能，使得直流电动机广泛应用于调速要求较高的各生产部门。

在变频器出现之前至变频器出现初期，人们一直致力于研究交流电动机的调速问题，但各种控制方式和直流调速相比，无论是调速范围、调速性能、调速精度、动态响应都相距甚远。这也是变频调速一直不能取代直流调速的主要原因。直到出现了变频器的矢量控制方式。

异步电动机矢量控制仿照直流电动机的控制特点，将异步电动机构造上不能分离的定子电流分离成相位差 90° 的转矩电流和励磁电流分别进行控制，使异步电动机得到与直流电动机一样的控制性能。

3.8.1　矢量控制实现的基本原理

异步电动机的动态数学模型是一个高阶、非线性、强耦合的多变量系统。20 世纪 70 年代，西门子工程师 F. Blaschke 首先提出了异步电动机矢量控制理论。如今矢量控制算法已被广泛应用于西门子、ABB、通用电气和富士电机等国外知名品牌及国产品牌变频器中。矢量控制较传统的 U/f 控制更为先进，优势也更明显。

矢量控制实现的基本原理是通过测量和控制异步电动机定子电流矢量，根据磁场定向原理分别对异步电动机的励磁电流和转矩电流进行控制，从而达到控制异步电动机转矩的目的。具体是将异步电动机的定子电流矢量分解为产生磁场的电流分量（励磁电流）和产生转矩的电流分量（转矩电流）分别加以控制，并同时控制两分量间的幅值和相位，即控制定子电流矢量，所以称这种控制方式称为矢量控制方式。简单来说，矢量控制就是将磁链与转矩解耦，有利于分别设计两者的调节器，以实现对交流电动机的高性能调速。或者可将矢量控制简称为 323，即将三相电通过矢量运算，转化成 2 个变量的模型，通过控制这两个变量，实现对系统输出能量的控制，最后再转化为三相输出。矢量控制方式又有基于转差频率控制的矢量控制、无速度传感器矢量控制（SVC）和有速度传感器的矢量控制（FVC）、无编码器的矢量控制（SLVC）等。这样就可以将一台三相异步电动机等效为直流电动机进行控制，从而获得与直流调速系统同样的静、动态性能。

3.8.2　高性能变频器的自整定功能

由上可知，变频器在进行转矩矢量控制时需要电动机的确定参数，如冷态定子电阻、漏电感、电动机额定转差等。这些参数一般情况下在电动机铭牌上无法获取。因此，高性能变频器一般具有自动读取电动机参数的自整定功能。在使用闭环控制时，通过变频器的自整定功能，可以根据控制环节的参数变化规律由处理器自动计算 PID 的控制参数，使操作调试更为方便。在确定电动机负载的情况下，在进行转矩矢量控制运行前，应通过操作自整定功能，读取电动机的参数。变频器在自整定过程中，定子通以额定电流（电动机不旋转）。

高性能变频器一般除具有自动读取电动机参数的自整定功能外，还具有扩展脉冲编码器卡以实现高性能闭环调速的功能。针对电动机的各种应用场合，变频器内部配置了多种对应的应用宏，以实现转矩矢量控制以及直接转矩控制等功能。

下面以 SINAMICS G120 变频器为例说明 SLVC（静止无功补偿装置）自整定功能的参数设置。

目前，通用型变频器都是在 U/f 控制方式的基础上增加了矢量控制功能。因此，在实际应用中，首先要对控制方式进行选择，这就是变频器控制方式的选择功能。大部分变频器出厂时都定位在 U/f 控制方式，如果要进行矢量控制，还必须重新进行设定。SINAMICS G120 变频器矢量控制选择参数设置见表 3-38。

表 3-38　SINAMICS G120 变频器矢量控制选择参数设置

参　数	名　称	设定范围	设置值	出厂值
p1300	变频器的控制方式	0~23	20（SLVC）	0

注：表中 SLVC 为无编码器的矢量控制。

SINAMICS G120 变频器自调谐参数设置见表 3-39。

表 3-39　SINAMICS G120 变频器自调谐参数设置

步骤	参数及设定值	说　明	步骤	参数及设定值	说　明
1	p0010=1	进入快速调试	4	p3900=1	结束快速调试
2	p1300=20	无编码器的矢量控制方式	5	p0342=	电动机转动惯量设置，与电动机的转子尺寸有关，根据具体电动机确定
3	p1910=1	电动机定子电阻的自动测量（出现 A0541 正常报警）	6	p1960=1	矢量控制的速度环优化

上述参数中，可通过设置参数 p1960=1 对速度环进行自动优化，也可以通过修改参数 p1470 和 p1472 的值对变频器矢量控制的速度环进行实际调整。

为了正确地实现 SLVC 变频器的自整定功能，必须按照电动机铭牌上的参数正确设置变频器参数（p0304~p0310），而且，电动机定子电阻的自动检测（p1910）必须在电动机处于冷态（常温）时进行，如果电动机运行的环温度与默认值（20℃）相差很大，则必须将参数 p0625 设置为电动机运行环境的实际温度。

3.9　变频器的 PID 闭环控制功能

3.9.1　PID 控制原理

在过程控制中，按偏差的比例（P）、积分（I）和微分（D）进行控制的 PID 控制器（也称 PID 调节器）是应用最广泛的一种自动控制器。它具有原理简单、易于实现、适用面广、控制参数相互独立、参数选定比较简单和调整方便等优点；而且理论上可以证明，对于过程控制的典型对象，即一阶滞后+纯滞后与二阶滞后+纯滞后的控制对象，PID 控制器是一种最优控制。PID 调节是连续系统动态品质校正的一种有效方法，它的参数整定方式简便，结构改变灵活（如可为 PI 调节、PD 调节等）。长期以来，PID 控制器被广大科技人员及现场操作人员所采用，并积累了大量的经验。

PID 控制器根据系统的误差，利用比例、积分、微分计算出控制量进行控制。当被控对象的结构和参数不能完全掌握、得不到精确的数学模型或控制理论的其他技术难以采用时，系统控制器的结构和参数必须依靠经验和现场调试来确定，这时应用 PID 控制技术最为恰当。即当不完全了解一个系统和被控对象，或不能通过有效的测量手段来获得系统参数时，最适合采用 PID 控制技术。

1. 比例（P）控制

比例控制是一种最简单、最常用的控制方式，如放大器、减速器和弹簧等。比例控制器能立即成比例地响应输入的变化量。但仅有比例控制时，系统输出存在稳态误差（Steady-State Error）。

2. 积分（I）控制

在积分控制中，控制器的输出量是输入量对时间积累。对于一个自动控制系统，如果在进入稳态后存在稳态误差，则称这个控制系统有稳态误差或简称有差系统（System with Steady-State Error）。为了消除稳态误差，在控制器中必须引入积分项。积分项对误差的运算取决于时间的积分，随着时间的增加，积分项会增大。所以即便误差很小，积分项也会随着时间的增加而加大，它推动控制器的输出增大，使稳态误差进一步减小，直到等于零。因此，采用比例+积分（PI）控制器，可以使系统在进入稳态后无稳态误差。

3. 微分（D）控制

在微分控制中，控制器的输出与输入误差信号的微分（即误差的变化率）成正比关系。自动控制系统在克服误差的调节过程中可能会出现振荡甚至失稳。其原因是存在较大的惯性组件（环节）或滞后（Delay）组件，这些组件具有抑制误差的作用，其变化总是落后于误差的变化。解决办法是使抑制误差的作用变化超前，即在误差接近零时，抑制误差的作用就应该是零。这就是说，在控制器中仅引入比例项往往是不够的，比例项的作用仅是放大误差的幅值，而目前需要增加的是微分项，它能预测误差变化的趋势，这样具有比例+微分的控制器就能够提前使抑制误差的控制作用等于零，甚至为负值，从而避免被控量的严重超调。所以对有较大惯性或滞后的被控对象，比例+微分（PD）控制器能改善系统在调节过程中的动态特性。

4. 闭环控制系统的特点

控制系统一般包括开环控制系统和闭环控制系统。开环控制系统（Open-Loop Control System）是指被控对象的输出（被控制量）对控制器（Controller）的输出没有影响。在这种控制系统中，系统的输入影响输出而不受输出影响。因其内部没有形成闭合的反馈环，像是被断开的环。闭环控制系统（Closed-Loop Control System）的特点是系统被控对象的输出（被控制量）会返送回来影响控制器的输出，形成一个或多个闭环。闭环控制系统有正反馈和负反馈，若反馈信号与系统设定值信号相反，则称为负反馈（Negative Feedback）；若极性相同，则称为正反馈。一般闭环控制系统均采用负反馈，又称负反馈控制系统。可见，闭环控制系统性能远优于开环控制系统。

3.9.2 SINAMICS G120 变频器的闭环控制

1. SINAMICS G120 变频器的 PID 控制模型

SINAMICS G120 变频器的 PID 闭环控制模型如图 3-46 所示。闭环控制的优点是可以大幅提高控制的精度。测速元件通常采用光电编码器（PG）。

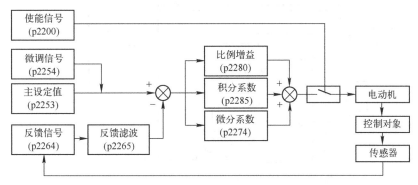

图 3-46　SINAMICS G120 变频器的 PID 闭环控制模型

2. SINAMICS G120 变频器的 PID 控制相关参数

PID 控制的主要参数包括设定通道、反馈通道、比例、积分和微分参数。与 PID 相关的参数说明见表 3-40。

表 3-40　与 PID 相关的参数说明

序　号	参　数	说　明
1	p2200	使能 PID 功能： 0：不使能 1：使能
2	p2253	PID 设定值，如设定压力值
3	p2264	PID 反馈值，即测量值，如测量的压力值
4	p2280	PID 比例增益，无单位
5	p2285	PID 积分时间，如 10 s
6	p2274	PID 微分时间，如 10 s
7	p2251	设置工艺控制器输出的应用模式，p2200>0，p2251＝0 或 1 才生效 0：工艺控制器作为转速主设定值 1：工艺控制器作为转速附加设定值

3.9.3　变频器的 PID 控制应用实例

PID 控制在工业控制中非常常用，特别是在使用变频器的场合，更是经常用到 PID 控制。典型的 PID 控制应用有恒压供水、恒压供气和张力控制等。常见的变频器中自带 PID 功能，对于不太复杂的 PID 控制，变频器可以独立完成。工程中很多情况下用到变频器，但却利用 PLC 或者专用控制器完成 PID 运算。

1. 储气罐压力闭环控制系统（专用 PID 控制器）

如图 3-47 所示为使用专用 PID 控制器的储气罐压力闭环控制系统。压力传感器检测储气罐的气压，压力数值传送到 PID 控制器（PID 控制器可以是 PLC，也可以是 PID 仪表），经过 PID 仪表运算输出一个模拟量给变频器的模拟量输入端子，如果压力值小于设定压力值，那么输出模拟量控制变频器升速，从而使得空气压缩机输出较多的压缩空气，使储气罐的压力上升而达到设定数值。这种控制模式下，PID 运算用专门的 PID 控制器完成。

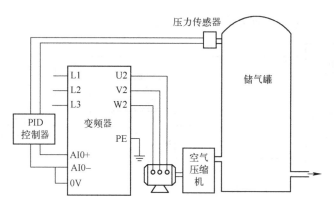

图 3-47　储气罐压力闭环控制系统（专用 PID 控制器）

2. 储气罐压力闭环控制系统（变频器自带 PID 控制器）

如图 3-48 所示为变频器自带 PID 控制器的储气罐压力闭环控制系统。压力传感器检测储气罐的气压，压力数值传送到变频器，经过变频器的 PID 运算，得出一个信号，如果压力值小于设定压力值，那么这个信号自动控制变频器升速，从而使得空气压缩机输出较多的压缩空气，使储气罐的压力上升而达到设定数值。这种控制模式不选用专门的 PID 控制器，因此硬件投入相对较少。很多变频器都有 PID 功能。

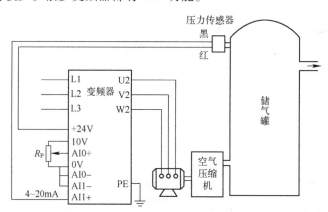

图 3-48　储气罐压力闭环控制系统（变频器自带 PID 控制器）

与 PID 相关的参数设定见表 3-41。

表 3-41　与 PID 相关的参数设定

序　号	参　数	设 定 值	说　明
1	p2200	1	使能 PID 功能
2	p2253	755.0	模拟量 0 作为工艺控制器的设定值
3	p2264	755.1	模拟量 1 作为工艺控制器的实际测量值
4	p2280	5.0	PID 比例增益为 5.0
5	p2285	10	PID 积分时间为 10 s
6	p2274	0	关闭微分环节
7	p2251	0	工艺控制器作为转速主设定值

习题

一、选择题

1. SINAMICS G120 变频器频率控制方式由功能码（　　）设定。

A. p0003　　　　　B. p0010　　　　　C. p0700　　　　　D. p15

2. SINAMICS G120 变频器要使操作面板有效，应设参数（　　）。

A. p0010＝1　　　B. p0010＝0　　　C. p0700＝1　　　D. p0700＝2

3. SINAMICS G120 变频器操作面板上的显示屏幕可显示（　　）位数字或字母。

A. 2　　　　　　　B. 3　　　　　　　C. 4　　　　　　　D. 5

二、简答题

1. 简述 SINAMICS G120 变频器宏的含义。

2. 在 SINAMICS G120 变频器中，宏定义为多段调速，如 p0015 设置为 1，那么 DI0 的定义固定不能修改，简述这种说法的合理性。

3. 简述变频器控制中二线制和三线制的区别。

4. 为什么要对变频器进行转矩提升（转矩补偿）？

5. 常见的变频器的频率（速度）设定方法有哪些？

6. 什么是矢量控制？实现矢量控制的条件是什么？

7. PID 的含义是什么？

8. 有反馈矢量控制和无反馈矢量控制的区别是什么？哪一个的控制精度更高？

9. G120 变频器在多段速运行时，其数字量输入端子 DI0 的功能固定为 ON/OFF1，试分析这种说法的合理性。

10. 某机床有 5 档转速（0 档转速为 0），分别为 15 Hz、30 Hz、35 Hz、50 Hz，请设置相关参数。（变频器参数设置分别以 G120 为例）。

三、综合题

S7-1200 PLC 与 G120 变频器进行 PROFIBUS-DP 通信，电动机的额定转速为 1380 r/min，参数 p0015 设置为 7，硬件组态时，控制字为 QW256，要求电动机运行转速是 690 r/min，问主设定值的地址和数值是多少？p2000 怎么设置？要让电动机正转、反转和停止，怎么处理？

第4章

S7-1200/1500 PLC 对步进驱动系统的控制

工艺功能是 PLC 学习中的难点。工艺功能包括高速输入、高速输出和 PID 功能。本章介绍利用 PLC 的高速输出点进行步进驱动系统的速度控制和位置控制，PLC 控制脉冲版本伺服驱动系统的方法与控制步进驱动系统类似。

4.1 步进驱动系统的结构和工作原理

4.1.1 步进电动机

步进电动机是一种将电脉冲转化为角位移的执行机构，是一种专门用于速度和位置精确控制的特种电动机。其旋转是以固定的角度（称为步距角）一步一步运行，故称为步进电动机。一般电动机是连续旋转的，而步进电动机的转动是一步一步进行的。每输入一个脉冲电信号，步进电动机就转动一个角度。通过改变脉冲频率和数量，即可实现调速和控制转动的角位移大小，具有较高的定位精度，其最小步距角可达 0.75°，转动、停止、反转反应灵敏、可靠，在开环数控系统中得到了广泛的应用。步进电动机的外形示例如图 4-1 所示。

图 4-1 步进电动机的外形示例

1. 步进电动机的分类
步进电动机可分为永磁式步进电动机、反应式步进电动机和混合式步进电动机。
2. 步进电动机的重要参数
（1）步距角
步距角表示控制系统每发出一个步进脉冲信号电动机所转动的角度。电动机出厂时给出了一个步距角的值，这个步距角称为电动机固有步距角，它不一定是电动机实际工作时的真正步距角，真正的步距角和驱动器有关。步距角计算公式为

$$\beta = 360°/ZKm$$

式中，Z 为转子齿数；m 为定子绕组相数；K 为通电系数，当前后通电相数一致时，$K=1$，否则 $K=2$。

由此可见，步进电动机的转子齿数和定子绕组相数（或运行拍数）越多，则步距角越小，控制越精确。

（2）相数

步进电动机的相数是指电动机内部的线圈组数，或者说产生不同对极 N、S 磁场的励磁线圈对数，常用 m 表示。目前常用的有两相、三相、四相、五相、六相和八相等步进电动机。电动机相数不同，其步距角也不同，一般两相电动机的步距角为 0.9°/1.8°、三相为 0.75°/1.5°、五相为 0.36°/0.72°。在没有细分驱动器时，用户主要靠选择不同相数的步进电动机来满足步距角的要求。如果使用细分驱动器，则相数将变得没有意义，用户只需在驱动器上改变细分数，就可以改变步距角。

（3）拍数

拍数是指完成一个磁场周期性变化所需脉冲数或导电状态，或指电动机转过一个齿距角所需脉冲数，用 n 表示。以四相电动机为例，有四相四拍运行方式（即 AB—BC—CD—DA—AB）、四相八拍运行方式（即 A—AB—B—BC—C—CD—D—DA—A）。步距角对应一个脉冲信号，电动机转子转过的角位移用 θ 表示，$\theta = 360°/$（转子齿数×运行拍数），以常规两相、四相，转子齿数为 50 齿的电动机为例，四拍运行时步距角为 $\theta = 360°/(50×4) = 1.8°$（俗称整步），八拍运行时步距角为 $\theta = 360°/(50×8) = 0.9°$（俗称半步）。

（4）保持转矩

保持转矩是指步进电动机通电但没有转动时，定子锁住转子的转矩。它是步进电动机最重要的参数之一，通常步进电动机在低速时的转矩接近保持转矩。由于步进电动机的输出转矩随速度的增大而不断衰减，输出功率也随速度的增大而变化，所以保持转矩就成为衡量步进电动机最重要的参数之一。如 2 N·m 的步进电动机，在没有特殊说明的情况下是指保持转矩为 2 N·m 的步进电动机。

（5）失步

失步是指步进电动机运转时，转子的运转低于磁场的旋转速度，即转子转动的步数小于接收的脉冲数。失步一般发生在负载转矩大于步进电动机的输出转矩时。

4.1.2　步进电动机的结构和工作原理

1. 步进电动机的结构

步进电动机的组成包括转子（转子铁心、永磁体、转轴、球轴承）、定子（绕组、定子铁心）、前后端盖等组成。最典型的两相混合式步进电动机的定子有 8 个大齿、40 个小齿，转子有 50 个小齿；三相电动机的定子有 9 个大齿、45 个小齿，转子有 50 个小齿。步进电动机结构示意图如图 4-2 所示。步进电动机的定子如图 4-3 所示，步进电动机的转子（带一端端盖）如图 4-4 所示。

步进电动机的机座号主要有 35、39、42、57、86 和 110 等型号。电动机机座号代表电动机的外部尺寸，如 35 代表 35×35。

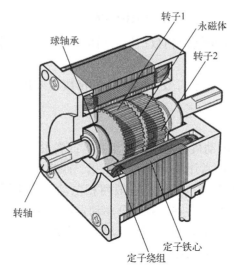

图 4-2　步进电动机结构示意图

图 4-3　步进电动机的定子

图 4-4　步进电动机的转子（带一端端盖）

2. 步进电动机的工作原理

图 4-5 为步进电动机的原理图，假设转子只有 2 个齿，而定子只有 4 个齿。当给 U_1 相通电时，定子上产生一个磁场，磁场的 S 极在上方，而转子是永久磁铁，转子磁场的 N 极在上方，由于定子 U_1 齿和转子的 1 齿对齐，所以定子 S 极和转子的 N 极相吸引（同理定子 N 极和转子的 S 极也相吸引），因此转子没有切向力，转子静止。接着，U_1 相绕组断电，定子的 U_1 相磁场消失，给 V_1 相绕组通电时，V_1 相绕组产生的磁场将转子的位置吸引到 V 相的位置，因此转子齿偏离定子齿一个角度，也就是带动转子转动。

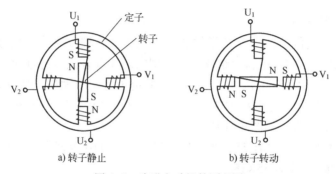

图 4-5　步进电动机的原理图

4.1.3　步进驱动器的工作原理

步进驱动器的外形示例如图 4-6 所示。步进驱动器是一种能使步进电动机运转的功率放大器，它能把控制器发来的脉冲信号转化为步进电动机的角位移，电动机的转速与脉冲频率成正比，所以控制脉冲频率可以精确调速，控制脉冲数就可以精确定位。一个完整的步进驱动系统框图如图 4-7 所示。控制器（通常是 PLC）发出脉冲信号和方向信号，步进驱动器接收这些信号，先进行环形分配和细分，然后进行功率放大，变成安培级的脉冲信号发送到步进电动机，从而控制步进电动机的速度和位移。可见，步进驱动器最重要的功能是环形分配和功率放大。

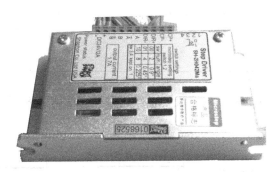

图 4-6　步进驱动器的外形示例

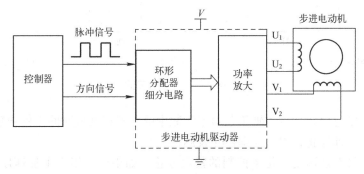

图 4-7　步进驱动系统框图

4.2　S7-1200/1500 PLC 对步进驱动系统的速度和位置控制

4.2.1　S7-1200/1500 PLC 运动控制指令

视频
S7-1200 PLC
运动控制指令
解读

在使用运动控制指令之前，必须要启用轴，在轴运行期间，此指令必须处于开启状态，因此 MC_Power（有资料称此指令为励磁指令）是必须使用的指令，该指令的作用是启用或者禁用轴。

1. 使能指令 MC_Power

轴在运动之前，必须使用使能指令，其参数说明见表 4-1。

表 4-1   MC_Power 使能指令的参数说明

LAD	SCL	输入/输出	参数的含义

MC_Power
 	
— EN   ENO —
— Axis   Status —
— Enable
— StopMode   Busy —
 	
         Error —
 	
         ErrorID —
 	
         ErrorInfo —
	"MC_Power_DB" (Axis := _multi_fb_in_,
	Enable := _bool_in_,
	StopMode := _int_in_,
	Status => _bool_out_,
	Busy => _bool_out_,
	Error => _bool_out_,
	ErrorID => _word_out_
	ErrorInfo => _word_out_) ;
		EN	使能

		Axis	已配置好的工艺对象名称
		StopMode	轴停止模式,有三种模式
		Enable	为 1 时,轴使能;为 0 时,轴停止(不是上升沿)
		Busy	标记 MC_Power 指令是否处于活动状态
		Error	标记 MC_Power 指令是否产生错误
		ErrorID	错误 ID 码
		ErrorInfo	错误信息

MC_Power 使能指令的 StopMode 含义是轴停止模式,如图 4-8 所示。具体说明如下:

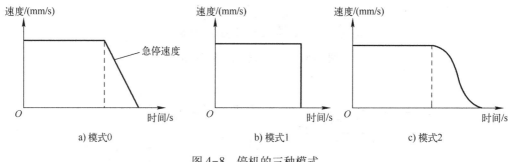

a) 模式0   b) 模式1   c) 模式2

图 4-8   停机的三种模式

1)模式 0:紧急停止,按照轴工艺对象参数中的急停速度或时间来停止轴。

2)模式 1:立即停止,PLC 立即停止发脉冲。

3)模式 2:带有加速度变化率控制的紧急停止。如果用户组态了加速度变化率,则轴在减速时会把加速度变化率考虑在内,减速曲线变得平滑。

2. 在点动模式下移动轴指令 MC_MoveJog

MC_MoveJog 指令以指定的速度在点动模式下持续移动轴。该指令通常用于测试和调试。在点动模式下移动轴指令具体参数说明见表 4-2。

3. 以预定义速度移动轴指令 MC_MoveVelocity

MC_MoveVelocity 以预定义速度移动轴指令的执行不需要建立参考点,只需要定义方向、速度即可。当上升沿使能 Execute 后,轴按照设定的速度和方向运行。MC_MoveVelocity 以预定义速度移动轴指令的参数说明见表 4-3。

使用 MC_MoveVelocity 指令时,需要注意:

1)Direction = 0,旋转方向取决于参数 Velocity 值的符号。

2)Direction = 1,正方向旋转,忽略参数 Velocity 值的符号。

表 4-2　MC_MoveRelative 相对定位轴指令的参数说明

LAD	SCL	输入/输出	参数的含义
MC_MOVEJOG EN　　　ENO Axis　　InVelocity JogForward　Busy JogBackward　Command Velocity　　Aborted Acceleration　Error Deceleration　ErrorId Jerk Position Controlled	"MC_MC_MoveJog" (Axis: = _multi_fb_in_, JogForward: = _bool_in_, JogBackward: = _bool_i Velocity: = _real_in_, PositionCotrolied: = bool_in_, Velocity => _bool_out_, Busy => _bool_out_, CommandAborted => _bool_out_, Error => _bool_out_, ErrorID => _word_out_, ErrorInfo => _word_out_) ;	EN	使能
		Axis	已配置好的工艺对象名称
		JogForward	轴就会以参数 "Velocity" 中指定的速度正向移动
		JogBackward	轴就会以参数 "Velocity" 中指定的速度反向移动
		Velocity	运动过程的速度设定值/转速设定值
		Done	1：已达到目标位置
		Busy	1：正在执行任务
		CommandAborted	1：任务在执行期间被另一任务中止

表 4-3　MC_MoveVelocity 以预定义速度移动轴指令的参数说明

LAD	SCL	输入/输出	参数的含义
MC_MoveVelocity EN　　　ENO 　　　InVelocity Axis　　Busy Execute　CommandAborted Velocity Direction　Error Current　ErrorID PositionControll　Errorinfo ed	"MC_MoveVelocity_DB" (Axis: = _multi_fb_in_, Execute: = _bool_in_, Velocity: = _real_in_, Direction: = _int_in_, Current: = _bool_in_, PositionControlled: = _bool_in_, InVelocity => _bool_out_, Busy => _bool_out_, CommandAborted => _bool_out_, Error => _bool_out_, ErrorID => _word_out_, ErrorInfo => _word_out_) ;	EN	使能
		Axis	已配置好的工艺对象名称
		Execute	上升沿使能
		Direction	运行方向
		Velocity	定义的速度限制：起动/停止速度 ≤Velocity≤最大速度
		Current	保持当前速度： FALSE：禁用保持当前速度 TRUE：激活保持当前速度
		PositionControlled	0：速度控制 1：位置控制
		InVelocity	轴在起动时以当前速度运动
		Done	1：已达到目标位置
		Busy	1：正在执行任务
		CommandAborted	1：任务在执行期间被另一任务中止

3）Direction = 2，反方向旋转，忽略参数 Velocity 值的符号。

4）Velocity＝0.0 时，相当于使用停止指令 MC_Halt。

4. 绝对定位轴指令 MC_MoveAbsolute

MC_MoveAbsolute 绝对定位轴指令的执行需要建立参考点，通过定义距离、速度和方向即可。当上升沿使能 Execute 后，轴按照设定的速度和绝对位置运行。MC_MoveAbsolute 绝对定位轴指令的参数说明见表 4-4。这个指令非常常用，必须重点掌握。

5. 停止轴指令 MC_Halt

MC_Halt 停止轴指令用于停止轴的运动，当上升沿使能 Execute 后，轴会按照已配置的减速曲线停车。MC_Halt 停止轴指令的参数说明见表 4-5。

表 4-4　MC_MoveAbsolute 绝对定位轴指令的参数说明

LAD	SCL	输入/输出	参数的含义
MC_MoveAbsolute EN　ENO Axis　Done Execute　Busy Position　CommandAborted Velocity　Error ErrorID ErrorInfo	"MC_MoveAbsolute_DB" (Axis : =_multi _fb_in_, 　Execute : =_bool_in_, 　Position : =_real_in_, 　Velocity : =_real_in_, 　Done =>_bool_out_, 　Busy =>_bool_out_, 　CommandAborted =>_bool_out_, 　Error =>_bool_out_, 　ErrorID =>_word_out_, 　ErrorInfo =>_word_out_) ;	EN	使能
		Axis	已配置好的工艺对象名称
		Execute	上升沿使能
		Position	绝对目标位置
		Velocity	定义的速度限制：起动/停止速度≤Velocity≤最大速度
		Done	1：已达到目标位置
		Busy	1：正在执行任务
		CommandAborted	1：任务在执行期间被另一任务中止

表 4-5　MC_Halt 停止轴指令的参数说明

LAD	SCL	输入/输出	参数的含义
MC_Halt EN　ENO Axis　Done Execute　Busy CommandAborted Error ErrorID ErrorInfo	"MC_Halt_DB" (Axis : =_multi_fb_in_, 　Execute : =_bool_in_, 　Done =>_bool_out_, 　Busy =>_bool_out_, 　CommandAborted =>_bool_out_, 　Error =>_bool_out_, 　ErrorID =>_word_out_, 　ErrorInfo =>_word_out_) ;	EN	使能
		Axis	已配置好的工艺对象名称
		Execute	上升沿使能
		Done	1：速度达到零
		Busy	1：正在执行任务
		CommandAborted	1：任务在执行期间被另一任务中止

6. 错误确认指令 MC_Reset

如果存在一个错误需要确认，必须调用 MC_Reset 错误确认指令进行复位。如轴硬件超程，处理完成后，必须复位。MC_Reset 错误确认指令的参数说明见表 4-6。

表 4-6　MC_Reset 错误确认指令的参数说明

LAD	SCL	输入/输出	参数的含义
MC_Reset EN　ENO Axis　Done Execute　Busy Restart　Error ErrorID ErrorInfo	"MC_Reset_DB" (Axis : =_multi_fb_in_, 　Execute : =_bool_in_, 　Restart : =_bool_in_, 　Done =>_bool_out_, 　Busy =>_bool_out_, 　Error =>_bool_out_, 　ErrorID =>_word_out_, 　ErrorInfo =>_word_out_) ;	EN	使能
		Axis	已配置好的工艺对象名称
		Execute	上升沿使能
		Restart	0：用来确认错误 1：将轴的组态从装载存储器下载到工作存储器
		Done	轴的错误已确认
		Busy	是否忙
		ErrorID	错误 ID 码
		ErrorInfo	错误信息

7. 回参考点指令 MC_Home

参考点在系统中有时作为坐标原点，对于运动控制系统非常重要。MC_Home 回参考点指令的参数说明见表 4-7。

表 4-7　MC_Home 回参考点指令的参数说明

LAD	SCL	输入/输出	参数的含义
"MC_Home_DB" MC_Home —EN　　ENO— —Axis　　Done— —Execute　　Busy— —Position　CommandAborted— —Mode 　　　Error— 　　　ErrorID— 　　　ErrorInfo— 　　ReferenceMarkP— 　　　osition—	" MC_Home_DB" (Axis: = _multi_fb_in_ , 　　Execute: = _bool_in_ , 　　Position: = _real_in_ , 　　Mode: = _int_in_ , 　　Done = >_bool_out_ , 　　Busy = >_bool_out_ , 　CommandAborted = >_bool_out_ , 　　　Error = >_bool_out_ , 　　ErrorID = >_word_out_ , 　　ErrorInfo = >_word_out_) ;	EN	使能
		Axis	已配置好的工艺对象名称
		Execute	上升沿使能
		Position	Mode = 1 时，对当前轴位置的修正值 Mode = 0,2,3 时，轴的绝对位置值
		Mode	回原点模式，共四种
		Done	1：任务完成
		Busy	1：正在执行任务
		Reference MarkPosition	显示工艺对象回原点位置

对于 S7-1200 PLC，MC_Home 回参考点指令回原点模式（Mode）有 0~3 四种。

1）Mode = 0 绝对式直接回原点。

Mode = 0 模式下的 MC_Home 指令触发后轴并不运行，也不会去寻找原点开关。指令执行后的结果是轴的坐标值直接更新为新的坐标值，新的坐标值就是 MC_Home 指令的 Position 引脚的数值。如图 4-9 所示，Position = 0.0 mm，则轴的当前坐标值也更新为 0.0 mm。该坐标值属于绝对坐标值，也就是相当于轴已经建立了绝对坐标系，可以进行绝对运动。

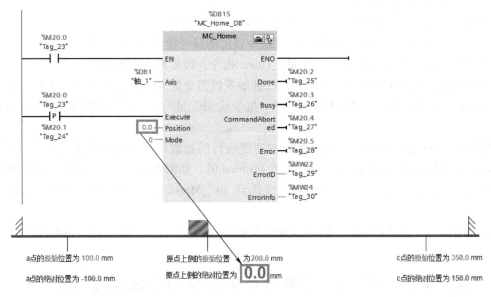

图 4-9　Mode = 0 绝对式直接回原点

2）Mode = 1 相对式直接回原点。

与 Mode = 0 相同，以 Mode = 1 模式触发 MC_Home 指令后轴并不运行，只是更新轴的当前位置值。更新的方式与 Mode = 0 不同，而是在轴原来坐标值的基础上加上 Position 的数值后得到的坐标值作为轴当前位置的新值。如图 4-10 所示，执行 MC_Home 指令后，轴的位置值变成了 210 mm.，相应 a、c 点的坐标位置值也更新为新值。

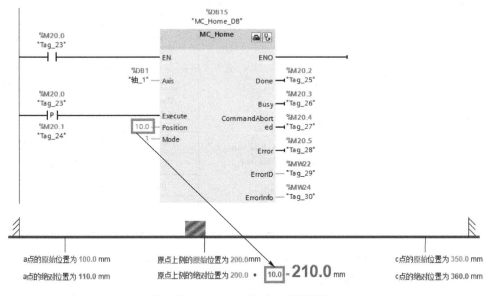

图 4-10　Mode = 1 相对式直接回原点

3）Mode = 2 被动回零点，轴的位置值为参数 Position 的值。

被动回原点指的是轴在运行过程中碰到原点开关，轴的当前位置将设置为回原点位置值。被动回原点的过程如下：

① 在工艺组态时，选择 "参考点开关一侧" 为 "上侧"。

② 先使轴执行一个相对运动指令，该指令设定的路径能让轴经过原点开关。

③ 在该指令的执行过程中，触发 MC_Home 指令，设置模式为 Mode = 2。

④ 再触发 MC_MoveRelative 指令，要保证触发该指令的方向能够经过原点开关。也可以用 MC_MoveAbsolute 指令、MC_MoveVelocity 指令或 MC_MoveJog 指令取代 MC_MoveRelative 指令。

当轴在以 MC_MoveRelative 指令指定的速度运行的过程中碰到原点开关的有效边沿时，轴立即更新坐标位置为 MC_Home 指令上的 Position 值，如图 4-11 所示。在这个过程中轴并不停止运行，也不会更改运行速度。直到达到 MC_MoveRelative 指令的距离值，轴停止运行。

4）Mode = 3 主动回零点，轴的位置值为参数 Position 的值。这种模式很常用，将在后续组态时详细说明。

视频
S7-1200 PLC
对步进驱动系
统的速度控制

4.2.2　S7-1200/1500 PLC 对步进驱动系统的速度控制

步进驱动系统常用于速度控制和位置控制。速度控制比较简单，改变步进驱动系统的转速与 PLC 发出脉冲频率成正比，这就是步进驱动系统的调速原理。下面举例介绍 S7-1200/1500 PLC 对步进驱动系统的速度控制。

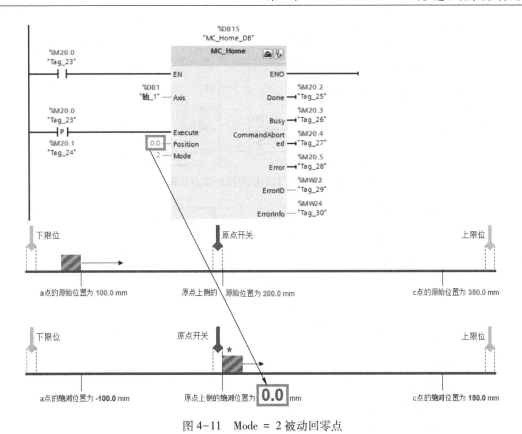

图 4-11　Mode = 2 被动回零点

【例 4-1】 某设备上有一套步进驱动系统，步进电动机的步距角为 1.8°，丝杠螺距为 10 mm，控制要求为：按下按钮 SB1，以 100 mm/s 速度正向移动，按下按钮 SB2，以 100 mm/s 速度反向移动，按下停止按钮 SB3 停止运行。要求设计原理图和控制程序。

解：

（1）主要软硬件配置

1）一套 TIA Portal V18。

2）一台步进电动机，型号为 17HS111。

3）一台步进驱动器，型号为 SH-2H042Ma。

4）一台 CPU 1211C 或 CPU 1511-1PN 和 PTO4。

以 CPU 1211C 为控制器的原理图如图 4-12 所示，CPU 1211C 模块的 Q0.0 发出高速脉冲信号，Q0.1 发出方向信号。以 CPU 1511-1PN 为控制器的原理图如图 4-13 所示，PTO4 模块的 5 号端子发出高速脉冲信号，6 号端子发出方向信号。图 4-12 和图 4-13 中的 2 kΩ 起限压限流作用。因为 CPU 1211C 和 PTO4 模块发出的信号是 24 V，而步进驱动器接收的信号是 5 V，所以两者需要加电阻分压。

（2）硬件组态

1）新建项目，添加 CPU。打开 TIA Portal 软件，新建项目"MotionControl"，单击项目树中的"MotionControl"→"添加新设备"，在"设备视图"界面添加 CPU 1211C 模块，如图 4-14 所示。

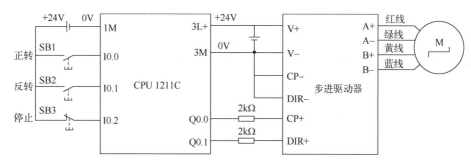

图 4-12　以 CPU 1211C 为控制器的原理图

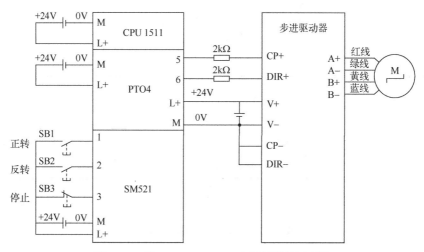

图 4-13　以 CPU 1511-1PN 为控制器的原理图

图 4-14　新建项目并添加 CPU

2）启用脉冲发生器。在"设备视图"界面中，打开"属性"选项卡，单击"常规"→"脉冲发生器（PTO/PWM）"→"PTO1/PWM1"→"常规"，勾选"启用该脉冲发生器"，如图 4-15 所示，表示启用了 PTO1/PWM1 脉冲发生器。

3）选择脉冲发生器的类型。在"设备视图"界面中，打开"属性"选项卡，单击"常规"→"脉冲发生器（PTO/PWM）"→"PTO1/PWM1"→"参数分配"，选择信号类型为"PTO（脉冲 A 和方向 B）"，如图 4-16 所示。

信号类型有五个选项，分别是 PWM、PTO（脉冲 A 和方向 B）、PTO（脉冲上升沿 A 和脉冲下降沿 B）、PTO（A/B 移相）和 PTO（A/B 移相-四倍频）。

4）组态硬件输出。在"设备视图"界面中，打开"属性"选项卡，单击"常规"→"脉冲发生器（PTO/PWM）"→"PTO1/PWM1"→"硬件输出"，选择脉冲输出为"%Q0.0"，勾选"启用方向输出"，选择方向输出为"%Q0.1"，如图 4-17 所示。

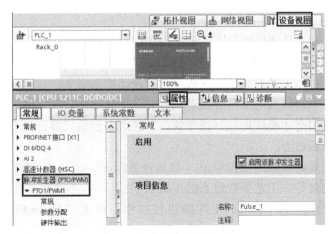

图 4-15　启用脉冲发生器

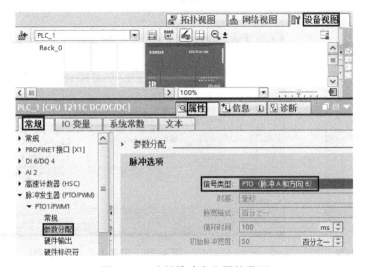

图 4-16　选择脉冲发生器的类型

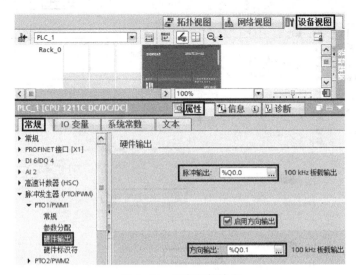

图 4-17　组态硬件输出

（3）工艺对象轴组态

工艺对象"轴"组态是硬件组态的一部分，由于这部分内容很重要，因此单独进行讲解。

轴表示驱动的工艺对象，轴工艺对象是用户程序与驱动的接口。工艺对象"轴"的组态保存在一个数据块中。工艺对象从用户程序收到运动控制命令，在运行时执行并监视执行状态。驱动表示步进电动机加电源部分或者伺服驱动加脉冲接口的机电单元。运动控制中必须要对工艺对象进行组态才能应用控制指令块。工艺组态包括三部分：工艺参数组态、轴控制面板组态和诊断面板组态。

工艺参数组态主要定义轴的工程单位（如脉冲数/min、r/min）、软硬件限位、起动/停止速度和参考点的定义等。工艺参数组态的步骤如下：

1）插入新对象。在 TIA Portal 软件的项目树中，单击"MotionControl"→"PLC_1 [CPU 1211C]"→"工艺对象"，双击"插入新对象"，如图 4-18 所示，弹出如图 4-19 所示界面，选择"运动控制"→"TO_PositioningAxis"，单击"确定"按钮，弹出如图 4-20 所示界面。

图 4-18　插入新对象

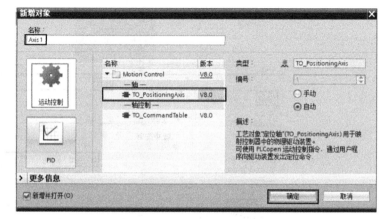

图 4-19　定义工艺对象数据块

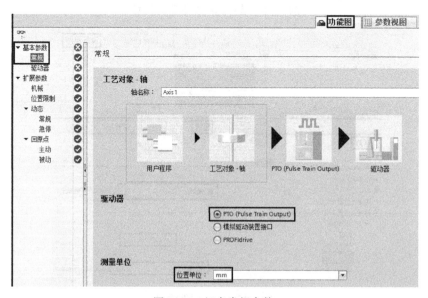

图 4-20　组态常规参数

2）组态常规参数。在"功能图"选项卡中，单击"基本参数"→"常规"，驱动器有三个选项，分别是 PTO（表示运动控制由脉冲控制）、模拟驱动装置接口（表示运动控制由模拟量控制）和 PROFIdrive（表示运动控制由通信控制），本例选择"PTO（Pulse Train Output）"，测量单位可根据实际情况选择，本例选择默认设置"mm"，如图 4-20 所示。

3）组态驱动器参数。在"功能图"选项卡中，单击"基本参数"→"驱动器"，选择脉冲发生器为"Pulse_1"，其对应的脉冲输出点和信号类型以及方向输出都已经在硬件组态时定义，在此不做修改，如图 4-21 所示。

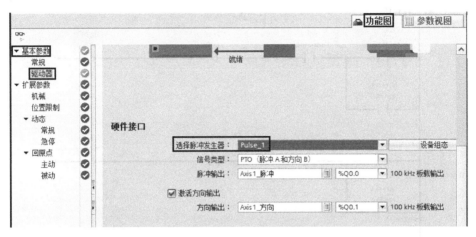

图 4-21　组态驱动器参数

驱动器的使能和反馈在工程中经常用到，当 PLC 准备就绪后，输出一个信号到伺服驱动器的使能端子，通知伺服驱动器 PLC 已经准备就绪。当伺服驱动器准备就绪后，发出一个信号到 PLC 的输入端，通知 PLC 伺服驱动器已经准备就绪。本例中没有使用此功能。

4）组态机械参数。在"功能图"选项卡中，单击"扩展参数"→"机械"，电动机每转的脉冲数设置为"200"（因为步进电动机的步距角为 1.8°，所以 200 个脉冲转一圈），"电机每转负载位移"取决于机械结构，如伺服/电动机与丝杠直接相连，则此参数就是丝杠的螺距，本例为"10.0"，如图 4-22 所示。

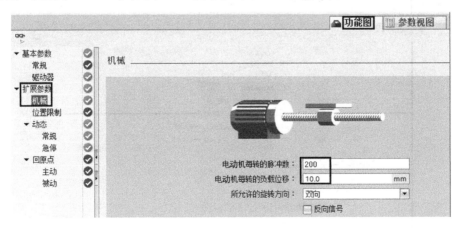

图 4-22　组态机械参数

（4）编写程序

程序如图 4-23 所示。

解读如下：

程序段 1：正转控制和反转控制。程序段 2：使能驱动器。程序段 3：当 M10.0 得电时，步进电动机正转，当 M10.1 得电时，步进电动机反转。程序段 4：步进驱动系统停机。

注意：图 4-12 中停止按钮 SB3 接常闭触点，对应图 4-23 中的程序中的第一行 I0.2 是常开触点。

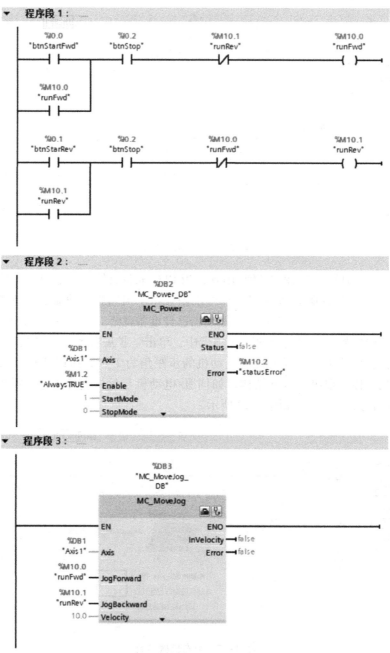

图 4-23　程序

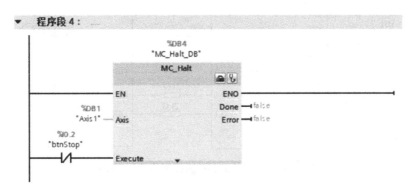

图 4-23 程序（续）

以 CPU 1511-1PN 为控制器的组态和程序与以 CPU 1211C 为控制器时类似，在此不再赘述。

4.2.3 S7-1200/1500 PLC 对步进驱动系统的位置控制

步进驱动系统常用于速度控制和位置控制。位置控制更加常用，改变步进驱动系统的位置与 PLC 发出的脉冲个数成正比，这是步进驱动系统的位置控制原理。下面通过实例介绍 PLC 对步进驱动系统的位置控制。

【例 4-2】某设备上有一套步进驱动系统，步进驱动器型号为 SH-2H042Ma，步进电动机型号为 17HS111，控制要求如下：

1）按下复位按钮 SB2，步进驱动系统回原点。

2）按下起动按钮 SB1，步进电动机带动滑块向前运行 50 mm，停 2 s，然后返回原点完成一个循环过程。

3）按下停止按钮 SB3 时，系统立即停止。

要求设计原理图，并编写程序。

解：

（1）主要软硬件配置

1）一套 TIA Portal V18。

2）一台步进电动机，型号为 17HS111。

3）一台步进驱动器，型号为 SH-2H042Ma。

4）一台 CPU 1211C。

以 CPU 1211C 为控制器的原理图如图 4-24 所示，CPU 1211C 模块的 Q0.0 发出高速脉冲信号，Q0.1 发出方向信号。以 CPU 1511-1PN 为控制器的原理图如图 4-25 所示，PTO4 模块的 5 号端子发出高速脉冲信号，6 号端子发出方向信号。图 4-24 和图 4-25 中的 2 kΩ 起限压限流作用。

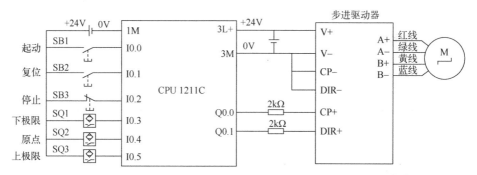

图 4-24　以 CPU 1211C 为控制器的原理图

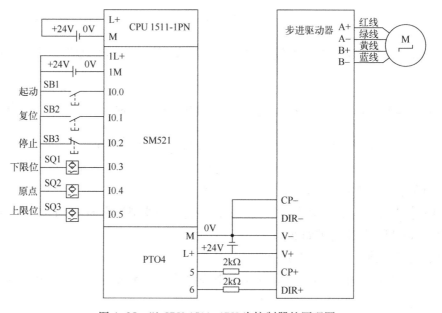

图 4-25　以 CPU 1511-1PN 为控制器的原理图

（2）硬件组态

1）新建项目，添加 CPU。打开 TIA Portal 软件，新建项目"MotionControl"，单击项目树中的"添加新设备"，添加"CPU 1211C"，如图 4-26 所示。

图 4-26　新建项目并添加 CPU

2）启用脉冲发生器。在"设备视图"界面中，打开"属性"选项卡，单击"常规"→"脉冲发生器（PTO/PWM）"→"PTO1/PWM1"，勾选"启用该脉冲发生器"，如图 4-27 所示，表示启用了 PTO1/PWM1 脉冲发生器。

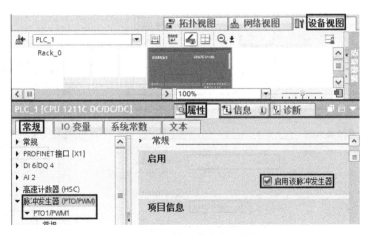

图 4-27　启用脉冲发生器

3) 选择脉冲发生器的类型。在"设备视图"界面中，打开"属性"选项卡，单击"常规"→"脉冲发生器（PTO/PWM）"→"PTO1/PWM1"→"参数分配"，选择信号类型为"PTO（脉冲 A 和方向 B）"，如图 4-28 所示。

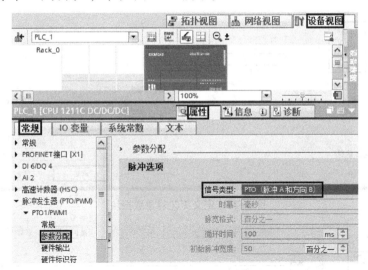

图 4-28　选择脉冲发生器的类型

信号类型有五个选项，分别是 PWM、PTO（脉冲 A 和方向 B）、PTO（正数 A 和倒数 B）、PTO（A/B 移相）和 PTO（A/B 移相-四倍频）。

4) 配置硬件输出。在"设备视图"界面中，打开"属性"选项卡，单击"常规"→"脉冲发生器（PTO/PWM）"→"PTO1/PWM1"→"硬件输出"，选择脉冲输出为"%Q0.0"，勾选"启用方向输出"，选择方向输出为"%Q0.1"，如图 4-29 所示。

(3) 工艺对象"轴"配置

1) 插入新对象。在 TIA Portal 软件项目视图的项目树中，单击"MotionControl"→"PLC_1［CPU 1211C］"→"工艺对象"，双击"插入新对象"，如图 4-30 所示，弹出如图 4-31 所示界面，单击"运动控制"→"TO_PositioningAxis"，单击"确定"按钮，弹出如图 4-32 所示的界面。

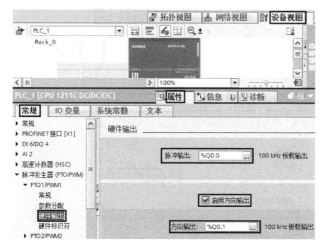

图 4-29　配置硬件输出

图 4-30　插入新对象

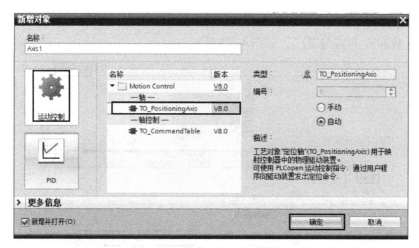

图 4-31　定义工艺对象数据块

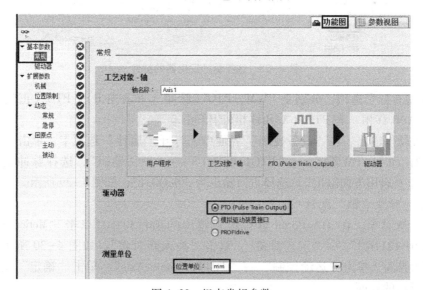

图 4-32　组态常规参数

2）组态常规参数。在图 4-32 "功能图" 选项卡中，单击 "基本参数" → "常规"，驱动器项目中有三个选项，即 PTO（表示运动控制由脉冲控制）、模拟驱动装置接口（表示运动控制由模拟量控制）和 PROFIdrive（表示运动控制由通信控制），本例选择 "PTO（Pulse Train Output）"，位置单位可根据实际情况选择，本例选择默认设置 "mm"。

3）组态驱动器参数。在 "功能图" 选项卡中，单击 "基本参数" → "驱动器"，选择脉冲发生器为 "Pulse_1"，其对应的脉冲输出点和信号类型以及方向输出，在硬件配置时都已经定义，在此不做修改，如图 4-33 所示。

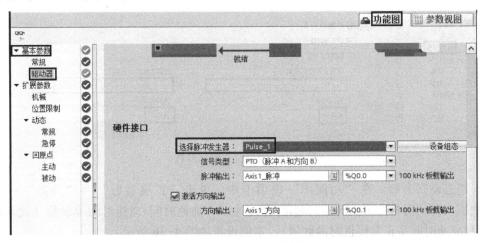

图 4-33　组态驱动器参数

4）组态机械参数。在 "功能图" 选项卡中，单击 "扩展参数" → "机械"，电动机每转的脉冲数设置为 "200"，此参数取决于步进驱动器的参数。电动机每转的负载位移取决于机械结构，如步进电动机与丝杠直接相连，则此参数就是丝杠的螺距，本例设置为 "10.0"，如图 4-34 所示。

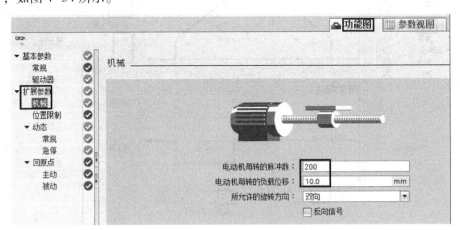

图 4-34　组态机械参数

5）组态位置限制参数。在 "功能图" 选项卡中，单击 "扩展参数" → "位置限制"，勾选 "启用硬件限位开关" 和 "启用软件限位开关"，如图 4-35 所示。在硬件下限位开关输入中选择 "%I0.3"，在硬件上限位开关输入中选择 "%I0.5"，选择电平为 "高电平"，上述设置必须与原理图匹配。由于本例的限位开关在原理图中接入的是常开触点，而且是 PNP 型输入接法，因此当限位开关起作用时为接通有效，所以此处选择高电平，无论输入端开关是 NPN 型还是 PNP 型接法，只要是接常开触点，此处都应选择高电平，接常闭触点则选择低电平，这一点应特别注意。

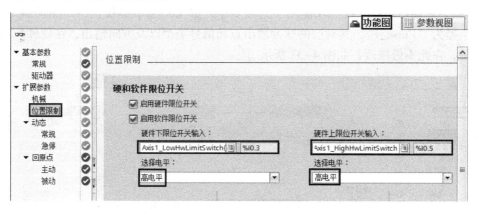

图 4-35　组态位置限制参数

6）组态动态参数。在"功能图"选项卡中，单击"扩展参数"→"动态"→"常规"，根据实际情况修改最大转速、起动/停止速度和加速时间/减速时间等参数（此处的加速时间和减速时间是正常停机时的数值），本例设置如图 4-36 所示。

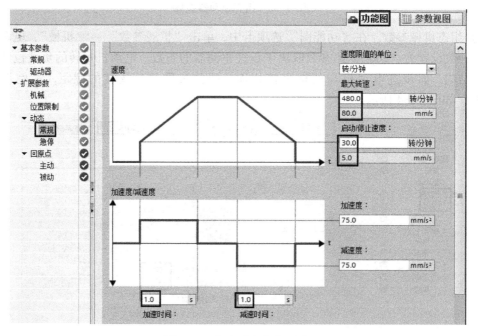

图 4-36　组态动态参数（1）

在"功能图"选项卡中，单击"扩展参数"→"动态"→"急停"，根据实际情况修改紧急减速度/急停减速时间等参数（此处的加速时间和减速时间是急停时的数值），本例设置如图 4-37 所示。

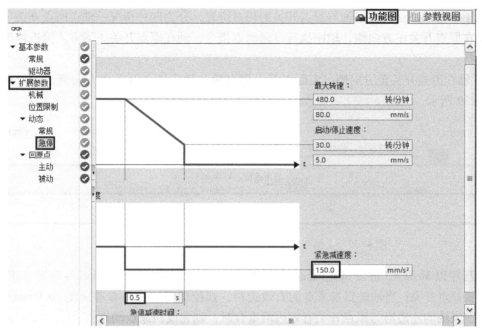

图 4-37　组态动态参数（2）

7）组态回原点参数。在"功能图"选项卡中，单击"扩展参数"→"回原点"→"主动"，根据原理图选择输入原点开关为"%I0.4"。由于 I0.4 对应的接近开关是常开触点，所以选择电平为"高电平"。起始位置偏移量为"0.0"，表明原点就在 I0.4 的硬件物理位置上，本例设置如图 4-38 所示。

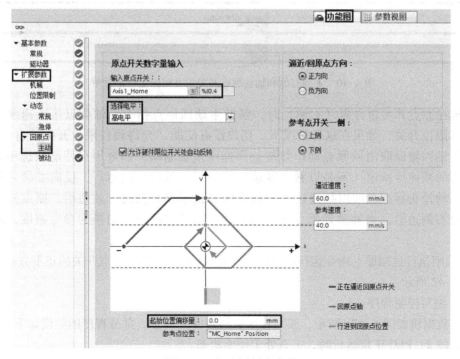

图 4-38　组态回原点参数

关于主动回原点，根据轴与原点开关的相对位置，分为四种情况：轴在原点开关负方向侧，轴在原点开关正方向侧，轴刚执行过回原点指令，轴在原点开关正下方。接近速度为正方向运行。

① 轴在原点开关负方向侧。实际上是上侧有效和轴在原点开关负方向侧，运行示意图如图 4-39 所示。

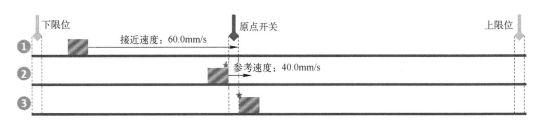

图 4-39　上侧有效和轴在原点开关负方向侧运行示意图

当程序以 Mode=3 触发 MC_Home 指令时，轴立即以接近速度 60.0 mm/s 向右（正方向）运行寻找原点开关；当轴碰到参考点的有效边沿，切换运行速度为参考速度 40.0 mm/s，继续运行；当轴的左边沿与原点开关有效边沿重合时，轴完成回原点动作。

② 轴在原点开关的正方向侧。实际上是上侧有效和轴在原点开关正方向侧，运行示意图如图 4-40 所示。

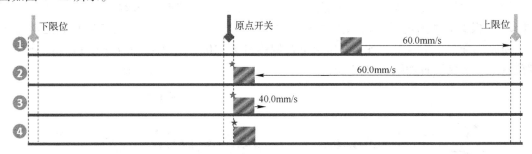

图 4-40　上侧有效和轴在原点开关正方向侧运行示意图

当轴在原点开关正方向（右侧）时，触发主动回原点指令，轴会以接近速度运行直到碰到右限位开关，如果在这种情况下，用户没有使能"允许硬件限位开关处自动反转"选项，则轴因错误取消回原点动作并按急停速度使轴制动；如果用户使能该选项，则轴将以组态的减速度减速（不是以紧急减速度）运行，然后反向运行，反向继续寻找原点开关；当轴掉头后，继续以接近速度向负方向寻找原点开关的有效边沿；原点开关的有效边沿是右侧边沿，当轴碰到原点开关的有效边沿后，将速度切换为参考速度，最终完成定位。

③ 轴刚执行过回原点指令运行示意图如图 4-41 所示，轴在原点开关的正下方运行示意图如图 4-42 所示。

（4）编写控制程序

创建数据块如图 4-43a 所示，编写程序如图 4-43b 所示。部分程序的解读如下：

程序段 2：PLC 正常运行时，一直处于使能状态。

程序段 3：故障复位。

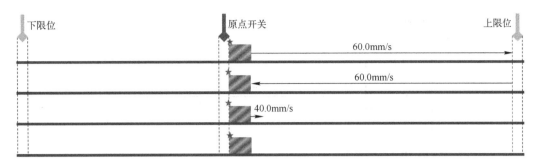

图 4-41　轴刚执行过回原点指令运行示意图

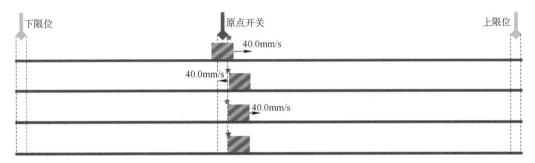

图 4-42　轴在原点开关的正下方运行示意图

程序段 4：主动回参考点模式。当"DB".Home_EX 为高电平时，开始回参考点，回参考点成功时，"DB".Home_Done 为 1，因此"DB".Home_EX 复位，"DB".Home_OK 置位。

程序段 5：步进驱动系统停止运行。

程序段 6：当"DB".Move_EX 为高电平时，开始以指定速度运行到指定的位置，到达指定位置时，"DB".Move_Done 为 1，"DB".Move_EX 复位。

程序段 7：I0.1 闭合时，起动故障复位，延时 2 s，"DB".Home_EX 置位，开始回参考点。

程序段 8：当已经回参考点成功后，I0.0 闭合时，1 送到步号 MB100 中。之后的程序比较简单，请读者自行阅读。

DB		名称	数据类型	起始值	保持
1	▼	Static			
2	■	Home_EX	Bool	false	
3	■	Home_OK	Bool	false	
4	■	Home_Done	Bool	false	
5	■	Move_EX	Bool	false	
6	■	Move_Done	Bool	false	
7	■	Move_Speed	Real	0.0	
8	■	Move_Position	Real	0.0	
9	■	Reset_EX	Bool	false	
10	■	Reset_OK	Bool	false	
11	■	Reset_Done	Bool	false	

a）创建数据块

图 4-43　创建数据块并编写程序

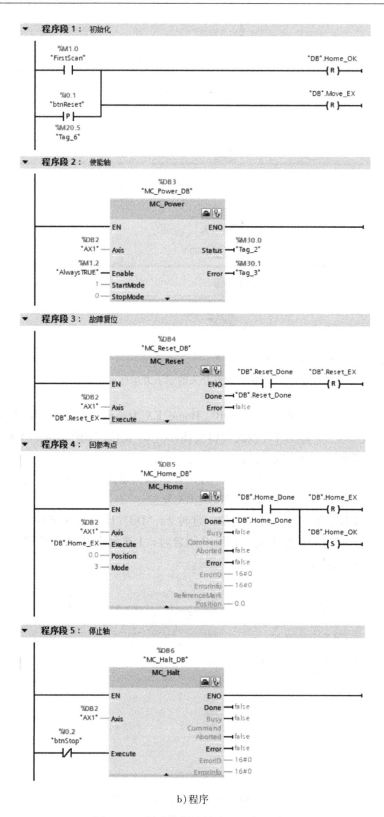

b）程序

图 4-43　创建数据块并编写程序（续）

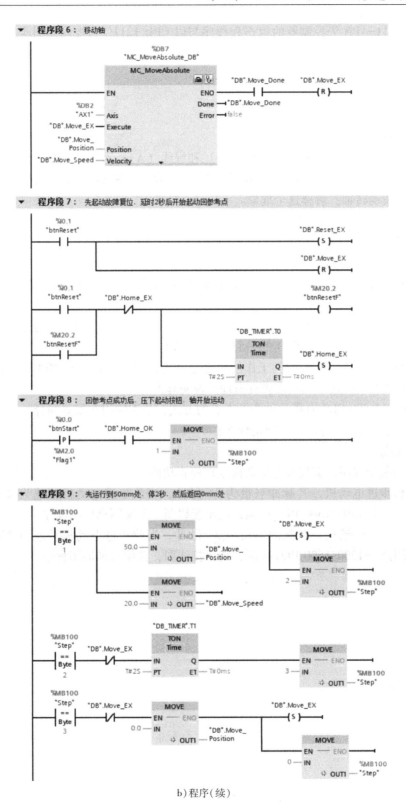

b) 程序 (续)

图 4-43　创建数据块并编写程序 (续)

以 CPU 1511-1PN 为控制器的组态和程序与以 CPU 1211C 为控制器时类似，在此不再赘述。

习题

一、简答题

1. 将图 4-24 中步进电动机的红线（A+）和绿线（A-）对换连接会产生什么现象？

2. 步进电动机不通电时用手可以拨动转轴（因为不带制动），那么通电后、不加信号时，用手能否拨动转轴？解释这个现象。

3. 简述步进电动机的分类。

4. 简述步进电动机的工作原理。

5. 简述步进驱动器的作用。

6. 某步进电动机是单拍通电方式，其正转时通电顺序为 A→B→C→A，当其反转时，通电顺序如何变化？

7. 某三相步进电动机是单、双拍工作方式，即两种通电方式的组合应用，分析其正转和反转时绕组的通电顺序。假设其中一个方向为正转。

8. 一名维修工发现一台长时间工作的步进电动机的定子温度高达 90℃，他由此判断步进电动机已经烧毁，问这个判断是否有道理？说明理由。

9. S7-1200/1500 PLC 有哪几种图参考点的方式，分别应用在哪些场合？

10. 绝对定位和相对定位的区别是什么？

二、编程题

1. 编写一段子程序，实现步进电动机立即停止功能。

2. 有一台步进电动机，其脉冲当量为 3°/脉冲，当此步进电动机转速为 250 r/min 时，转 10 圈，若用 S7-1200/1500 PLC 控制，画出接线图，并编写梯形图程序。

3. 有一台步进电动机，其脉冲当量为 3°/脉冲，当此步进电动机转速为 250 r/min 时，转 10 圈，若用 S7-1200/1500 PLC 控制，画出接线图，并编写梯形图程序。

第 5 章

伺服驱动系统基础

伺服系统的产品主要包含伺服驱动器（伺服放大器）、伺服电动机和相关检测传感器（如光电编码器、旋转编码器、光栅等）。伺服系统的产品科技含量高，应用广泛，主要应用领域有机床、包装、纺织和电子设备，其使用量超过了整个市场的一半。特别在机床行业，伺服系统的产品应用量在所有行业中最多。

5.1 伺服系统概述

5.1.1 伺服系统的概念

1. 伺服系统的构成

伺服系统（Servomechanism System）指以物体的位置、速度和方向为控制量，以跟踪输入给定值的任意变化为目标所构成的闭环系统。伺服的概念可以从控制层面去理解，伺服的任务就是要求执行机构快速平滑、精确地执行上位控制装置的指令要求。

一个伺服系统的构成通常包括被控对象（Plant）、执行器（Actuator）和控制器（Controller）等部分，机械手臂、机械平台通常作为被控对象。执行器的功能主要在于提供被控对象的动力，执行器主要包括电动机和伺服放大器，特别设计应用于伺服系统的电动机称为伺服电动机（Servo Motor）。通常伺服电动机包括反馈装置（检测器），如光电编码器（Optical Encoder）、旋转变压器（Resolver）。目前，伺服电动机主要分为直流伺服电动机、永磁交流伺服电动机、感应交流伺服电动机，其中永磁交流伺服电动机是市场主流。控制器的功能在于提供整个伺服系统的闭环控制，如转矩控制、速度控制、位置控制等。一般工业用伺服驱动器（Servo Driver）也称伺服放大器。如图 5-1 所示为一般工业用伺服系统的组成框图。

2. 伺服系统的性能

伺服系统具有优越的性能，下面通过对伺服驱动器与变频器的对比以及伺服电动机与感应电动机的对比进行说明。

（1）伺服驱动器与变频器的对比

伺服驱动器与变频器的对比见表 5-1。

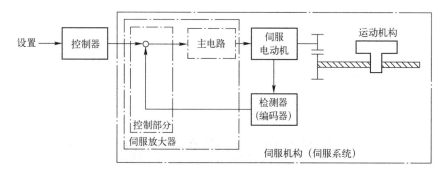

图 5-1　一般工业用伺服系统的组成框图

表 5-1　伺服驱动器与变频器的对比

序号	比较项目	变 频 器	伺服驱动器
1	应用场合	控制对象比较缓和的调速系统，调速范围一般在 1:10 以内	用于频繁起停、高速高精度场合，调速比高达 1:5000
2	控制方式	一般用于速度控制方式的开环系统	具有位置控制、速度控制和转矩控制方式的闭环系统
3	性能表现	低速转矩性能差、控制精度低（相对伺服系统）	低速转矩性能好、控制精度高（相对变频器）
4	电动机类型	一般使用异步电动机，可以不使用编码器，电动机体积大	通常使用交流同步电动机，需要编码器，电动机体积小

（2）伺服电动机与感应电动机的对比

伺服电动机与变频器驱动的感应电动机的对比如图 5-2 所示。

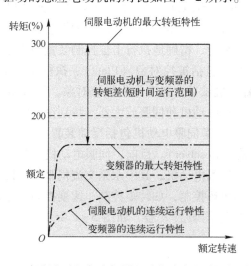

图 5-2　伺服电动机与变频器驱动的感应电动机的对比

伺服电动机的特点如下：

1）伺服电动机结构紧凑、体积小。

2）同步伺服电动机的转子表面是永磁铁贴片，因此转子磁场由自身产生。

3）伺服电动机在很宽的范围内具有连续转矩或有效转矩。

4）伺服电动机转动惯量低、动态响应水平高。以下的公式可以说明这一结论：

$$\varepsilon = T/I_{z}$$

式中，ε 为角加速度；T 为电动机转矩；I_{z} 为转子的转动惯量。不难看出，当电动机转矩一定时，转动惯量越小，则角加速度越大，所以动态响应水平高。

5）伺服电动机适用于快速精确定位和同步任务，其在 10 ms 内能从 0 加速至额定转速。

6）转矩脉动低。

7）短时间内具有高过载能力，变频器驱动的异步电动机的过载能力为 150%，而伺服电动机的过载能力高达 300%。

8）高效率。

9）防护等级高。

5.1.2 伺服系统的应用场合

伺服系统具有精确定位性能、高动态响应水平、大范围和高精度调速、方便的转矩控制等性能特点，其应用场合如下。

1. 需要定位的机械

伺服系统与控制器（如 PLC、运动控制器）配合使用，可以精确定位。应用案例如数控机床、木工机械、搬运机械、包装机械、贴片机、送料机、切割机和专用机械等。典型的应用有以下情形：

1）X-Y 十字滑台。其 X、Y 轴分别连接滚珠丝杠负载，伺服电动机驱动滚珠丝杠，示意图如图 5-3 所示。

2）同步进给。通过传感器检测工件的位置，根据编码器的信号进行同步进给。

3）冲压、辊式给料。伺服电动机驱动料辊，输送规定的长度后送给冲床，完成定位后进行冲压，示意图如图 5-4 所示。

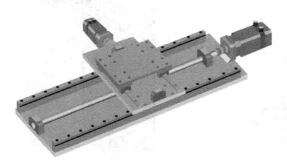

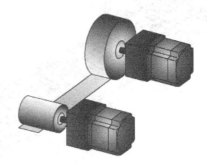

图 5-3　X-Y 十字滑台示意图　　　　　　图 5-4　冲压、辊式给料示意图

4）垂直搬运。典型应用如立体仓库，需要使用带抱闸的伺服电动机，且编码器一般使用绝对值编码器，示意图如图 5-5 所示。

2. 需要大范围调速的机械

伺服系统调速除了具有调速范围宽（可达 1:5000、大于变频器）和调速精度高（速度变动率低于 0.01%）的特点外，还具有转矩恒定的优点，因此广泛用于生产线等高精度可变速驱动的场合。如在旋转涂覆机生产中，将感光剂涂覆在半导体材料上，示意图如图 5-6 所示。

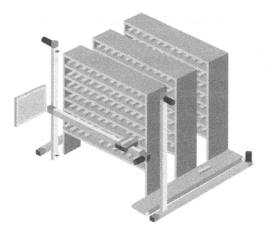

图 5-5　立体仓库示意图

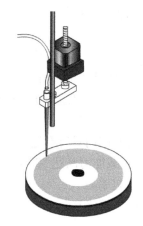

图 5-6　旋转涂覆机示意图

3. 高频定位

伺服电动机允许高达 300% 额定转矩的过载，可以在 10 ms 内从 0 加速运行至额定转速，还可以在 1 min 内进行高达 100 次的高频定位。典型应用有贴片机、冲压给料机、制袋机、下料装置、包装机、填充机和各种搬运装置。贴片机示意图如图 5-7 所示。

4. 转矩控制

伺服系统除了速度和位置控制外，还有转矩控制，主要用于收卷/开卷等张力控制场合。

1）开卷装置。伺服系统与张力检测器、张力控制装置组合，对板材卷进行张力控制，示意图如图 5-8 所示。

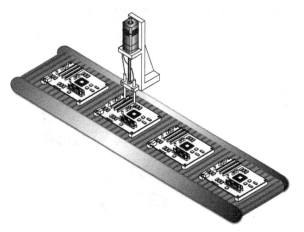

图 5-7　贴片机示意图

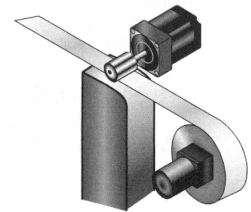

图 5-8　开卷装置示意图

2）注塑成型机。将塑料原料颗粒置于气缸与螺杆轴组成的加热器内，熔融后射入模具中。后经冷却工序打开模具，通过推杆推出成型品。

5.1.3　伺服系统的行业应用

伺服系统在很多工业领域都有应用，如机械制造、汽车制造、家电生产线、电子和橡胶等。其中应用最为广泛的是机床行业、纺织行业、包装行业、印刷和机器人行业，下面分别介绍伺服系统在这五个行业的应用情况。

1. 伺服系统在机床行业的应用

伺服系统应用最多的场合就是机床行业。在数控机床中，伺服驱动接收数控系统发来的位移或速度指令，由伺服电动机和机械传动机构驱动机床的坐标轴和主轴等，从而带动刀具或工作台运动，进而加工出各种工件。可以说数控机床的稳定性和精度在很大程度上取决于伺服系统的可靠性和精度。

2. 伺服系统在纺织行业的应用

纺织是典型的物理加工生产工艺，整个生产过程是纤维之间的整理与再组织的过程。传动是纺织行业控制的重点。纺织行业使用伺服控制产品主要用于张力控制，在纺机中的精梳机、粗纱机、并条机、捻线机，以及织机中的无梭机和印染设备上的应用量非常大。如细纱机上的集体落纱和电子凸轮用到伺服系统，无梭机的电子选纬、电子送经、电子卷曲也要用到伺服系统。此外，在一些印染设备上也用到伺服系统。

伺服系统在纺织行业的应用越来越多，原因是：

1）市场竞争加剧，要求统一设备能生产更多的产品，并能迅速更改生产工艺。

2）市场全球化需要更多高质量的设备来生产高质量的产品。

3）伺服系统产品的价格在降低。

3. 伺服系统在包装行业的应用

日常生活中用到的大量日用品、食品，如方便面、肥皂、大米、各种零食等，都有一个共同点，就是都有一个漂亮的热性塑料包装袋，这些包装都是由包装机进行自动包装的。随着自动化行业的发展，包装机的应用范围越来越广泛，需求量也越来越大。在包装机上应用伺服系统，对提高包装机的包装精度和生产效率，减小设备调整和维护时间，都有很大的优势。

4. 伺服系统在印刷行业的应用

印刷机械很早就应用了伺服系统，包括卷筒纸印刷中的张力控制、彩色印刷中的自动套色、墨刀控制和给水控制，其中伺服系统在自动套色的位置控制中应用最为广泛。在印刷行业中，应用较多的伺服系统产品品牌有三菱电机、山洋电气、和利时和松下电器等。

随着广告、包装和新闻出版等印刷市场的逐步成熟，我国对印刷机械的需求将保持持续增长，特别是对中高端印刷设备的需求增长较快，因此印刷行业对伺服系统产品的需求将持续增长。

5. 伺服系统在机器人行业的应用

在机器人领域，无刷永磁伺服系统得到了广泛的应用。一般工业机器人有多个自由度，通常每个工业机器人的伺服电动机的数量在 10 台以上。通常机器人的伺服系统是专用的，其特点是多轴合一、模块化、特殊的控制方式、特殊的散热装置，并且对可靠性要求极高。国际上的机器人有专用配套的伺服系统，如 ABB、安川和松下等。

5.1.4　主流伺服系统品牌

目前，高性能的伺服系统，大多数采用永磁同步交流伺服电动机，控制驱动器多采用快速、准确定位的全数字位置伺服系统。我国的伺服技术发展迅速，市场潜力巨大，应用十分广泛。曾经国内市场上的伺服系统以日系品牌为主，原因在于日系品牌较早进入我国，性价比相对较高，而且日系伺服系统比较符合国人的一些使用习惯；欧美品牌的伺服产品市场占有量居第二位，特别是在一些高端应用场合更为常见。随着国产伺服驱动系统的崛起，国外品牌垄断国内市场已经成为历史。

国产的伺服系统生产厂家不断突破技术壁垒，打破了国外知名品牌对我国伺服市场的长期垄断，受到客户广泛的认可，其市场份额不断增加，如汇川技术、禾川科技、无锡信捷、台达和埃斯顿等品牌已经跻身为 2022 年交流伺服国内市场十强，见表 5-2。

表 5-2　2022 年交流伺服的国内市场十强

序号	品　牌	序号	品　牌
1	汇川技术（INOVANCE）	6	台达（DELTA）
2	西门子（SIEMENS）	7	禾川科技（HCFA）
3	松下电器（Panasonic）	8	无锡信捷（XINJE）
4	安川电机（YASKAWA）	9	埃斯顿（ESTUN）
5	三菱电机（MITSUBISHI）	10	山洋电气（SANYAO DENKI）

常用的伺服系统品牌如下：

日系：安川电机（YASKAWA）、三菱电机（MITSUBISHI）、发那科（FANUC）、松下电器（Panasonic）、山洋电气（SANYAO DENKI）、富电机（Fuji）和日立（HITACHI）。

欧系：西门子（SIEMENS）、伦茨（Lenze）、科比（KEB）、赛威（SEW）和力士乐（Rexroth）。

美系：丹纳赫（Danaher）、葆德（Baldor）、帕克（Parker）和罗克韦尔（Rockwell）。

国产：汇川技术（INOVANCE）、和利时、埃斯顿（ESTUN）、无锡信捷（XINJE）、禾川科技（HCFA）、步进科技、星辰伺服、华中数控、广州数控、大森数控、台达（DELTA）、东元和凯奇数控。

视频
伺服电动机
介绍

5.2　伺服电动机

伺服电动机分为直流伺服电动机、交流伺服电动机。此外，直线电动机和混合式伺服电动机也属于伺服电动机。

5.2.1　直流伺服电动机

直流伺服电动机（DC Servo Motor）以其调速性能好、起动转矩大、运转平稳、转速高等特点，相当长的时间内在电动机调速领域占据着重要地位。随着电力电子技术的发展，特别是大功率电子器件的问世，直流伺服电动机开始逐步被交流伺服电动机取代。但在小功率场合，直流伺服电动机仍然有一席之地。

1. 有刷直流电动机的工作原理

有刷直流电动机（Brush DC Motor）的工作原理如图 5-9、图 5-10 所示，图中 N 和 S 是一对固定的永久磁铁，在两个磁极之间安装有电动机转子，上面固定有线圈 abcd，线圈端有两个换向片和两个电刷。

当电流从电源的正极流出，从电刷 A、换向片 1、线圈、换向片 2、电刷 B 回到电源负极时，电流在线圈中的流向为 a→b→c→d。由左手定则可知，此时线圈产生逆时针方向的电磁转矩。当电磁转矩大于电动机的负载转矩时，转子就逆时针转动，如图 5-9 所示。

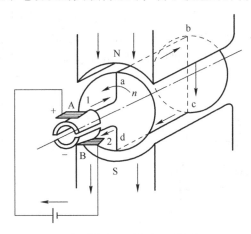

图 5-9　有刷直流电动机的工作原理（1）

当转子转过 180°后，线圈的 ab 边由磁铁 N 极转到靠近 S 极，cd 边转到靠近 N 极。由于电刷与换向片接触的相对位置发生了变化，线圈中的电流方向变为 d→c→b→a。再由左手定则可知，此时线圈仍然产生逆时针方向的电磁转矩，转子继续保持逆时针方向转动，如图 5-10 所示。

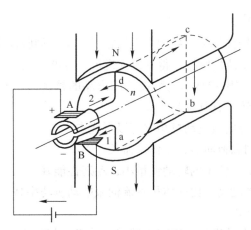

图 5-10　有刷直流电动机的工作原理（2）

电动机在旋转过程中，由于电刷和换向片的作用，直流、电流交替在线圈中正向、反向流动，始终产生同一方向的电磁转矩，使得电动机连续旋转。同理，当外接电源反向连接时，电动机就会顺时针旋转。

2. 无刷直流电动机的工作原理

无刷直流电动机（Brushless DC Motor）的结构如图 5-11 所示，为了实现无刷换向，无刷直流电动机将电枢绕组安装在定子上，而将永久磁铁安装在转子上，该结构与传统的直流电动机相反。由于去掉了电刷和换向片的滑动接触换向机构，消除了直流电动机故障的主要根源。

常见的无刷直流电动机为三相永磁同步电动机，其换向原理如图 5-12 所示，无刷电动机使用三个霍尔元件作为转子的位置传感器，安装在圆周上相隔 120° 的位置上，转子上的永磁体触发霍尔元件产生相应的控制信号，该信号控制晶体管 VT_1、VT_2、VT_3 有序地通断，使得电动机上的定子绕组 U、V、W 随着转子的位置变化而顺序通电、换向，形成旋转磁场，驱动转子连续不断地运动。无刷直流伺服电动机采用的控制技术和交流伺服电动机相同。

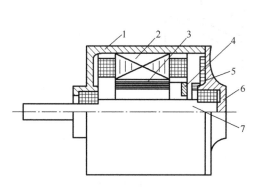

图 5-11 无刷直流电动机的结构
1—机壳 2—定子线圈 3—转子磁钢
4—传感器 5—霍尔元件 6—端盖 7—轴

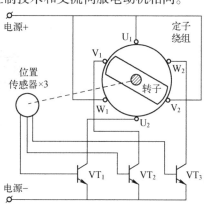

图 5-12 无刷直流电动机的换向原理图

5.2.2 交流伺服电动机

随着大功率电力电子器件技术、新型变频器技术、交流伺服技术、计算机控制技术的发展，到 20 世纪 80 年代，交流伺服技术得到迅速发展，在欧美已经形成交流伺服电动机的新兴产业。20 世纪中后期，德国和日本的数控机床产品的精密进给驱动系统已大部分使用交流伺服系统，而且这个趋势一直延续到今天。

交流伺服电动机与直流伺服电动机相比有以下优点：

1）结构简单、无电刷和换向器，工作寿命长。

2）线圈安装在定子上，转子的转动惯量小，动态性能好。

3）结构合理，功率密度高，比同体积直流伺服电动机功率高。

1. 交流同步伺服电动机

常用的交流同步伺服电动机是永磁同步伺服电动机，其结构如图 5-13 所示。永磁材料对伺服电动机的外形尺寸、磁路尺寸和性能指标影响很大。目前交流伺服电动机的永磁材料都采用稀土材料钕铁硼，稀土是重要的战略物资，在民用和国防中不可或缺，造一架 F35 飞机需要 400 kg 稀土材料，所幸我国稀土储量丰富，冶炼技术世界领先。稀土具有磁能积高、矫顽力高、价格低等优点，为生产体积小、性能优、价格低的交流伺服电动机提供了基本保证。典型的交流同步伺服电动机如西门子 1FK、1FT 和 1FW 等系列。

永磁同步伺服电动机的工作原理与直流电动机非常类似，永磁同步伺服电动机的永磁体在转子上，而绕组在定子上，这正好和传统的直流电动机相反。伺服驱动器给伺服电动机提供三相交流电，同时检测电动机转子的位置以及电动机的速度和位置信息，使得电动机在运行过程中，转子永磁体和定子绕组产生的磁场在空间上始终垂直，从而获得最大转矩。永磁

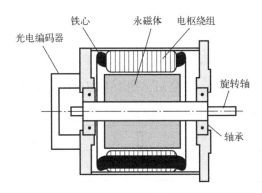

图 5-13　交流同步伺服电动机的结构

同步伺服电动机的定子绕组通入的是正弦交流电，因此产生的磁通也是正弦形。而转矩与磁通成正比。在转子旋转磁场中，三相绕组在正弦磁场中，正弦电输入电动机定子的三相绕组，每相电产生相应的转矩，每相转矩叠加后形成恒定的电动机转矩输出。

2. 交流异步伺服电动机

交流伺服电动机除了有交流同步伺服电动机外，还有交流异步伺服电动机。交流异步伺服电动机一般有位置和速度反馈测量系统，典型的交流异步伺服电动机有西门子 1PH7、1PH4 和 1PL6 等系列。与交流同步电动机相比，交流异步电动机的功率范围更加大，从几千瓦到几百千瓦不等。

交流异步伺服电动机的定子气隙侧的槽里嵌入了三相绕组，当电动机通入三相对称交流电时，产生旋转磁场，旋转磁场在转子绕组或者转条中感应出电动势。由于感应电动势产生的电流和旋转磁场之间的作用产生转矩而使得电动机转子旋转。如图 5-14 所示为交流异步伺服电动机的运行原理，由 0°、120°、240° 和 360° 四个相位的磁场可见，磁场随着时间推移在不断旋转。

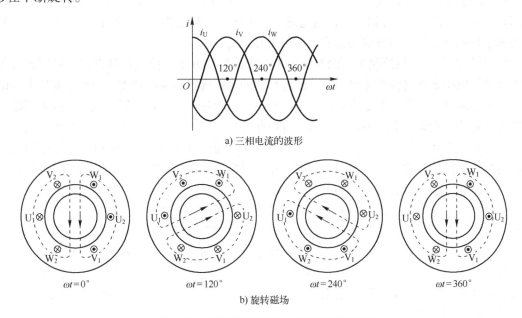

a) 三相电流的波形

b) 旋转磁场

图 5-14　交流异步伺服电动机的运行原理

5.3 伺服驱动器

伺服驱动器的控制框图如图 5-15 所示，图中上部分是主电路，下部分是控制电路。

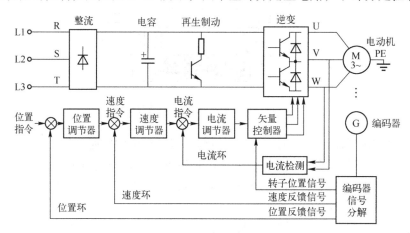

图 5-15 伺服驱动器的控制框图

伺服驱动器的主电路为将电源为 50 Hz 的交流电转变为电压、频率可变的交流电的装置，它由整流、电容（滤波作用）、再生制动和逆变四部分组成。伺服驱动器的控制电路主要包括三部分：位置环、速度环和电流环（也称力矩环），即常说的三环控制。

5.3.1 伺服驱动器的控制电路

伺服驱动器的控制电路比变频器复杂得多，变频器的基本应用是开环控制，只有附加编码器并通过 PG 卡反馈后才形成闭环控制。而伺服驱动器的三种控制方式均为闭环控制，由图 5-15 可知，其控制电路由三个闭合的环路组成，其中内环为电流环，外环为速度环和位置环。伺服驱动器的三种控制方式简介如下。

1）位置控制。位置控制是伺服系统中最常用的控制方式。位置控制方式一般通过外部输入脉冲的频率来确定转动速度大小，通过脉冲的个数确定转动的角度，当然也能用通信的方式给定，所以一般应用于定位装置。位置控制由位置环和速度环共同完成。在位置环输入位置指令脉冲，而编码器反馈的位置信号也以脉冲形式送入输入端，在偏差计数器进行偏差计数，计数结果经比例放大后作为速度环的指令速度值，经过速度环的 PID 控制作用使电动机运行速度保持与输入位置指令的频率一致。当偏差计数为 0 时，表示运动位置已到达。

2）速度控制。速度控制是通过模拟量输入、脉冲频率、通信方式对转动速度进行控制。速度控制由速度环完成，当输入速度给定指令后，由编码器反馈的电动机速度被送到速度环的输入端与速度指令进行比较，其偏差经过速度调节器处理后，通过电流调节器和矢量控制器电路调节逆变功率放大电路的输出，使电动机的速度趋近指令速度，保持恒定。

速度调节器实际上是一个 PID 控制器。对 P、I、D 控制参数进行整定就能使速度恒定在指令速度上。速度环虽然包含电流环，但这时电流并没有起输出转矩恒定的作用，仅起到输入转矩限制功能的作用。

3）转矩控制。转矩控制实际上是电流控制，通过外部模拟量输入或对直接地址赋值来设定电动机轴对外输出转矩的大小，主要应用于需要严格控制转矩的场合。转矩控制由电流环完成。变频器中采用的编码器矢量控制方式就是电流环控制。电流环又称伺服环，当输入给定转矩指令后，驱动器将输出恒定转矩。如果负载转矩发生变化，电流检测和编码器将电动机运行参数反馈到电流环输入端和矢量控制器，通过调节器和控制器自动调整电动机的转速变化。

伺服驱动器虽然有三种控制方式，但只能选择其中一种控制方式工作，可以在不同的控制方式间进行切换，但不能同时选择两种控制方式。

以上简单介绍了伺服驱动器主电路和控制电路的组成及其功能。主电路本质上是一个变频电路，由各种电子、电力元器件组成，是一个硬件电路。控制电路根据信号的处理则分为模拟控制方式和数字控制方式两种，模拟控制方式由各种集成运算放大器、电子元器件等组成的模拟电子电路实现。数字控制方式则内含微处理器（CPU），由 CPU 和数字集成电路，加上使用软件算法来实现各种调节运算功能。数字控制方式的一个重要优点是真正实现了三环控制，而模拟控制方式只能实现速度环和电流环控制。因此，目前进行位置控制的伺服驱动器都采用数字控制方式，而且主流的伺服驱动器均采用数字信号处理器（DSP）作为控制核心，可以实现比较复杂的控制算法，从而实现数字化、网络化和智能化。

5.3.2 偏差计数器和位置增益

在位置环中，位置调节器由偏差计数器和位置增益控制器组成，如图 5-16 所示。

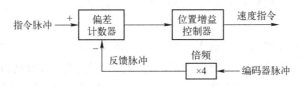

图 5-16 位置调节器组成框图

1. 偏差计数器和滞留脉冲

偏差计数器的作用是对指令脉冲数进行累加，同时减去来自编码器的反馈脉冲。由于指令脉冲与反馈脉冲存在一定的延迟时间差，这就决定了偏差计数器必定存在一定量的偏差脉冲，这个脉冲称为滞留脉冲。在位置控制中滞留脉冲非常重要，它决定了电动机的运行速度和运行位置。

滞留脉冲作为偏差计数器的输入脉冲指令，经位置增益控制器比例放大后作为速度环的速度指令对电动机进行速度和位置控制。速度指令和滞留脉冲成正比。当滞留脉冲不断增加时，电动机做加速运行。加速度与滞留脉冲的增加率有关，当滞留脉冲不再增加时，电动机以一定速度匀速运行。当滞留脉冲减少时，电动机进行减速运行。当滞留脉冲为零时，电动机马上停止运行。

图 5-17 显示了滞留脉冲对电动机转速和定位控制过程的影响。

（1）加速运行

指令脉冲驱动条件成立后，将一定频率、一定数量的指令脉冲送入偏差计数器，由于相应的延迟和电动机从停止到快速运转需要一定的时间，使得反馈脉冲的输入速度远低于指令

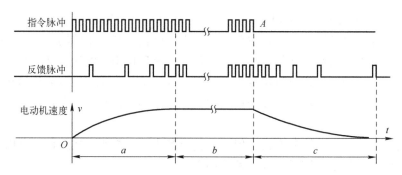

图 5-17　滞留脉冲对电动机转速和定位控制过程的影响

脉冲的输入速度，偏差计数器的滞留脉冲越来越多，随着滞留脉冲的增加，电动机的速度也越来越快。随着电动机转速的增加，反馈脉冲加入的频率也越来越快，使得滞留脉冲的增加开始放慢，而滞留脉冲的增加放慢又使得电动机的加速放慢，这一点从图 5-17 中电动机的加速曲线可以看出。当电动机的转速达到指令脉冲所指定的速度时，指令脉冲的输入和反馈脉冲的输入达到平衡，而滞留脉冲不再增加。电动机进入匀速运行阶段。

（2）匀速运行

在这一阶段，由于指令脉冲的输入和反馈脉冲的输入已经平衡，不会产生新的滞留脉冲，所以偏差计数器中的滞留脉冲一定时电动机就以指定的速度匀速运行。当指令脉冲的数量达到指令的目标值时（表示位置已到），指令脉冲马上停止输出，如图 5-17 中 A 点。但电动机由于偏差计数器中仍然存在滞留脉冲，所以不会停止运行而进入减速运行阶段。

（3）减速运行

在这一阶段，指令脉冲已停止输入，仅有反馈脉冲输入，而每一个反馈脉冲输入都会使滞留脉冲减少，滞留脉冲的减少又使电动机转速降低，就这样电动机转速越来越低，直到最后一个滞留脉冲被抵消为止，滞留脉冲数变为 0，电动机也马上停止运行。从减速过程可以看出 随着滞留脉冲的减少而电动机的速度越来越低，最后停在预定位置上的控制方式可以获得很高的控制精度。

2. 位置增益

偏差计数器的输出是其滞留脉冲数，一般来说，该脉冲数转换成速度指令的量值较小，必须将其放大后才能转换成速度指令。这个起滞留脉冲放大作用的装置就是位置增益控制器。增益就是放大倍数。

位置调节器的增益设置对电动机的运行有很大影响。增益设置较大，动态响应好，电动机反应及时，位置滞后量越小，但也容易使电动机处于不稳定状态，产生噪声及振动（来回摆动），停止时会出现过冲现象；增益设置较小，虽然稳定性得到提高，但动态响应变差，位置滞后量增大，定位速度太慢，甚至脉冲停止输出好久都不能及时停止。仅当位置增益调至适当时，定位的速度和精度才达到最好。

位置增益的设置与电动机负载的运动状况、工作驱动方式和机构安装方式都有关系。在伺服驱动器中，位置增益一般情况下都使用自动调谐模式，由驱动器根据负载的情况自动进行包括位置增益在内的多种参数设定。仅当需要手动模式对位置增益进行调整时才人工对该增益进行设置。

3. 反馈脉冲分辨率

图 5-18 中，编码器脉冲经四倍频后作为反馈脉冲输入偏差计数器。当编码器的输出脉冲波形为 A、B 相脉冲时，每一组 A、B 相脉冲都有两个上升沿 a、b 和两个下降沿 c、d。将 A、B 相脉冲经过一个电路对其边沿行检测并做微分处理得到四个微分脉冲，然后再对这四个微分脉冲进行计数，得到 4 倍于编码器脉冲的脉冲串，图 5-18 中的四倍频电路实际上就是一个对 A、B 相脉冲边沿进行微分处理并计数的电路，然后把这个四倍频的脉冲作为反馈脉冲送入偏差计数器与指令脉冲抵销而产生滞留脉冲。因为在伺服定位

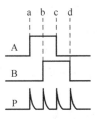

图 5-18　四倍频电路波形

控制中，编码器的每周脉冲数（也称编码器的分辨率）与定位精度有很大关系，分辨率越高，定位精度也就越高。通过四倍频电路将编码器的分辨率提高了 4 倍，定位精度也提高了 4 倍，这就是伺服驱动器中广泛采用四倍频电路的原因。为了区别起见，将编码器的每周脉冲数仍称为每周脉冲数（p/r），而将输入偏差计数器的反馈脉冲数称为编码器的分辨率，其含义为电动机转动一圈所需的脉冲数。在定位控制相关计算中，如电动机的转速、电子齿轮比的设置等，使用的是编码器的分辨率而不是编码器的每周脉冲数。因此，当涉及定位控制相关计算时，必须注意生产商关于编码器的标注：如标注为每周脉冲数，则必须乘 4 转换成电动机一圈脉冲数；如标注为分辨率，则直接为电动机一圈脉冲数。

5.4　编码器

5.4.1　编码器简介

伺服系统常用的检测元件有光电编码器、光栅和磁栅等，而以光电编码器最为常见。下面将详细介绍光电编码器。

编码器（Encoder）是将信号（如比特流）或数据进行编制、转换为用以通信、传输和存储的信号形式的设备。编码器主要用于测量电动机的旋转角位移和速度。编码器把角位移或直线位移转换成电信号，前者称为码盘，后者称为码尺。光电编码器的外形如图 5-19 所示。

a) 有轴型　　　　　　　　　b) 轴套型

图 5-19　光电编码器的外形

编码器的分类如下。

（1）按码盘的刻孔方式（工作原理）不同分类

1）增量型。增量式编码器每转过单位角度就发出一个脉冲信号（也有发正余弦信号，然后对其进行细分，斩波出频率更高的脉冲），通常为 A 相、B 相、Z 相输出，A 相、B 相

为相互延迟 1/4 周期的脉冲输出，根据延迟关系可以区别正、反转，而且通过取 A 相、B 相的上升和下降沿可以进行 2 或 4 倍频；Z 相为单圈脉冲，即每圈发出一个脉冲。

2）绝对值型。绝对值编码器是对应一圈，每个基准角度发出一个唯一与该角度对应的二进制数值，通过外部记圈器件可以进行多个位置的记录和测量。

（2）按信号的输出类型分类

按信号的输出类型，编码器分为电压输出、集电极开路输出、互补推挽输出和差动线性驱动输出。

（3）按编码器的机械安装形式分类

1）有轴型。有轴型编码器又可分为夹紧法兰型、同步法兰型和伺服安装型等，如图 5-19a 所示。

2）轴套型。轴套型编码器又可分为半空型、全空型和大口径型等，如图 5-19b 所示。

（4）按编码器的工作原理分类

按编码器的工作原理，编码器可分为光电式、磁电式和触点电刷式。

5.4.2 增量式编码器

1. 光电编码器的结构和工作原理

如图 5-20 所示为透射式旋转光电编码器的原理图。在与被测轴同心的码盘上刻制了按一定编码规则形成的遮光和透光部分的组合。在码盘的一边是发光二极管或白炽灯光源，另一边则是接收光线的光电器件。码盘随着被测轴的转动使得透过码盘的光束产生间断，通过光电器件的接收和电子整形电路的处理，产生特定方波电信号的输出，再经过数字处理可计算出位置和速度信息。

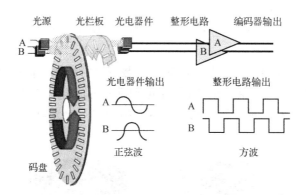

图 5-20　透射式旋转光电编码器的原理图

2. 光电编码器的应用场合

1）数控机床及机械附件。

2）机器人、自动装配机、自动生产线。

3）电梯、纺织机械、缝制机械、包装机械（定长）、印刷机械（同步）、木工机械、塑料机械（定数）、橡塑机械。

4）制图仪、测角仪、疗养器、雷达等。

5）起重行业。

5.4.3　绝对值编码器

绝对值旋转光电编码器因其每一个位置绝对唯一、抗干扰、无需掉电记忆，已经越来越广泛地应用于各种工业系统中的角度、长度测量和定位控制。

绝对值编码器光码盘上有许多道刻线，每道刻线依次以 2 线、4 线、8 线、16 线、…刻制，这样在编码器的每一个位置，通过读取每道刻线的通、暗，可获得一组 $2^0 \sim 2^{n-1}$ 的唯一的二进制编码（格雷码），称为 n 位绝对编码器。绝对编码器由机械位置决定每个位置的唯一性，它不受停电、干扰的影响。它无需掉电记忆，无需参考点，而且不用一直计数，随时读取位置。从而大大提高了编码器的抗干扰特性、数据的可靠性。8421 码盘如图 5-21 所示。

旋转单圈绝对式编码器在转动中测量光码盘各道刻线，以获取唯一的编码，当转动超过 360°时，编码又回到原点，不符合绝对编码唯一的原则，这样的编码器只能用于旋转范围 360°以内的测量，称为单圈绝对值编码器。

如果测量旋转范围超过 360°，就要使用多圈绝对值编码器，如图 5-22 所示。

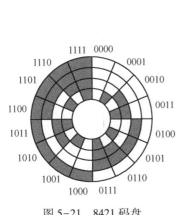

图 5-21　8421 码盘

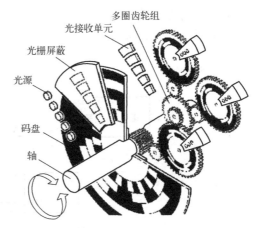

图 5-22　多圈绝对值编码器

利用钟表齿轮机械原理，当中心码盘旋转时，通过齿轮传动另一组码盘（或多组齿轮、多组码盘），在单圈编码的基础上再增加圈数的编码，以扩大编码器的测量范围，这样的绝对式编码器称为多圈绝对值编码器，它同样是由机械位置确定编码，每个位置编码唯一不重复，而无需记忆。

绝对值编码器的典型应用场合是机器人的伺服电动机的编码器、垂直提升机械的编码器。

5.4.4　编码器应用

1. 编码器的接线

编码器的输出主要有电压输出、集电极开路输出、互补推挽输出和差动线性驱动输出形式。

其中，集电极开路输出包含 NPN 型和 PNP 型两种，如图 5-23 所示。输出有效信号为 +24 V 高电平有效信号的是 PNP 型输出，输出有效信号为 0 V 低电平有效信号的是 NPN 型输出。

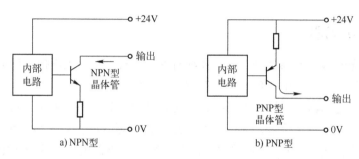

图 5-23　集电极开路输出的接线

差动线性驱动输出的接线如图 5-24 所示，输出信号为差分信号，如 A（信号+）和 $\overline{A}$（信号−）。

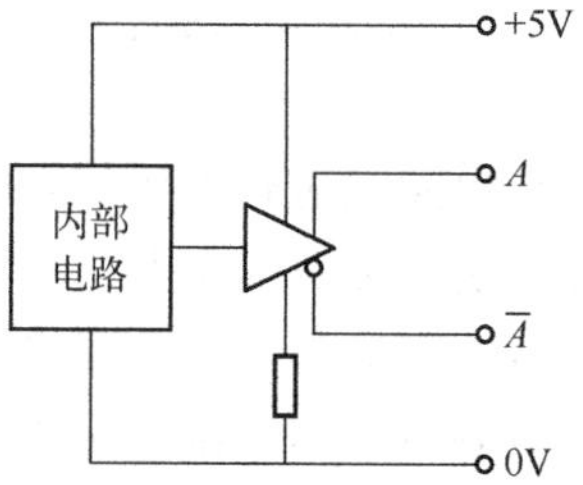

2. 编码器应用举例

【例 5-1】用光电编码器测量长度（位移），光电编码器为 500 线，电动机与编码器同轴相连，电动机每转一圈，滑台移动 10 mm，要求在 HMI 上实时显示位移数值（含正负），设计原理图。

解：原理图如图 5-25 所示。

图 5-24　差动线性驱动输出的接线

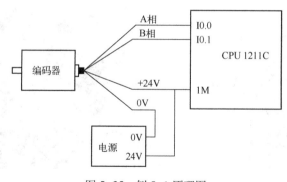

图 5-25　例 5-1 原理图

习题

简答题

1. 简述伺服系统"三环"的含义。

2. 简述伺服系统主要的应用场合。

3. 简述增量式编码器和绝对式编码器的工作原理。与增量式编码器相比，绝对式编码器的优点是什么？

第 6 章

SINAMICS V90 伺服驱动系统与接线

伺服系统在工程中得到了广泛的应用，国内日系和欧美系伺服系统应用广泛，尤其是日系的三菱伺服系统和欧系的西门子伺服系统都有不小的市场份额。西门子 SINAMICS V90 脉冲版本使用相对较少，本章介绍主流的西门子 SINAMICS V90 PN 版本伺服系统。

6.1 西门子伺服系统

西门子公司把交流伺服驱动器也称为变频器或伺服变频器。下面介绍西门子常用伺服系统。

1) SINAMICS V。SINAMICS V 系列变频器只涵盖关键硬件以及功能，因而实现了高耐用性，同时投入成本很低，操作可直接在变频器上完成。

① SINAMICS V60 和 V80：是针对步进电动机而推出的两款产品，当然也可以驱动伺服电动机，只能接收脉冲信号，或称为简易型伺服驱动器。

② SINAMICS V90：有两大类产品，第一类产品主要针对步进电动机，当然也可以驱动伺服电动机，能接收脉冲信号，也支持 USS 和 Modbus 总线；第二类产品支持 PROFINET 总线，不能接收脉冲信号，也不支持 USS 和 Modbus 通信，运动控制时配合西门子的 S7-200 SMART PLC 使用，性价比较高，也称为伺服变频器。

SINAMICS V90 伺服系统的特点是操作简单，具备伺服系统的基础性能和实用功能，适用于控制要求不高的场合，目前伺服驱动器的功率范围为 0.1~7kW（电动机最小功率 0.05kW）。

2) SINAMICS S。SINAMICS S 系列变频器是高性能变频器，功能强大，价格较高。

① SINAMICS S110：主要用于机床设备中的基本定位应用。

② SINAMICS S210/S200：西门子新开发的小型伺服系统，目前的功率范围为 0.05~7kW。其特点是结构简单、具有丰富的功能和高性能。

③ SINAMICS S120：可以驱动交流异步电动机、交流同步电动机和交流伺服电动机。其特点是功能丰富、高度灵活和具有超高性能，主要用于包装机、纺织机械、印刷机械和机床设备中的定位应用。

④ SINAMICS S150：主要用于试验台、横切机和离心机等大功率场合。

6.2 SINAMICS V90 伺服驱动系统

SINAMICS V90 伺服驱动系统包括伺服驱动器和伺服电动机两部分，伺服驱动器一般与其对应的同功率的伺服电动机配套使用。

SINAMICS V90 伺服驱动器有两大类：一类是通过脉冲输入接口直接接收上位控制器发来的脉冲系列（PTI），进行速度和位置控制，通过数字量接口信号完成驱动器运行和实时状态输出。这类 SINAMICS V90 伺服系统还集成了 USS 和 Modbus 现场总线；另一类是通过现场总线 PROFI-NET 进行速度和位置控制。这类 SINAMICS V90 伺服系统没有集成 USS 和 Modbus 现场总线。西门子的主流伺服驱动系统一般为现场总线控制。目前工业现场，西门子 SINAMICS V90 PN 版本伺服系统更为常用，其外形如图 6-1 所示。

a) 伺服电动机　　　　b) 伺服驱动器

图 6-1　SINAMICS V90 伺服系统外形

6.2.1　SINAMICS V90 伺服驱动器

1. 脉冲版本伺服驱动器

脉冲版本伺服驱动器可以接收控制器（如 PLC）的高速脉冲信号、也可以与控制器进行 USS 和 Modbus 通信。

脉冲版本伺服驱动器从供电范围分类，可分为三相与单相 200 V 供电（工程中常用 220 V）、三相 400 V 供电（工程中常用 380 V）两大类，前者用于小功率场合，后者用于相对大功率场合。

2. PROFINET 通信型伺服驱动器

PROFINET 通信型伺服驱动器（简称 PN 版本），只能接收控制器（如 PLC）的 PROFI-NET 通信信号，不能接收控制器发送来的高速脉冲信号，也不能进行 USS 和 Modbus 通信。

PROFINET 通信型伺服驱动器从供电范围分类，可分为三相（单相）200 V 供电和三相 400 V 供电两大类，前者用于小功率场合，后者用于相对大功率场合。

SINAMICS V90 伺服驱动系统的接线（PN 版本，200 V）如图 6-2 所示。

图 6-2 伺服驱动系统器件的含义见表 6-1。

表 6-1　SINAMICS V90 伺服驱动系统（PN 版本，200 V）器件的含义

序号	名称	说　明
1	V90 伺服驱动	PN 版本，单相 200 V 或三相交流电源
2	熔断器	可选件，在进线侧，起短路保护作用，可以不用
3	滤波器	可选件，在进线侧，起滤波和放干扰作用，可以不用
4	24 V 直流电源	可选件，向驱动器提供 24 V 电源，必须要用
5	外部制动电阻	可选件，连接在 DCP 和 R1 上，起能耗制动作用，可以不用
6	伺服电动机	SIMOTICS S-1FL6 系列
7	PROFINET 电缆	PLC 通过此电缆与伺服系统通信（如位置控制）
8	迷你 USB 电缆	通用迷你 USB 电缆，PC 通过此电缆与伺服系统通信（如设置参数和调试）
9	SD	可选件，用于版本升级
10	上位机	通常为 PLC
11	设定值电缆	20 针电缆，主要用于连接伺服系统的 I/O 信号，如数字量输入/输出信号

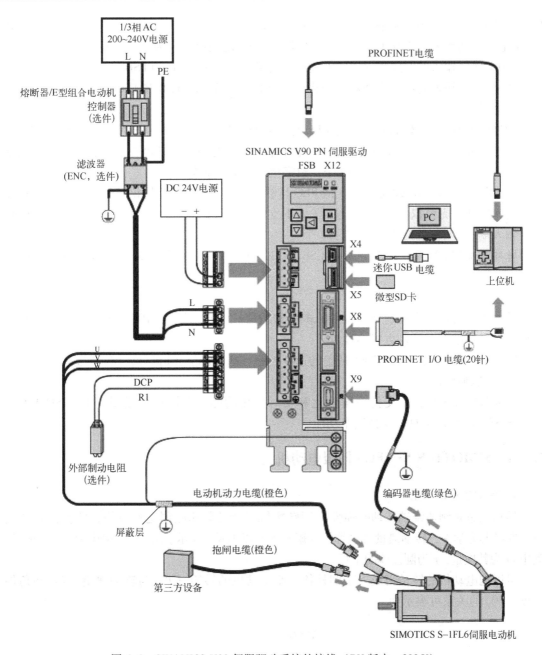

图 6-2　SINAMICS V90 伺服驱动系统的接线（PN 版本，200 V）

注意： 交流 200 V 供电电源的伺服驱动器的抱闸信号从 X8 接口输出，只有交流 400 V 供电电源的伺服驱动器才有专用的抱闸输出接口 X7。

3. 伺服驱动器的技术参数

SINAMICS V90 伺服驱动器的详细技术参数可查询其产品手册，下面仅简要介绍其主要技术参数。

（1）电源电压

从供电范围分类，可分为三相与单相 200 V 供电（工程中常用 220 V）供电和三相 400 V

供电（工程中常用 380 V）两大类。其中单相 200 V 输入的功率范围为 0.1~1.5 kW；三相 200 V 输入的功率范围为 0.1~2 kW；三相 400 V 输入的功率范围为 0.4~7 kW。

200 V 电压输入的伺服驱动器的安装尺寸为 FSA、FSB、FSC 和 FSD。

400 V 电压输入的伺服驱动器的安装尺寸为 FSAA、FSA、FSB 和 FSC。

（2）接口

脉冲版本有 RS-485 接口，支持 PLC 与驱动器的 USS 和 Modbus-RTU 协议通信；支持接收 PLC 发送的高速脉冲；有模拟量输入/输出端子，支持模拟量速度控制和转矩控制，数字量端子多，其中数字量输入端子 10 个，数字量输出端子 8 个。

PN 版本有 PROFINET 接口，支持 PLC 与驱动器的 PROFINET 协议通信，不支持 PLC 发送的高速脉冲；无模拟量输入/输出端子，不支持模拟量速度控制，数字量端子少，其中数字量输入端子 4 个，数字量输出端子 2 个。

脉冲版本和 PN 版本都支持迷你 USB 接口，用于 PC 对伺服系统的参数修改和调试等操作。

（3）控制模式

脉冲版本支持速度控制（模拟量、多段和通信）、位置控制（PTI、IPos、Modbus-RTU 通信）和转矩控制，控制方式多样。

PN 版本支持基于 PROFINET 通信的速度控制、基本定位（Epos），控制方式少。

（4）控制特性

脉冲版本和 PN 版本支持一键优化和实时优化功能，支持转矩限制，支持 SINAMICS V-ASSISTANT 调试工具，支持安全功能。

6.2.2 SIMOTICS S-1FL6 伺服电动机

1. 转动惯量的概念

转动惯量是刚体绕轴转动时惯性（回转物体保持其匀速圆周运动或静止的特性）的度量。在经典力学中，转动惯量（又称惯性矩）通常以 I 或 J 表示。对于一个圆柱体，$I = mr^2/2$，其中 m 为其质量，r 为圆柱体的半径。

可以把电动机的转子当成一个圆柱体，则电动机的转矩（T）与转动惯量（I）和角加速度（ε）的关系可表示为

$$T = I\varepsilon = \frac{1}{2}mr^2\varepsilon$$

由上式可见，电动机转矩一定，转动惯量越小，可以获得越大的角加速度，即起动和停止更加迅速。而同样质量的电动机转子，越细长，转动惯量越小。所以从外形上看，细长的电动机一般是低转动惯量电动机，而粗短的电动机是高转动惯量电动机。

低转动惯量电动机具有较好的动态性能，同样的起动转矩，能获得较大的角加速度，所以起停都迅速，用于经常起停和节拍快的场合。

高转动惯量电动机同样的起动转矩，能获得较小的角加速度，所以运行更加平稳，典型应用场合是机床。

2. SIMOTICS S-1FL6 伺服电动机

SINAMICS V90 伺服系统使用 SIMOTICS S-1FL6 伺服电动机，主要包含高转动惯量电动机和低转动惯量电动机，其外形如图 6-3 所示。可以看出，低转动惯量电动机相对比较细长，而高转动惯量电动机相对比较粗短。

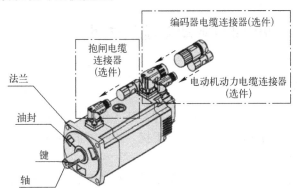

a) 低转动惯量电动机(轴高50mm)

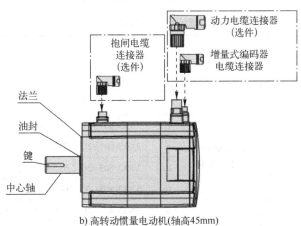

b) 高转动惯量电动机(轴高45mm)

图 6-3　SIMOTICS S-1FL6 伺服电动机的外形

（1）高转动惯量电动机

SIMOTICS S-1FL6 高转动惯量电动机具有以下特点：

1）目前电动机的功率范围为 0.4~7 kW，共 11 个级别，目前没有大功率的伺服电动机。

2）最大转速 4000 r/min。

3）有较好的低速稳定性能和转矩精度。

4）防护等级高，为 IP65 级别。

5）能承受 3 倍过载。

6）抱闸可选、增量式和绝对值编码器可选。

（2）低转动惯量电动机

SIMOTICS S-1FL6 低转动惯量电动机具有以下特点：

1）目前电动机的功率范围为 0.05~2 kW，共 8 个级别，目前没有大功率的伺服电动机。

2）最大转速 5000 r/min。

3）有较高的动态性能。

4）防护等级高，为 IP65 级别。

5）能承受 3 倍过载。

6）结构紧凑，占用的安装空间小。

7）抱闸可选、增量式和绝对值编码器可选。

6.3 SINAMICS V90 伺服驱动系统的选件

6.3.1 进线滤波器

进线滤波器是变频器专用型滤波器的一种，其工作原理和作用是利用电容、电感及电感间的同相互感作用，来抑制或消除传导耦合干扰。进线滤波器具有低通作用，对频率较高的噪声有较强的衰减能力。

进线滤波器可以根据西门子提供的选型手册进行选型，西门子推荐的滤波器、断路器和熔断器的选型（节选）见表 6-2。

表 6-2　西门子推荐的滤波器、断路器和熔断器的选型（节选）

SINAMICS V90		推荐的进线滤波器		推荐的熔断器/断路器			
				熔断器		断路器	
电源电压	订货号 6SL3210-5F	额定电流/A	订货号	额定电流/A	订货号	额定电流、电压	订货号
1AC 200~240 V	B10-1□□□	18	6SL3203-0BB21-8VA0	6	3NA3 801-2C	2.8~4 A，230/240 V	3RV 2011-1EA10
	B10-2□□□			6	3NA3 801-2C	2.8~4 A，230/240 V	3RV 2011-1EA10
	B10-4□□□			10	3NA3 803-2C	5.5~8 A，230/240 V	3RV 2011-1HA10
	B10-8□□□			16	3NA3 803-2C	9~12.5 A，230/240 V	3RV 2011-1KA10
3AC 200~240 V	B10-1□□□	5	6SL3203-0BE15-0VA0	6	3NA3 801-2C	2.8~4 A，230/240 V	3RV 2011-1EA10
	B10-2□□□			6	3NA3 801-2C	2.8~4 A，230/240 V	3RV 2011-1EA10
	B10-4□□□			10	3NA3 803-2C	2.8~4 A，230/240 V	3RV 2011-1EA10
	B10-8□□□			16	3NA3 805-2C	5.5~8 A，230/240 V	3RV 2011-1HA10

如订货号 6SL3210-5FB10-1UA2 的伺服驱动器（单相 200 V 电源），选用进线滤波器额定电流为 18 A，型号为 6SL3203-0BB21-8VA0。

如果不选用西门子的进线滤波器，可以根据驱动器的额定电流选择其他品牌的进线滤波器。

6.3.2 熔断器和断路器

熔断器用在伺服驱动器的进线端起短路保护作用。查表 6-2，订货号 6SL3210-5FB10-1UA2 的伺服驱动器（单相 200 V 电源），选用熔断器额定电流为 6 A，型号为 3NA3 801-2C。

断路器用在伺服驱动器的进线端起短路保护和分断接通电流的作用。查表 6-2，订货号 6SL3210-5FB10-1UA2 的伺服驱动器（单相 200 V 电源），选用断路器额定电流为 2.8~4 A，型号为 3RV 2011-1EA10。

如果不选用西门子的熔断器和断路器，可以根据驱动器的额定电流选择其他品牌的断路器和熔断器。

6.3.3　SD 卡

200 V 电压输入的伺服驱动器可安装微型 SD 卡（通用型，手机用），外形如图 6-4a 所示。SD 卡的典型应用是固件版本升级，还可以作为存储介质。

400 V 电压输入的伺服驱动器可安装标准 SINAMICS SD 卡，外形如图 6-4b 所示，其尺寸比通用型 SD 卡明显要大，其订货号为 6SL3054-4AG00-2AA0。

a) 通用型SD卡　　　b) 标准SINAMICS SD卡

图 6-4　通用型 SD 卡和标准 SINAMICS SD 卡的外形

6.3.4　制动电阻

SINAMICS V90 伺服驱动器内置了制动电阻，但当内置制动电阻不够用时，需要外接制动电阻用于能耗制动。SINAMICS V90 伺服驱动器的制动电阻选型（节选）见表 6-3。

表 6-3　SINAMICS V90 伺服驱动器的制动电阻选型（节选）

电源电压	外形尺寸	电阻/Ω	最大功率/kW	额定功率/W	最大电能/kJ
1AC/3AC 200~240 V	FSA	150	1.09	20	0.8
	FSB	100	1.64	21	1.23
	FSC	50	3.28	62	2.46
3AC 380~480 V	FSAA	533	1.2	30	2.4
	FSA	160	4	100	8

【例 6-1】SINAMICS V90 伺服驱动器的订货号为 6SL3210-5FE11-0UF0，试选用合适的制动电阻。

解： 查表可知 6SL3210-5FE11-0UF0 的外形尺寸是 FSA，且电源电压是 400 V，再查表 6-3，所以制动电阻阻值为 160 Ω，功率为 100W。当然制动电阻也可以选用其他品牌的产品。

6.4　SINAMICS V90 伺服驱动系统的接口与接线

视频
V90 伺服系统
的强电回路
的接线

6.4.1　SINAMICS V90 伺服驱动系统的主电路接线

SINAMICS V90 伺服系统的主电路接线虽然比较简单，但接错线的危害较大，SINAMICS V90 伺服系统的脉冲版本和 PN 版本的强电回路接线基本一致，下面将详细介绍 SINAMICS V90 伺服系统的接线。

1. SINAMICS V90 伺服系统的主电路接线

SINAMICS V90 伺服驱动器的交流进线接线端子是 L1、L2 和 L3，当输入电压为单相 200 V

时，两根输入电源线接 L1、L2 和 L3 端子中任意两个端子即可。当输入电压为三相 200 V 或 400 V 时，三根输入电源线接 L1、L2 和 L3 端子即可。

SINAMICS V90 伺服驱动器与伺服电动机的连接如图 6-5 所示，只要将伺服驱动器和电动机动力线 U、V、W 对应连接在一起即可，U、V、W 线不可调换，否则会报错。

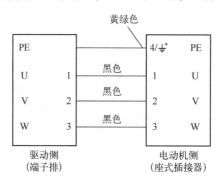

图 6-5　SINAMICS V90 伺服驱动器和伺服电动机的连接

2. 24 V 电源/STO 端子的接线

24 V 电源/STO 端子的定义见表 6-4。

表 6-4　24 V 电源/STO 端子的定义

接　　口	信 号 名 称	描　　述
	STO1	安全扭矩停止通道 1
	STO+	安全扭矩停止的电源
	STO2	安全扭矩停止通道 2
	+24 V	电源，DC 24 V
	M	电源，DC 0 V

24 V 电源/STO 端子的接线如图 6-6 所示，+24 V 和 M 端子是外部向伺服提供+24 V 电源的端子。

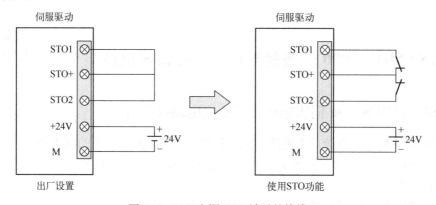

图 6-6　24 V 电源/STO 端子的接线

3. X7 接口外部制动电阻的接线

必须先断开 DCP 和 R2 端子之间的连接，再连接外部制动电阻到 DCP 和 R1 端子之间。

注意： 在使用外部制动电阻时，若未移除 DCP 与 R2 端子之间的短接片，会导致驱动损坏。

图 6-7 为 SINAMICS V90 伺服系统的强电回路接线实例。

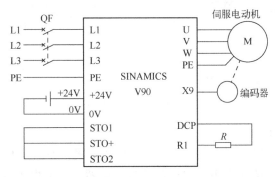

图 6-7　SINAMICS V90 伺服系统的强电回路接线实例

6.4.2　SINAMICS V90 伺服驱动系统的控制电路接线

视频
V90 PN 版本
伺服系统的接线

SINAMICS V90 伺服系统的控制电路接线较为复杂，在正确接线的基础上，理解各个端子的默认定义功能以及各个端子对应参数修改后的功能至关重要，否则将不能正确使用此伺服系统。

1. 控制/状态接口 X8 的端子定义

脉冲版本伺服驱动器的控制/状态接口 X8 是 50 针，PN 版本伺服驱动器的 X8 接口是 20 针，其 X8 引脚定义见表 6-5。X8 引脚只使用了 12 个，其余引脚未定义。

表 6-5　PN 版本伺服驱动器的 X8 接口引脚定义

引　　脚	数字量输入/输出	参　　数	默认值/信号
1	DI1	p29301	2（RESET）
2	DI2	p29302	11（TLIM）
3	DI3	p29303	0
4	DI4	p29304	0
6	DI_COM		数字量输入公共端
7	DI_COM		数字量输入公共端
11	DO1+	p29330	2（FAULT）
12	DO1-		
13	DO2+	p29331	9（OLL）
14	DO2-	-	
17	BK+	-	抱闸信号+
18	BK-		抱闸信号-

2. 数字量输入端子的接线

数字量输入支持 PNP 型和 NPN 型两种接线方式，如图 6-8 所示。PNP 型输入的有效信号是高电平（电流灌入），也称为源型，欧美系伺服产品较为常用；NPN 型输入的有效信号是低电平（电流拉出），也称为漏型，日系伺服产品较为常用。

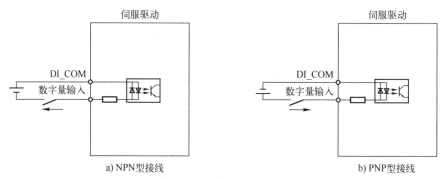

图 6-8　数字量输入的接线方式

3. 数字量输出端子的接线

数字量输出 1~2 支持 PNP 型和 NPN 型两种接线方式，如图 6-9 所示。对于 NPN 接法，DO+输出一个低电平，负载起作用，如果负载是继电器，则继电器线圈得电。对于 PNP 接法，DO-输出一个高电平，负载起作用，如果负载是继电器，则继电器线圈得电。

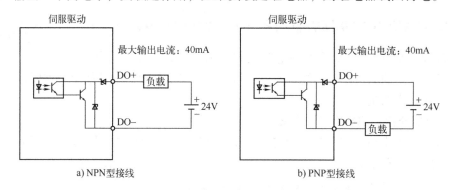

图 6-9　数字量输出的接线方式

4. 典型接线应用举例

SINAMICS V90 伺服系统（PN 版本）没有模拟量输入/输出端子和高速脉冲端子，因此控制回路的接线很简单，这是其优势。V90 PN 版本伺服系统强电和控制回路的典型原理图如图 6-10a 所示，在有的工程应用中，数字量输入和输出可以全部不接线，也就是 X8 口可以不使用，如图 6-10b 所示，本书后续的例子中 PN 版本伺服系统都未使用 X8 口。

PN 版本的数字量输入的数量较少，参考表 6-5。其每个端子都对应一个或多个功能，主要有故障复位（RESET）、转矩限制方式选择（TLIM）和限位等功能，且这些功能可以通过修改对应的参数进行调整。如图 6-10a 所示，1 号端子的默认定义是故障复位（RESET），也就是当伺服系统的故障排除后，按下按钮 SB1，故障复位，伺服系统可以正常工作，1 号端子对应的参数是 p29301（默认值为 2），改变此参数的设置可调整此端子的功能。2 号端子的默认定义是转矩限制方式选择（TLIM），也就是不按下按钮 SB2，选择内部转矩限制 1，而按下按钮 SB2，选择内部转矩限制 2，2 号端子对应的参数是 p29302（默认值为 11），改变此参数的设置也能改变此端子的功能。如果将 p29302 设置为 1，那么 2 号端子定义变为故障复位。关于参数的定义和设置将在后续章节介绍。

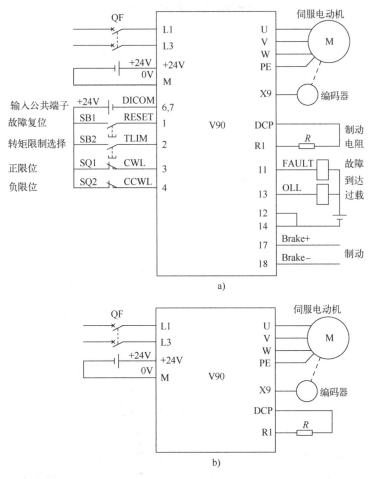

图 6-10　V90 PN 版本伺服系统的强电和控制回路典型原理图

6、7 号端子是数字量输入的公共端子，功能是固定的，没有与之对应的参数。

PN 版本的伺服系统数字量输出的数量较少，参考表 6-5。主要有故障到达（FAULT）和抱闸（BK+ 和 BK-）等功能。如图 6-10a 所示，11 号端子的默认定义是故障到达（FAULT），也就是当伺服系统检测到故障后，11 号端子送出一个低电平信号，继电器线圈得电，11 号端子对应的参数是 p29330（默认值为 2），改变此参数的设置可改变此端子的功能。

6.4.3　SINAMICS V90 伺服系统（脉冲版本）的控制回路的接线

在工程中，SINAMICS V90 伺服系统的脉冲版本相对于 PN 版本用得要少一些，其控制接线要复杂很多。

1. 控制/状态接口 X8 的端子定义

脉冲版本伺服驱动器的 X8 口非常重要，是必须要使用的，有 50 针。其 X8 口引脚定义见表 6-6。

视频
SINAMICS V90
脉冲版本伺服
系统的接线

表 6-6　脉冲版本伺服驱动器 X8 的引脚定义

引脚号	信　号	描　述	引脚号	信　号	描　述
脉冲输入（PTI）/编码器脉冲输出（PTO）					
1	PTIA_D+	A 相 5 V 高速差分脉冲输入（+）	15	PTOA+	A 相 5 V 高速差分编码器脉冲输出（+）
2	PTIA_D-	A 相 5 V 高速差分脉冲输入（-）	16	PTOA-	A 相 5 V 高速差分编码器脉冲输出（-）
26	PTIB_D+	B 相 5 V 高速差分脉冲输入（+）	17	PTOZ（OC）	Z 相编码器脉冲输出信号（集电极开路输出）
27	PTIB_D-	B 相 5 V 高速差分脉冲输入（-）	24	M	PTI 和 PTI_D 参考地
36	PTIA_24P	A 相 24 V 脉冲输入，正向	25	PTOZ（OC）	Z 相脉冲输出信号参考地（集电极开路输出）
37	PTIA_24M	A 相 24 V 脉冲输入，接地	40	PTOB+	B 相 5 V 高速差分编码器脉冲输出（+）
38	PTIB_24P	B 相 24 V 脉冲输入，正向	41	PTOB-	B 相 5 V 高速差分编码器脉冲输出（-）
39	PTIB_24M	B 相 24 V 脉冲输入，接地	42	PTOZ+	Z 相 5 V 高速差分编码器脉冲输出（+）
			43	PTOZ-	Z 相 5 V 高速差分编码器脉冲输出（-）
数字量输入/输出					
3	DI_COM	数字量输入信号公共端	23	Brake	电动机抱闸控制信号（仅用于 SINAMICS V90 200V 系列）
4	DI_COM	数字量输入信号公共端	28	P24V_DO	用于数字量输出的外部 24 V 电源
5	DI1	数字量输入 1	29	DO4+	数字量输出 4+
6	DI2	数字量输入 2	30	DO1	数字量输出 1
7	DI3	数字量输入 3	31	DO2	数字量输出 2
8	DI4	数字量输入 4	32	DO3	数字量输出 3
9	DI5	数字量输入 5	33	DO4-	数字量输出 4-
10	DI6	数字量输入 6	34	DO5+	数字量输出 5+
11	DI7	数字量输入 7	35	DO6+	数字量输出 6+
12	DI8	数字量输入 8	44	DO5-	数字量输出 5-
13	DI9	数字量输入 9	49	DO6-	数字量输出 6-
14	DI10	数字量输入 10	50	MEXT_DO	用于数字量输出的外部 24 V 接地
模拟量输入/输出					
18	P12AI	模拟量输入的 12 V 电源输出	45	AO_M	模拟量输出接地
19	AI1+	模拟量输入通道 1，正向	46	AO1	模拟量输出通道 1
20	AI1-	模拟量输入通道 1，负向	47	AO_M	模拟量输出接地
21	AI2+	模拟量输入通道 2，正向	48	AO2	模拟量输出通道 2
22	AI2-	模拟量输入通道 2，负向			

2. 数字量输入/输出端子的接线

　　脉冲版本伺服驱动系统的数字量输入/输出的接线与 PN 版本类似，如图 6-8 和图 6-9 所示。

　　脉冲版本伺服驱动系统的数字量输入端子较多，功能也很多，如故障复位（RESET）、伺服开启（SON）转矩限制（TLIM）和限位（CWL 和 CCWL）等功能，且这些功能可以通过修改对应的参数进行调整。如图 6-12a 是位置控制模式的原理图，5 号端子的默认定义是伺服开启（SON），按下按钮 SB1，伺服开启，伺服系统可以接收脉冲输入，5 号端子对应的参数是 p29301（默认值为 1），改变此参数的设置可改变此端子的功能。6 号端子的默认定义是故障复位（RESET），也就是当伺服系统的故障排除后，按下按钮 SB2，故障复位，伺服系统可以正常工作，6 号端子对应的参数是 p29302（默认值为 2），改变此参数的设置也能改变此端子的功能。如果将 p29302 设置为 1，那么 6 号端子定义变为伺服开启。

3、4 号端子是数字量输入的公共端子，功能是固定的，没有与之对应的参数。

脉冲版本伺服驱动系统的数字量输出的主要功能有伺服准备好（RDY）、故障输出（FAULT）等。如图 6-12a 所示，31 号端子的默认定义是故障到达（FAULT），也就是当伺服系统检测到故障后，31 号端子送出一个低电平信号，继电器线圈得电，31 号端子对应的参数是 p29331（默认值为 2），改变此参数的设置可改变此端子的功能。

3. 脉冲输入（PTI）端子的接线

SINAMICS V90 伺服驱动支持两个脉冲输入通道，即 24 V 单端脉冲输入和 5 V 高速差分脉冲输入（RS-485），多数 PLC 的 CPU 模块（如 CPU1211C）只能采用单端模式。脉冲输入接线如图 6-11 所示。可以通过脉冲输入端子对伺服系统进行定位控制，通常 36 号端子用于接收高速脉冲信号，而 38 号端子用于方向控制信号，37、39 号端子常与控制器（如 PLC）输出端电源的 0V 短接。脉冲输入端子是非常常用的。

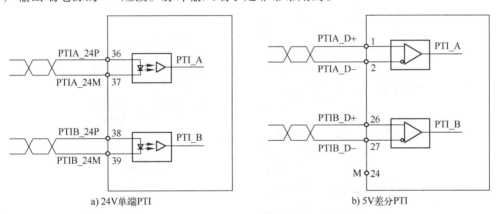

a) 24V单端PTI　　　　　　　　b) 5V差分PTI

图 6-11　脉冲输入接线

4. 模拟量输入（AI）端子的接线

SINAMICS V90 支持两个模拟量输入。在位置控制模式下，模拟量输入通常用于速度限制和转矩限制，如图 6-12a 所示；在速度控制模式下，模拟量输入通常用于模拟量速度设定和转矩限制，如图 6-12b 所示；在转矩控制模式下，模拟量输入通常用于转矩控制和速度限制，如图 6-12c 所示。

模拟量输出在实践中很少用，所以本书不介绍。

5. 典型接线应用举例

（1）应用实例 1

伺服系统有三种典型的运行模式：位置控制模式、速度模式和转矩模式，对应的典型的原理图如图 6-12 所示。

图 6-12a 是基于高速脉冲的位置控制模式（PTI），较为常用的方式是 24 V 单端 PTI，如果是西门子的 CPU 模块发出高速脉冲，应接入到 36 号端子（PTIA 24P），方向信号接入 38 号端子（PTIB 24P），37 号端子（PTIA 24M）和 39 号端子（PTIB 24M）接 CPU 模块的输出电源的 0 V。

本例的模拟量 1（AI1）起将速度限制在一定范围内的作用，即速度限制。本例的模拟量 2（AI2）起将转矩限制在一定范围内的作用，即转矩限制。

数字量输出端子的含义与 PN 版本的类似，而且在工程中不如数字量输入常用。

图 6-12b 是速度控制模式。变频器的速度控制方式有模拟量给定速度运行和多段速度控制运行两种方式。伺服系统的速度控制模式与变频器类似，也有这两种速度控制方式。外部模拟量 1 给定速度运行时方向的确定见表 6-7。

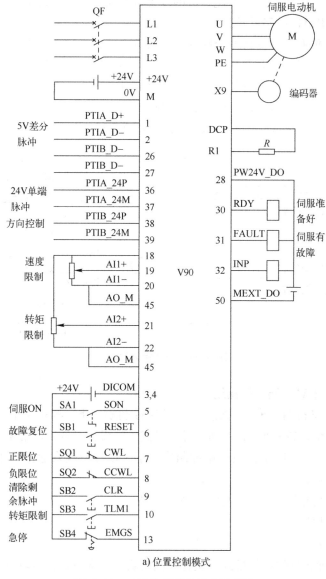

a) 位置控制模式

图 6-12　三种典型运行模式原理图

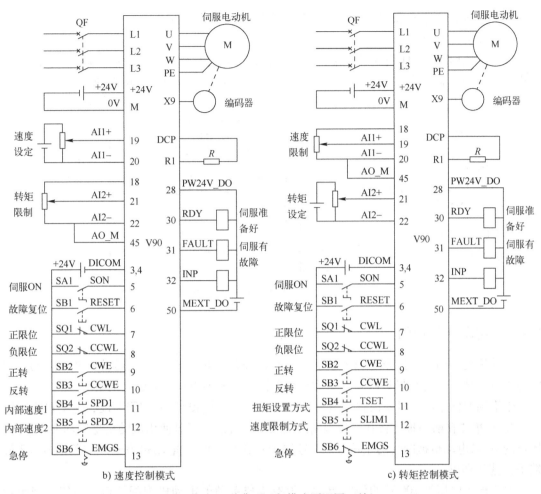

图 6-12 三种典型运行模式原理图（续）

表 6-7 外部模拟量 1 给定速度运行时方向的确定

信 号		模拟量转矩设定值		
CCWE	CWE	+极性	-极性	0 V
0	0	0	0	0
0	1	CW	CCW	0
1	0	CCW	CW	0
1	1	0	0	0

当按钮 SB2 和 SB3 按钮断开时，为外部模拟量 1 给定速度运行。模拟量 2 起转矩限制作用。

当按钮 SB2 闭合和 SB3 按钮断开时，多段速度控制运行方式，且为正转。按钮 SB4 闭合对应转速 1，按钮 SB5 闭合对应转速 2。

图 6-12c 是转矩控制模式。模拟量 1 起速度限制作用。模拟量 2 起转矩设置作用。

图中，当 TSET 为 0，即 SB4 断开时，由模拟量 2（AI2）设置转矩值。当 TSET 为 1，即 SB4 闭合时，由参数 p29043（内部转矩设定值）设置转矩值。

（2）应用实例 2

在工程实践中，PTI 模式最常用，在此模式时，通过参数的合理设置（后续介绍），X8 口也可以仅使用脉冲输入端子，其他端子不使用，一个应用实例如图 6-13 所示。

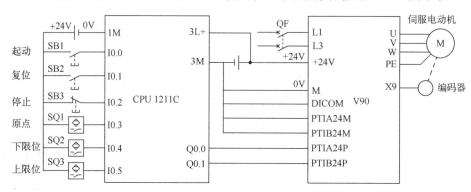

图 6-13　PTI 模式应用实例原理图

6.4.4　电动机的抱闸

电动机抱闸用于在伺服系统未激活（如伺服系统断电）时，停止运动负载的运动。如防止垂直负载（如起重机负载）在重力作用下掉落，需要用到电动机抱闸制动。

带抱闸的伺服电动机中内置了抱闸。对于输入电压为 400 V 的伺服驱动，电动机抱闸接口（X7）集成在前面板。将其与带抱闸的伺服电动机连接即可使用电动机抱闸功能，即 X7 接口的 B+ 与电动机抱闸线的正信号（1 号端子）连接，B- 与电动机抱闸线的负信号（2 号端子）连接即可。

对于输入电压为 200 V 的伺服驱动，没有集成单独的电动机抱闸接口。为使用抱闸功能，需要通过控制/状态接口（X8）将驱动连接至第三方设备。下面详细介绍这种抱闸的接线和实现方法。

1. 抱闸信号状态的描述

对于输入电压为 200 V 的伺服驱动，其 X8 接口的数字量输出端子中定义了抱闸输出端子 BK+（17 号端子）和 BK-（18 号端子）。表 6-8 为抱闸信号的描述，当 X8 接口的 BK+ 端子输出低电平时，外接继电器得电，打开抱闸功能，电动机可以运行；当 X8 接口的 BK+ 端子输出高电平时，外接继电器断电，关闭抱闸功能，电动机制动并停止运行。

表 6-8　抱闸信号的描述

状　态	MBR（DO）	抱闸控制	继　电　器	电动机抱闸功能	电 动 机 轴
抱闸闭合	高电平（1）	抱闸关闭	无电流	打开	无法运转
抱闸打开	低电平（0）	抱闸打开	有电流	关闭	可以运转

2. 输入电压为 200 V 的伺服驱动抱闸电路接线

PN 版本的伺服驱动抱闸电路接线如图 6-14 所示，当 17 号端子输出低电平时，继电器线圈得电，其常开触点接通，打开抱闸，电动机可以运行，反之电动机抱闸，电动机制动并停止运行。

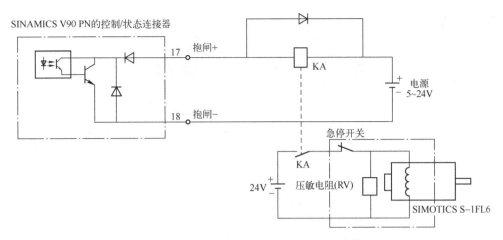

图 6-14　PN 版本的伺服驱动抱闸电路接线

　　顺便指出：伺服电动机的负载为垂直负载（如起重机），则电动机应配绝对值编码器，否则会产生跟随误差报警。

6.5　SINAMICS V90 伺服驱动系统的参数

6.5.1　SINAMICS V90 伺服驱动系统的参数概述

1. 参数号

带有"r"前缀的参数号表示此参数为只读参数。

带有"p"前缀的参数号表示此参数为可写编辑参数。

2. 生效

生效表示参数设置的生效条件。存在两种可能条件：

1）IM（Immediately，立即）：参数值更改后立即生效，无须重启。

2）RE（Reset，重启）：参数值重启后生效。

　　所以在设置参数后一定要确认此参数是哪种生效类型，如伺服的控制模式就是重启生效的参数。可以直接将伺服驱动器断电后上电完成重启，也可以用软件 V-ASSISTANT 的重启功能来完成，确保伺服系统处于在线状态后，单击菜单栏的"工具"→"重启驱动器"即可完成重启，如图 6-15 所示。

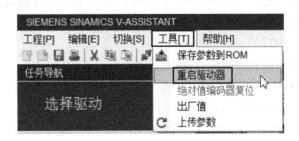

图 6-15　重启驱动器

3. 参数组

将一类参数归纳为一组，SINAMICS V90 伺服系统的参数组见表 6-9。

表 6-9　SINAMICS V90 伺服系统的参数组

序 号	参 数 组	可 用 参 数	BOP 上显示的参数组
1	基本参数	p07××、p10××~p16××、p21××	P bASE
2	位置控制参数	p25××~p26××	P EPOS
3	状态监控参数	所有只读参数	dAtA
4	通信参数	p09××、p89××	P Con
5	应用参数	p29×××	P APP

注：SINAMICS V90 PTI 伺服系统的参数组与以上分组有所不同，本书不再列出。作者为了讲解参数并未按照以上分组讲解，例如将脉冲版本伺服系统的专用参数和 I/O 单独将介绍。

视频
V90 伺服系统的常用基本参数介绍

6.5.2　SINAMICS V90 伺服驱动系统的参数说明

SINAMICS V90 伺服系统脉冲版本和 PN 版本的大多数参数的含义相同，因此本书不分开讲解，下面对重要的参数以参数组进行分类说明。

1. 基本参数

（1）CU 数字量输出取反参数 p0748

参数 p0748 的含义是将数字量输出信号进行取反。

由位 0~位 5 对 DO1~DO6 的信号取反。对应位取 0 时，信号不取反，取 1 时，信号取反。

SINAMICS V90 伺服驱动器的数字量输出默认是 NPN 型输出，即低电平有效，当对应位设置为 1 时，信号取反，变为 PNP 型输出，即高电平有效。如将参数 p0748 设置为 16#3F = 2#11，1111，就是全部 6 个输出都改为 PNP 型输出。

（2）数字量输入仿真模式参数 p0795~p0796

参数 p0795~p0796 的含义是设置数字量输入的仿真模式。

由位 0~位 9 设置 DI1~DI10 的仿真模式。对应位取 0 时，按端子信号处理，取 1 时，按仿真模式处理。

如将 p0795 设置为 16#03 = 2#11，即将 DI1 和 DI2 设置为仿真端子，其余端子为真实的信号端子。仿真端子可以在 V-ASSISTANT 软件或者 BOP 面板中设置其导通，接通效果同真实的信号端子，主要用于调试。

（3）设置权参数 p0927

参数 p0927 的含义是设置参数更改通道。

1）位定义。位 0：V-ASSISTANT；位 1：BOP。

2）位值含义。0：只读；1：读写。

p0927 的默认值为 2#11，也就是 V-ASSISTANT 和 BOP 都可以对所有参数进行读写。

（4）电动机转向参数 p29001

参数 p29001 的含义是设置电动机转向。p29001 设置为 0，表示电动机转向不颠倒；设置为 1，表示电动机转向反转。

设备调试时，如电动机方向需要反向，可将 p29001 设置为 1。修改了 p29001 后参考点会丢失。若驱动运行于 IPos 控制模式下，则必须重新执行回参考点操作。

（5）BOP 显示选择参数 p29002

BOP 显示选择由参数 p29002 取值决定，具体地，取 0 表示实际速度（默认值）；取 1 表示直流电压；取 2 表示实际转矩；取 3 表示实际位置；取 4 表示位置跟随误差。

如需要在 BOP 上显示实际位置，则将 p29002 设置为 3。

（6）控制模式参数 p29003

参数 p29003 的具体含义为：取 1 表示基本定位器控制模式（EPOS）；取 2 表示速度控制模式（S）。

（7）转矩限制参数 p29050、p29051

转矩上限参数 p29050 限制正转矩，转矩下限参数 p29051 限制负转矩。各有 2 个内部转矩限值可选。通过使用数字量输入信号 TLIM，可以选择内部转矩限值源。

（8）速度限制参数 p29070、p29071

转速上限参数 p29070 限制正向数值，转速下限参数 p29071 限制负转速。共有 2 个内部速度限值可选。通过数字量输入信号 SLIM，可以选择内部参数作为速度限值源。

2. I/O 参数

脉冲版本的伺服 I/O 参数较多，而 PN 版本的伺服 I/O 参数较少。不管哪个版本，I/O 参数都至关重要，是需要重点掌握的内容。数字量输入可以为 NPN（低电平）型和 PNP（高电平）型输入，后续内容未做特殊说明默认为 PNP 型输入。

（1）数字量输入端子参数 p29301 ~ p29304

DI1 ~ DI4 中，以 DI1 为例进行介绍，其余端子类似。DI1 的默认功能是 RESET，同时通过设置参数 p29301 的不同编号，可以定义不同的功能，见表 6-10。

表 6-10　数字量输入端 DI1 ~ DI4 的功能

编　号	名　称	类　型	描　述
2	RESET	边沿 0→1	复位报警 0→1：复位报警
3	CWL	边沿 1→0	顺时针超行程限制（正限位） 1 = 运行条件 1→0：快速停止（OFF3）
4	CCWL	边沿 1→0	逆时针超行程限制（负限位） 1 = 运行条件 1→0：快速停止（OFF3）
11	TLIM	电平	转矩限制
20	SLIM	电平	速度限制
24	REF	边沿 0→1	通过数字量输入或参考挡块输入设置回参考点方式下的零点 0→1：参考点输入
29	EMGS	电平	急停

如设置参数 p29301 = 2，则当 DI1 与 DI_COM 处电源的 +24 V 短接时，对伺服系统复位，如图 6-10a 所示。

在脉冲版本中，DI9 与急停 EMGS（急停）关联，不能更改。DI10 与 C-CODE（模式切换）关联且不能更改。而在 PN 版本中，EMGS（急停）可以与 DI1～DI4 任何一个数字量输入关联。

（2）数字量输出参数 p29330、p29331

DO1、DO2 中，以 DO1 为例进行介绍，DO2 类似。DO1 的默认功能是 RDY，同时通过设置参数 p29330 的不同编号，可以定义为不同的功能，见表 6-11。

表 6-11　数字量输出端 DO1、DO2 的功能

编　号	名　称	说　明
1	RDY	伺服准备就绪 1：驱动已就绪 0：驱动未就绪（存在故障或使能信号丢失）
2	FAULT	故障 1：处于故障状态 0：无故障
3	INP	位置到达信号 1：剩余脉冲数在预设的就位取值范围内（参数 p2544） 0：剩余脉冲数超出预设的位置到达范围
4	ZSP	零速检测 1：电动机速度 ≤ 零速（可通过参数 p2161 设置零速） 0：电动机速度 > 零速+磁滞（10 r/min）
6	TLR	达到转矩限制 1：产生的转矩已几乎（内部磁滞）达到正向转矩限制、负向转矩限制或模拟量转矩限制的转矩值 0：产生的转矩尚未达到任何限制
8	MBR	电动机抱闸 1：电动机抱闸关闭 0：电动机停机抱闸打开 说明：MBR 仅为状态信号，因为电动机停机抱闸控制与供电均通过特定的端子实现
9	OLL	达到过载水平 1：电动机已达到设定的输出过载水平（p29080 以额定转矩的%表示；默认值为100%；最大值为300%） 0：电动机尚未达到过载水平
12	REFOK	回参考点 1：已回参考点 0：未回参考点
14	RDY_ON	准备伺服开启就绪 1：驱动准备伺服开启就绪 0：驱动准备伺服开启未就绪（存在故障或主电源无供电） 说明：当驱动处于 SON 状态后，该信号会一直保持为高电平（1）状态，除非出现上述异常情况
15	STO_EP	STO 激活 1：使能信号丢失，表示 STO 功能激活 0：使能信号可用，表示 STO 功能无效 说明：STO_EP 仅用作 STO 输入端子的状态指示信号，而并非 Safety Integrated 功能的安全 DO 信号

如设置参数 p29331=2，则当 DO2 输出为 1 时，表示伺服系统有故障，如图 6-10a 所示。

注意：DO1、DO2 可能是 PNP 型和 NPN 型输出。

此外，17 和 18 号端子 Brake 是电动机抱闸控制信号数字量输出，无须设置参数。其他数字量输出端子也可以设置为此功能，如将 p29331 设置为 8，那么 DO2 的输出定义为 MBR，即抱闸功能。

【例 6-2】SINAMICS V90 伺服驱动器的接线如图 6-16 所示，试根据图中数字量输入和输出端子的定义，设置其对应的参数。

解：查表 6-10 和表 6-11，结果如下：

1 号端子 DI1 的功能是 RESET（故障复位），对应参数 p29301，设置值为 2（RESET）。

2 号端子 DI2 的功能是 TLIM（转矩限制选择），对应参数 p29302，设置值为 11（TLIM）。

3 号端子 DI3 的功能是 SLIM（速度限制选择），对应参数 p29303，设置值为 20（SLIM）。

4 号端子 DI4 的功能是 EMGS（急停），对应参数 p29304，设置值为 29（EMGS）。

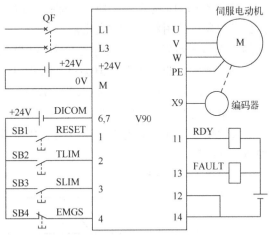

图 6-16　接线图

11 号端子 DO1+的功能是 RDY（伺服已经准备好），对应参数 p29331，设置值为 1（RDY）。

13 号端子 DO2+的功能是 FAULT（伺服检测到故障），对应参数 p29331，设置值为 2（FAULT）。

3. 转矩限制和速度限制参数

（1）转矩限制参数 p29050、p29051

转矩上限参数 p29050 限制正转矩，转矩下限参数 p29051 限制负转矩。各有 2 个内部转矩限值可选。通过使用数字量输入信号 TLIM，可以选择内部转矩限值源。

（2）速度限制参数 p29070、p29071

转速上限参数 p29070 限制正向数值，转速下限参数 p29071 限制负转速。

共有两个内部速度限值可选。通过数字量输入信号 SLIM 可以选择内部参数作为速度限值源。

【例 6-3】SINAMICS V90 伺服驱动器的接线如图 6-16 所示，试根据图中数字量输入，设置其对应的参数，要求正向转矩限制有 100% 和 150% 两个数值，速度限制也有两个数值，分别是 2000r/min 和 2500r/min。

解：

（1）数字量 DI1~DI4 对应的参数按照例 6-2 设置即可。

（2）断开图 6-16 的 SB2 按钮，则选择正向转矩限制 1，将转矩限制 1 的参数 p29050[0] 设为 100；闭合 SB2 按钮，则选择转矩限制 2，将转矩限制 2 的参数 p29050[1] 设为 150。

（3）断开图 6-16 的 SB3 按钮，则选择速度限制 1，将速度限制 1 的参数 p29070[0] 设为 2000；闭合 SB3 按钮，则选择速度限制 2，将速度限制 2 的参数 p29070[1] 设为 2500。

4. 速度控制参数

（1）JOG1 速度设定值参数 p1058

参数 p1058 中设置 JOG1（点动）的速度。JOG 由电平触发。

（2）最大速度参数 p1082

参数 p1082 设定转速上限。注意：修改该参数值后，不可再进行修改。

（3）选择斜坡函数发生器参数 p1115

设置参数 p1115 为 1 可以使用 S-曲线斜坡函数发生器，设置 p1115 为 0 关闭 S-曲线斜坡函数发生器，使用斜坡函数发生器。

（4）斜坡函数发生器斜坡时间参数 p1120、p1121

斜坡函数发生器可在设定值突然改变时用来限制加速度，从而防止驱动运行时发生过载。斜坡上升时间参数 p1120 和斜坡下降时间参数 p1121 分别用于设置加速度和减速度斜坡。设定值改变时允许平滑过渡。

最大速度参数 p1082 用于计算斜坡上升和斜坡下降时间的参考值。斜坡函数发生器的特性如图 6-17 所示。

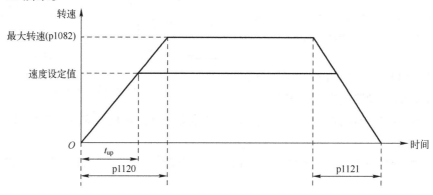

图 6-17　斜坡函数发生器的特性

从图 6-17 可知，上升时间为

$$t_{\text{up}} = \frac{\text{设定值}}{\text{p1082}} \times \text{p1120}$$

（5）斜坡函数发生器初始圆弧段时间和斜坡函数发生器结束圆弧段时间参数 p1130、p1131

如图 6-18 所示为 S-曲线斜坡函数发生器的特性曲线，可以明显看出初始圆弧段时间和结束圆弧段时间的含义。使用 S-曲线斜坡函数发生器必须设置参数 p1115 为 1。

圆弧过渡时间可避免突然响应，并防止机械系统受到损坏。如电梯中使用 S-曲线斜坡函数发生器，可明显增加乘客的舒适度。

5. 位置控制参数

脉冲版本的伺服系统的位置控制有外部脉冲位置控制（PTI）和内部设定值位置控制（IPos）。下面介绍定位相关的参数。

（1）EPOS 运行程序段位置参数 p2617[0~7]

IPos 最多有 8 个目标位置，即 p2617[0]~p2617[7]，分别设置。

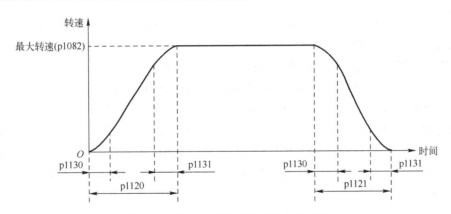

图 6-18　S-曲线斜坡函数发生器的特性

（2）EPOS 运行程序段速度参数 p2618[0~7]

（3）软限位开关相关参数 p2580~p2582

软限位一般设置在硬限位开关内侧，先于硬限位起作用，从而起双重保护作用，限位示意图如图 6-19 所示。使用软限位开关，首先要将软限位开关激活，即设置参数 p2580=1。p2581是 EPOS 正向软限位开关的位置设定值。p2582 是 EPOS 负向软限位开关的位置设定值。

注意：软限位功能仅在回参考点后生效，回参考点过程中，不起作用。

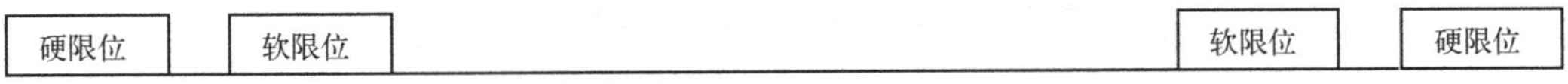

硬限位	软限位		软限位	硬限位

图 6-19　限位示意图

（4）回参考点相关参数 p2599、p2600、p2604、p2605、p2606、p2608、p2609、p2611、p29240

回参考点的相关参数说明见表 6-12。

表 6-12　回参考点的相关参数说明

参　数	单　位	描　述
p2599	LU	设置参考点坐标轴的位置值
p2600	LU	参考点偏移量
p2604		设置搜索挡块开始方向的信号源： 0：以正向开始 1：以负向开始
p2605	1000LU/min	搜索挡块的速度
p2606	LU	搜索挡块的最大距离
p2608	1000LU/min	搜索零脉冲的速度
p2609	LU	搜索零脉冲的最大距离
p2611	1000LU/min	搜索参考点的速度
p29240		回参考点模式选择： 0：通过数字量输入信号 REF 设置回参考点 1：外部参考点挡块（信号 REF）和编码器零脉冲 2：仅编码器零脉冲 3：外部参考点挡块（信号 CCWL）和编码器零脉冲 4：外部参考点挡块（信号 CWL）和编码器零脉冲

注意： 表 6-12 中单位数量级有的是 LU，有的是 1000LU/min，初学者容易出错。

外部参考点挡块（信号 REF）和编码器零脉冲（p29240=1，模式 1）回参考点过程如图 6-20 所示。回参考点由信号 SREF 触发，伺服驱动加速到 p2605 中指定的速度来搜索参考点挡块。搜索参考点挡块的方向（CW 或 CCW）由 p2604 定义。当参考点挡块到达参考点时（信号 REF：0→1），伺服电动机减速到静止状态。然后，伺服驱动再次加速到 p2608 中指定的速度，运行方向与 p2604 中指定的方向相反，关闭信号 REF（1→0）。达到第一个零脉冲时，伺服驱动开始向 p2600 中定义的参考点以 p2611 中指定的速度运行。伺服驱动到达参考点（p2599）时，信号 REFOK 输出（如分配给 DO1）。关闭信号 SREF（1→0），回参考点成功。

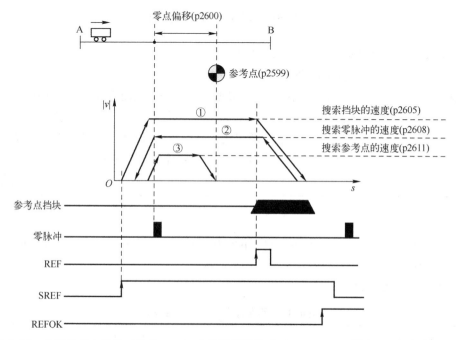

图 6-20　外部参考点挡块（信号 REF）和编码器零脉冲（p29240=1，模式 1）回参考点过程

对于增量编码器的伺服系统，运行绝对运动指令，必须回参考点。

（5）设置机械系统参数 p29247、p29248、p29249

通过设置机械系统参数，可建立实际运动部件和脉冲当量（LU）之间的联系。

1）参数 p29247 为负载每转 LU。以滚珠丝杠系统为例，如系统有 10 mm/r（10000 μm/r）的节距，并且脉冲当量的分辨率为 1 μm（1LU=1 μm）时，则一个负载每转相当于 10000LU（p29247=10000）。

2）参数 p29248 为负载转数。

3）参数 p29249 为电动机转数。如图 6-21 所示，当齿轮减速比为 1∶1 时，p29248 = p29249=1。

（6）选择回参考点模式参数 p29240

选择回参考点模式参数 p29240 的含义如下：

1）0：通过外部信号 REF 回参考点。

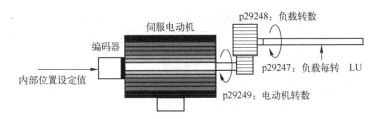

图 6-21　机械系统参数的示意图

2）1：通过外部参考点挡块（信号 REF）和编码器零脉冲回参考点。

3）2：仅通过零脉冲回参考点。

（7）位置跟踪激活参数 p29243

位置跟踪激活参数 p29243 的含义如下：

1）0：禁止。

2）1：已激活。

（8）绝对值编码器虚拟旋转分辨率参数 p29244

绝对值编码器虚拟旋转分辨率参数 p29244 为已激活位置跟踪功能（p29243=1）的编码器设置可分辨的旋转圈数。如设置分辨率为 4096。

（9）轴模式状态参数 p29245

参数 p29245 表示线性/模数模式，具体如下：

1）0：线性轴，有限定的运行范围，如直线运动。

2）1：模态轴，没有限定的运行范围，如旋转运动。

6. 通信参数

通信相关参数只用于 PN 版本的伺服系统中。

（1）PROFIdrive PZD 报文选择参数 p0922

参数 p0922 中设定的参数表示一种报文。

在速度控制模式下，1 表示标准报文 1，PZD-2/2；2 表示标准报文 2，PZD-4/4；3 表示标准报文 3，PZD-5/9；5 表示标准报文 5，PZD-9/9；102 表示西门子报文 102，PZD-6/10；105 表示西门子报文 105，PZD-10/10。

在基本定位器控制模式下，7 表示标准报文 7，PZD-2/2；9 表示标准报文 9，PZD-10/5；110 表示西门子报文 110，PZD-12/7；111 表示西门子报文 111，PZD-12/12。

如 p0922 设置为 1，表示标准报文 1，是最简单的报文。p0922 设置为 111，表示西门子报文 111，是基本定位的报文，很常用。p0922 设置为 105，表示西门子报文 105，是西门子公司推荐使用的报文。

（2）PROFIdrive 辅助报文参数 p8864

PROFIdrive 辅助报文参数 p8864 的含义如下：

1）p8864 = 750：辅助报文 750，PZD-3/1。

2）p8864 = 999：无报文（自由报文）。

（3）与 PROFINET 通信相关参数

与 PROFINET 通信相关的参数说明见表 6-13。

表 6-13　与 PROFINET 通信相关的参数说明

参　数	含　义	举　例
p8920	设置控制单元上板载 PROFINET 接口的站名称	如 V90_1
p8921	设置控制单元上板载 PROFINET 接口的 IP 地址	192.168.0.2
p8922	设置控制单元上板载 PROFINET 接口的默认网关	192.168.1.1
p8923	设置控制单元上板载 PROFINET 接口的子网掩码	255.255.255.0
p8925	设置激活控制单元上板载 PROFINET 接口的接口配置	设为 2，表示保存并激活

7. 增益调整参数

SINAMICS V90 伺服驱动由三个控制环组成，即电流控制、速度控制和位置控制，如图 6-22 所示。位置环位于最外侧。速度环位于电流环的外侧、位置环的内侧。电流环是内环，有时也称为转矩环。

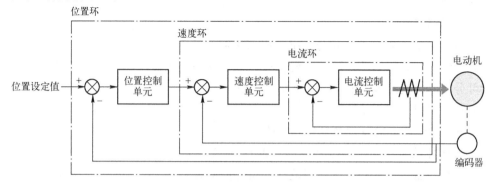

图 6-22　SINAMICS V90 伺服驱动的三个控制环

由于 SINAMICS V90 伺服驱动的电流环已有完美的频宽，因此通常只需调整速度环增益和位置环增益，但实际工作中调整的参数应为四个。

（1）位置环增益参数 p29110

位置环增益直接影响位置环的响应等级。如机械系统未振动或产生噪声，可增加位置环增益的值以提高响应等级并缩短定位时间。

（2）速度环增益参数 p29120

速度环增益直接影响速度环的响应等级。如机械系统未振动或产生噪声，可增加速度环增益的值以提高响应等级。

（3）速度环积分增益参数 p29121

通过将积分分量加入速度环，伺服驱动可高效消除速度的稳态误差并响应速度的微小更改。一般情况下，如机械系统未振动或产生噪声，可增加速度环积分增益的值从而增加系统刚性。

如负载惯量比很高（p29022 数值大）或机械系统有谐振系，必须保证速度环积分时间常数够大；否则，机械系统可能产生谐振。

参数 p29022 的含义是总惯量和电动机惯量之比。

（4）速度环前馈系数参数 p29111

响应等级可通过速度环前馈增益提高。如速度环前馈增益过大，电动机速度可能会出现超调且数字量输出信号 INP 可能重复开/关。因此必须监控速度波形的变化和调整时数字量输出信号 INP 的动作。可缓慢调整速度环前馈增益的值。如位置环增益的值过大，前馈增益的作用会不明显。

很多初学者很疑惑，标准报文 3 和西门子报文 105 是速度报文，但在工程中常用于定位控制，似乎有问题。其实掌握了三环控制就不难理解了。根据图 6-22 可知：位置控制时位置环、速度环和电流环都要参与控制。而标准报文 3 和西门子报文 105 是速度报文，采用此报文进行位置控制时，伺服系统只能在速度控制模式下工作，只有速度环和电流环参与控制，而位置环则由控制器（如 PLC）完成。

8. 状态监控参数

通过查看 SINAMICS V90 伺服驱动状态监控参数，可以监控驱动器的实时状态、诊断其故障，具有很大的工程使用价值。常用的 SINAMICS V90 伺服驱动状态监控参数见表 6-14，它只能读取，不能修改。

表 6-14　常用的 SINAMICS V90 伺服驱动状态监控参数

参　数	单　位	描　述
r0021	r/min	显示电动机实际平滑速度值
r0026	V	显示直流电压的实际平滑电压值
r0027	A	实际平滑电流绝对值
r0031	N·m	显示实际平滑转矩值
r0482		显示编码器实际位置值 Gn_XIST1
r0722		CU 数字量输入状态
r0747		CU 数字量输出状态
r0945		显示出现故障的编号 r0945[0]，r0949[0]→实际故障情况，故障 1 … r0945[7]，r0949[7]→实际故障情况，故障 8
r2124		显示当前报警的附加信息（作为整数）

9. 脉冲版本伺服系统专用参数

（1）高速脉冲相关参数 p29010、p29014、p29033

这些参数只适用于脉冲序列版本。

1）PTI 输入脉冲形式参数 p29010。输入脉冲形式参数 p29010 的代号和含义说明如下：

- 0：脉冲+方向，正逻辑，如图 6-23 所示，脉冲为上升沿，正向是高电平。
- 1：AB 相，正逻辑，如图 6-24 所示，A 相上升沿超前 B 相为正转，反之为反转。

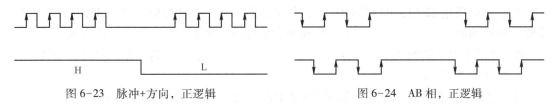

图 6-23　脉冲+方向，正逻辑　　　　　　　图 6-24　AB 相，正逻辑

- 2：脉冲+方向，负逻辑，如图 6-25 所示，脉冲为下降沿，正向是低电平。

- 3：AB 相，负逻辑，如图 6-26 所示，A 相下降沿超前 B 相为正转，反之为反转。

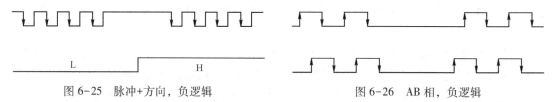

图 6-25　脉冲+方向，负逻辑　　　　　　　　图 6-26　AB 相，负逻辑

例如，使用 S7-1200 的高速脉冲输出控制 SINAMICS V90 伺服系统时，参数 p29010 设置为 0，含义是"脉冲+方向，正逻辑"。而 PLC 换成三菱 FX5U 时，参数 p29010 一般设置为 2，含义是"脉冲+方向，负逻辑"。

2）PTI 脉冲输入电平参数 p29014。PTI 脉冲输入电平参数 p29014 的代号和含义说明如下：

- 0：5 V 高速差分脉冲输入（RS-485），接线如图 6-27 所示。
- 1：24 V 单端脉冲输入，接线如图 6-28 所示。

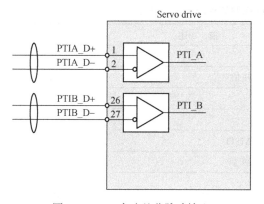

图 6-27　5V 高速差分脉冲输入

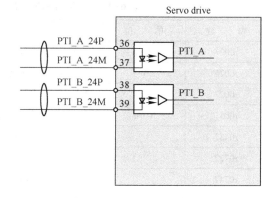

图 6-28　24 V 单端脉冲输入

例如，使用 S7-1200 的高速脉冲输出控制 SINAMICS V90 伺服系统时，参数 p29014 设置为 1，含义是"24 V 单端脉冲输入"。不同的脉冲电平，其硬件接线也不同。

3）PTO 方向更改参数 p29033。PTO 方向更改参数 p29033 的代号和含义说明如下：

- 0：PTO 正方向。
- 1：PTO 负方向。

当 p29033 设置为 1 时，可以改变电动机的方向。

视频
计算电子齿轮
比的方法

（2）电子齿轮比参数 p29011、p29012、p29013

电子齿轮比实际上是一个脉冲放大倍率（通常 PLC 的脉冲频率一般不高于 200 kHz，而伺服系统编码器的脉冲频率则高得多，假如伺服电动机转一圈用时 1 s，编码器是 22 位，即 4194304 线，其反馈给驱动器的脉冲频率就是 4194304 Hz，明显高于 PLC 的脉冲频率）。实际上，上位机所发的脉冲经电子齿轮比放大后再送入偏差计数器，因此上位机所发的脉冲，不一定就是偏差计数器所接收到的脉冲。输入脉冲与反馈脉冲的关系如图 6-29 所示。

计算公式：上位机发出的输入脉冲数×电子齿轮比 = 偏差计数器接收的脉冲

① p29011=0 时，电子齿轮比由 p29012 和 p29013 的比值确定，即

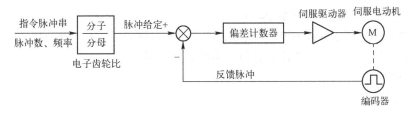

图 6-29　输入脉冲与反馈脉冲的关系

$$电子齿轮比 = \frac{p29012}{p29013}$$

② p29011≠0 时，电子齿轮比由编码器分辨率和 P29011 的比值确定，即

$$电子齿轮比 = \frac{编码器的分辨率}{p29011(期望电动机每转的脉冲)}$$

1）期望电动机每转的脉冲数参数 p29011。设置 p29011 的参数值为电动机转一圈，上位机发送的脉冲个数。设定此参数实际上相当于设置了电子齿轮比。

例如，期望上位机（PLC）发送 5000 个脉冲电动机转 1 圈，直接设置 P29011=5000 即可。

2）PTI 电子齿轮比分子和分母 p29012、p29013。在举例之前先介绍一个概念"LU"，LU 实际是脉冲当量，即在一个设定值脉冲内，负载部件移动的最小运行距离。LU 的表示方法在西门子的伺服系统中十分常用。例如：如果 1LU＝0.01°，则一圈（360°）可以折合成 36000 LU；如果 1LU＝1 μm，则可以把 10 mm 折合为 10000 LU。

以下用一个例子介绍电子齿轮比的计算，见表 6-15。

表 6-15　电子齿轮比的计算

序号	说　　明		机　械　结　构	
			滚珠丝杠	圆　盘
			LU: 1μm　负载轴　工件　编码器分辨率: 2500ppr　滚珠丝杠的节距: 6mm	LU: 0.01°　负载轴　电动机　编码器分辨率: 2500ppr
1	机械结构		滚珠丝杠的节距：6 mm 减速齿轮比：1:1	旋转角度：360° 减速齿轮比：1:3
2	编码器分辨率		因为 4 倍频，即 2500×4＝10000	因为 4 倍频，即 2500×4＝10000
3	定义 LU		1 LU＝1 μm	1LU＝0.01°
4	计算负载轴每转的运行距离		6/0.001＝6000 LU	360°/0.01°＝36000 LU
5	计算电子齿轮比		$\dfrac{10000}{6000}$	因为电动机转 3 圈，圆盘转 1 圈 $\dfrac{10000\times3}{36000}$
6	设置参数	$\dfrac{p29012}{p29013}$	$\dfrac{10000}{6000}=\dfrac{5}{3}$	$\dfrac{10000\times3}{36000}=\dfrac{5}{6}$

（3）数字量输入强制信号参数 p29300

数字量输入强制信号参数 p29300 的功能是分配信号强制设高。当一位或多位设高时，相应输入信号强制设高。总共 7 位，各位代表的含义如下。

- 位 0：SON。
- 位 1：CWL。
- 位 2：CCWL。
- 位 3：TLIM1。
- 位 4：SPD1。
- 位 5：TSET。
- 位 6：EMGS。

例如：要伺服驱动器正常工作，SON（默认数字量输入端子 DI1）应与数字量公共端子 DI_COM 短接，如果 DI 端子不够用或者接线不方便，可以将参数 p29300 的第 0 位设置为 1（p29300 = 2#1）。

再如：要将 SON、正限位、负限位和急停都强制，则设置参数 p29300 = 2#0100111，那么 SON、正限位、负限位和急停都相当于已经与数字量输入公共端的电源短接，以减少接线的工作量。

【例 6-4】某工作台的滚珠丝杠的螺距是 6 mm，由 SINAMICS V90 伺服驱动，伺服电动机编码器的分辨率是 2500 ppr，控制器采用 FX3U 或 CPU1211C，控制器发出一个脉冲，工作台移动 1 μm，要求设计电气原理图、设置伺服驱动器的参数。

解：

（1）设计电气原理图，如图 6-30 所示。

（2）设置伺服驱动系统的参数（见表 6-16）。

表 6-16　参数

序　号	参　　数	参　数　值		说　　明
		CPU1211C	FX3U	
1	p29003	0	0	控制模式：外部脉冲位置控制 PTI
2	p29014	1	0	脉冲输入通道：24 V 单端脉冲输入通道
3	p29010	0	2	脉冲输入形式 0：脉冲+方向，正逻辑；2：脉冲+方向，负逻辑
4	p29011	0	0	电子齿轮比
	p29012	5	5	
	p29013	3	3	
5	p29300	16#46	16#46	将正限位、反限位和 EMGS 禁止

本例中用 CPU1211C 和 FX3U 作为控制器，SINAMICS V90 伺服驱动系统的参数设置仅有 p29010 不同，因为 FX3U 发出的是低电平信号，而 CPU1211C 发出的是高电平信号。电子齿轮比的设置参考表 6-15。

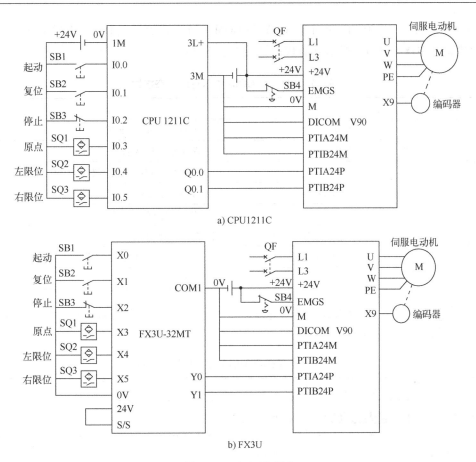

a) CPU1211C

b) FX3U

图 6-30　电气原理图

6.6　SINAMICS V90 伺服驱动系统的参数设置

视频
用 BOP 设置
V90 的参数

设置 SINAMICS V90 伺服系统参数的常用方法有三种，即用基本操作面板（BOP）设置、用 V-ASSISTANT 软件设置和用 TIA Portal 软件设置。下面介绍前两种方法。

6.6.1　用 BOP 设置 SINAMICS V90 伺服驱动系统的参数

BOP 的外观如图 6-31 所示。

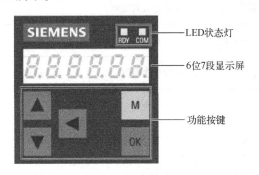

图 6-31　BOP 的外观

BOP 面板的右上角有两盏指示灯 RDY 和 COM，指示灯的颜色显示 SINAMICS V90 伺服系统的状态，RDY 和 COM 指示灯的状态描述见表 6-17。

表 6-17　RDY 和 COM 指示灯的状态描述

指　示　灯	颜　色	状　态	描　　述
RDY		关闭	控制板无 24 V 直流输入
	绿色	常亮	驱动处于 S ON 状态
	红色	常亮	驱动处于 S OFF 状态或起动状态
		以 1 Hz 频率闪烁	存在报警或故障
COM		关闭	未起动与 PC 的通信
	绿色	以 0.5 Hz 频率闪烁	起动与 PC 的通信
		以 2 Hz 频率闪烁	微型 SD 卡/SD 卡正在工作（读取或写入）
	红色	常亮	与 PC 通信发生错误

BOP 面板的中间是 7 段码显示屏，可以显示参数、实时数据、故障代码和报警信息等，主要数据显示条目见表 6-18。

表 6-18　7 段码显示屏主要数据显示条目

数据显示	示　例	描　　述
8.8.8.8.8.8	8.8.8.8.8.8	驱动正在起动
-----	- - - - - -	驱动繁忙
F××××	F 7985	故障代码
F.××××.	F. 7985.	第一个故障的故障代码
A×××××	A30016	报警代码
A.×××××.	A30016.	第一个报警的报警代码
R×××××	r 0031	参数号（只读）
P×××××	P 0840	参数号（可编辑）
S Off	S oFF	运行状态为伺服关闭
Para	PArA	可编辑参数组
Data	dAtA	只读参数组
Func	FUnC	功能组
Jog	Jo9	JOG 功能

（续）

数据显示	示　例	描　　述
r ×××	r　40	实际速度（正向）
r −×××	r　-40	实际速度（负向）
T ×.×	t　0.4	实际转矩（正向）
T −×.×	t　-0.4	实际转矩（负向）
××××××	134279	实际位置（正向）
××××××.	134279.	实际位置（负向）
Con	Con	伺服驱动和 SINAMICS V-ASSISTANT 之间的通信已建立

BOP 面板的下方是 5 个功能键，主要用于设置和查询参数、查询故障代码和报警信息等，功能键的作用见表 6-19。

表 6-19　功能键的作用

功　能　键	描　述	功　　能
M	M 键	1）退出当前菜单 2）在主菜单中进行操作模式的切换
OK	OK 键	短按： 1）确认选择或输入 2）进入子菜单 3）清除报警 长按：激活辅助功能 1）JOG 2）保存驱动中的参数集（RAM 至 ROM） 3）恢复参数集的出厂设置 4）传输数据（驱动至微型 SD 卡/SD 卡） 5）传输数据（微型 SD 卡/SD 卡至驱动） 6）更新固件
▲	向上键	1）翻至下一菜单项 2）增加参数值 3）顺时针方向 JOG
▼	向下键	1）翻至上一菜单项 2）减小参数值 3）逆时针方向 JOG
◀	移位键	将光标从位移动到位进行独立的位编辑，包括正向/负向标记的位 说明：编辑该位时，"_"表示正，"-"表示负
OK + M	长按组合键 4 s 重启驱动	
▲ + ◀	当右上角显示 ⌐ 时，向左移动当前显示页，如 00.000⌐	
▼ + ◀	当右下角显示 ⌐ 时，向右移动当前显示页，如 0010⌐	

下面以斜坡上升时间参数 p1121＝2.000 的设置过程为例介绍参数的设置，具体见表 6-20。

表 6-20 斜坡上升时间参数 p1121＝2.000 的设置过程

序 号	操 作 步 骤	BOP-2 显示
1	伺服驱动器上电	S oFF
2	按 M 按钮，显示可编辑的参数	PArA
3	按 OK 按钮，显示参数组，共六个参数组	P 0A
4	按 ▲ 按钮，显示所有参数	P ALL
5	按 OK 按钮，显示参数 p0847	P 0847
6	按 ▲ 按钮，直到显示参数 p1121	P 1121
7	按 OK 按钮，显示所有参数 p1121 数值 1.000	1.000
8	按 ▲ 按钮，直到显示参数 p1121 数值 2.000	2.000
9	按 OK 按钮，设置完成	

6.6.2 用 V-ASSISTANT 软件设置 SINAMICS V90 伺服驱动系统的参数

视频
用 V-ASSISTANT
软件设置
V90 的参数

V-ASSISTANT 工具可在装有 Windows 操作系统的个人计算机上运行，利用图形用户界面与用户互动，并能通过 mini-USB 电缆与 SINAMICS V90 通信（新版本的 V-ASSISTANT 软件也支持以太网通信），还可用于修改 SINAMICS V90 伺服驱动系统的参数并监控其状态，适用于调试和诊断 SINAMICS V90 PN 和 SINAMICS V90 PTI 版本伺服驱动系统。

（1）设置 SINAMICS V90 伺服系统的 IP 地址

下面介绍设置 SINAMICS V90 PN 版本伺服驱动器的 IP 地址的方法。

1）用 mini-USB 电缆将 PC 与伺服驱动器连接在一起。打开 PC 中的 V-ASSISTANT 软件，如图 6-32 所示，选中标记①处的"USB 连接"，单击"确定"按钮，弹出图 6-33 所示对话框，选择标记①处的"在线"，单击"确定"按钮，PC 开始与 SINAMICS V90 PN 版本伺服驱动器联机。

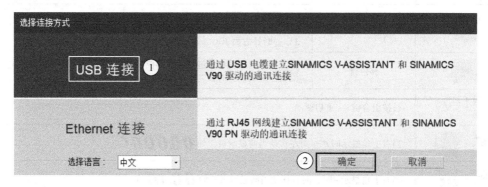

图 6-32 选择连接方式

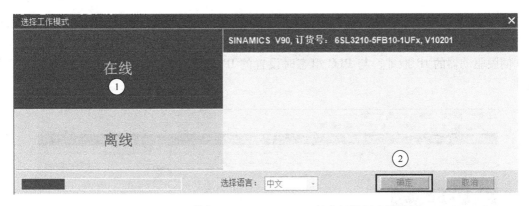

图 6-33　PC 开始与 SINAMICS V90 PN 版本伺服驱动器联机

2）在图 6-34 中，单击任务导航中的"选择驱动"，控制模式选择"速度控制（S）"。

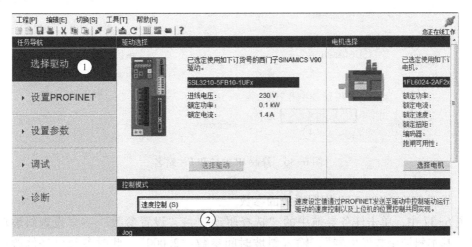

图 6-34　选择控制模式

3）在图 6-35 中，单击任务导航中的"选择驱动"→"设置 PROFINET"→"选择报文"，当前报文选择为"1：标准报文 1，PZD-2/2"。这个报文要与 PLC 组态时选择的报文对应。

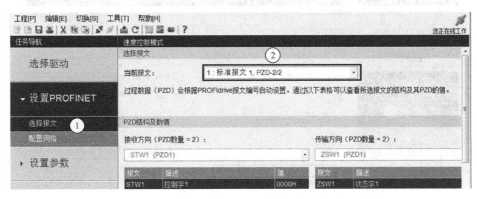

图 6-35　选择通信报文

4）在图 6-36 中，单击任务导航中的"选择驱动"→"设置 PROFINET"→"配置网络"，PN 站名输入"V90"，与 PLC 组态时选择的 PN 站名对应。IP 协议中输入 SINAMICS V90 伺服驱动器的 IP 地址，与 PLC 组态时设置的 IP 地址对应。最后单击"保存并激活"按钮。

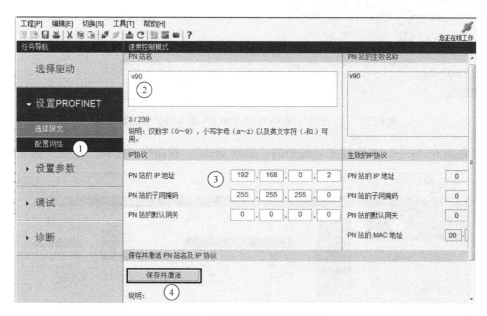

图 6-36　修改 IP 地址和 PN 站名

（2）设置 SINAMICS V90 伺服系统的参数

在图 6-37 中，单击任务导航中的"选择驱动"→"设置参数"→"设置斜坡功能"，在勾选"基本斜坡函数发生器"，输入斜坡时间参数"2.000"，此时参数已经修改保存到 SINAMICS V90 的 RAM 中，但此时断电后参数会丢失。最后单击"保存参数到 ROM"按钮，弹出如图 6-38 所示界面，执行完此操作，修改的参数即使断电也不会丢失。

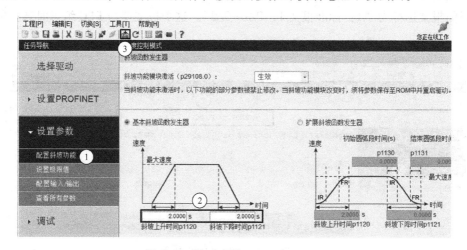

图 6-37　修改参数 P1120 和 P1121

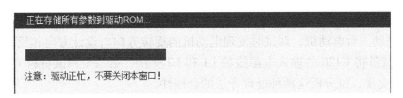

图 6-38　保存参数到 ROM

（3）SINAMICS V90 的调试

在图 6-39 中，单击任务导航中的"选择驱动"→"设置参数"→"调试"→"测试电动机"，单击"伺服关使能"按钮（单击后变为"伺服关使能"），转速输入"60"，单击"正转" 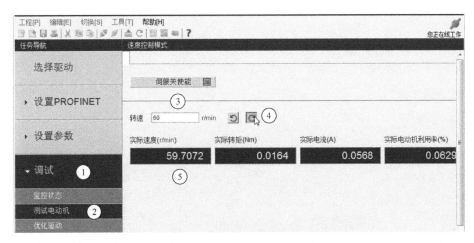，显示当前实际速度。

图 6-39　调试 SINAMICS V90

习题

一、简答题

1. 伺服驱动器上的 U、V、W 和电动机上的 U、V、W 不对应连接可以吗？

2. 试分析绝对位置指令与相对位置指令的区别。

3. 伺服系统的工作模式有哪些？

4. 伺服电动机不通电时用手可以拨动转轴（不带制动），通电后不加信号时，能用手拨动转轴吗？解释这个现象。

5. 西门子伺服驱动系统报 F7900，可能是哪些原因引起的故障？

6. SINAMICS V90 伺服系统（脉冲版本）的数字量 DI1 的定义固定为"伺服 ON"，这种说法是否正确？为什么？

7. SINAMICS V90 伺服系统（脉冲版本）的数字量 DI9 的定义固定为"急停"（EMGS），这种说法是否正确？SINAMICS V90 伺服系统（PN 版本）的数字量 DI4 的定义固定为"急停"（EMGS），这种说法是否正确？为什么？

二、分析题

1. G120 拖动一台电动机，调试时发现电动机的旋转方向与设计方向相反。有 2 个调试员，第一位调试员将 G120 的输入电源线的 L1 和 L2 交换，第二个调试员将 G120 的输出电源线 U2 和 V2 交换，试分析这两种处理方法的合理性。

2. 某设备上有一套 SINAMICS V90 伺服系统，调试时发现电动机的旋转方向与设计方向相反。有 2 个调试员，第一位调试员将伺服驱动器的输出电源线 U 和 V 交换，第二个调试员将伺服驱动系统的 p29001 进行修改，试分析这两种处理方法的合理性。

SINAMICS V90 伺服驱动系统的速度、位置和转矩控制及应用

通常伺服系统有三种基本控制模式，即速度控制模式、位置控制模式和转矩控制模式。其中速度控制模式相对简单，主要有数字量输入端子速度控制、模拟量输入端子速度控制和通信速度控制，类似于变频器速度控制。

PN 版本伺服系统只有速度控制模式和位置控制模式，不支持数字量输入端子的速度控制、模拟量输入端子速度控制。

本章用到的运动控制指令可参考第 4 章，报文的解读可参考第 3 章。

7.1 S7-1200/1500 PLC 与 SINAMICS V90 伺服驱动系统的速度控制

PLC 与 SINAMICS V90 伺服驱动系统的数字量输入端子或高速脉冲实现的速度控制仅适用于脉冲版本。

视频
S7-1200 通过
IO 地址控制
V90 实现速度
控制

PLC 与 SINAMICS V90 伺服驱动系统通信实现了速度控制，减少了硬接线控制信号线，这种方案越来越多被工程实践采用。

7.1.1 S7-1200/1500 PLC 通过 I/O 地址控制 SINAMICS V90 伺服驱动系统实现速度控制

S7-1200 PLC 通过 PROFINET 现场总线与 SINAMICS V90 伺服驱动系统通信实现速度控制有三种方法，分别是：

1）使用标准报文和工艺对象（TO）对 SINAMICS V90 伺服驱动系统实现速度控制，与 TO 位置控制类似，在此不做介绍。

2）S7-1200 PLC 通过 I/O 地址控制 SINAMICS V90 伺服驱动系统实现速度控制。

3）S7-1200 PLC 通过 FB285 函数块块控制 SINAMICS V90 伺服驱动系统实现速度控制。

首先介绍 S7-1200 PLC 通过 I/O 地址控制 SINAMICS V90 伺服驱动系统实现速度控制。

【例 7-1】用一台 HMI 和 CPU 1211C/CPU 1511-1 PN 对 SINAMICS V90 伺服驱动系统通过 PROFINET 进行无级调速和正、反转控制。要求设计解决方案，并编写控制程序。

解：

（1）软硬件配置

1）一套 TIA Portal V18。

2）一套 SINAMICS V90 PN 版本伺服驱动系统。

3）一台 CPU 1211C/CPU 1511-1 PN。

以 CPU 1211C 为控制器的原理图如图 7-1 所示，以 CPU 1511-1 PN 为控制器的原理图如图 7-2 所示，CPU 1211C 的 PN 接口（X1P1）与 SINAMICS V90 伺服驱动器 PN 接口（X150）之间用专用的以太网屏蔽电缆连接。网线为直通线，即正连接。CPU 1511-1 PN 的 PN 口是 P1 口或 P2 口均可。

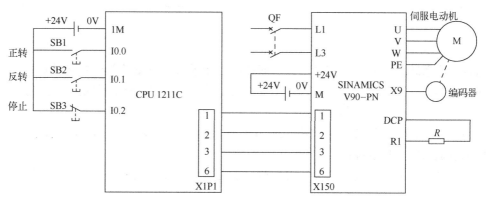

图 7-1　例 7-1 以 CPU 1211C 为控制器的原理图

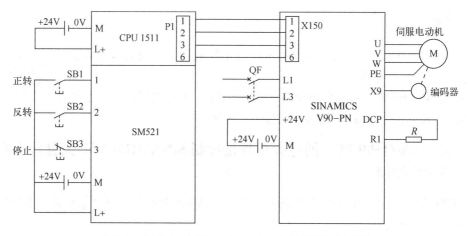

图 7-2　例 7-1 以 CPU 1511-1 PN 为控制器的原理图

（2）硬件组态

1）新建项目"PN_1211C"，如图 7-3 所示，在项目树中单击"设备"→"PN_1211C"→"设备和网络"→"设备视图"，在硬件目录中，单击"CPU"→"CPU 1211C AC/DC/Rly"→"6ES7 211-1BE40-0XB0"，并将其拖拽到"设备视图"界面中相应的位置。

2）配置 PROFINET 接口。在"设备视图"界面中选中"CPU1211C"图标，打开"属性"选项卡，单击"常规"→"PROFINET 接口［X1］"→"以太网地址"，单击"添加新子网"按钮，新建 PROFINET 网络，如图 7-4 所示。

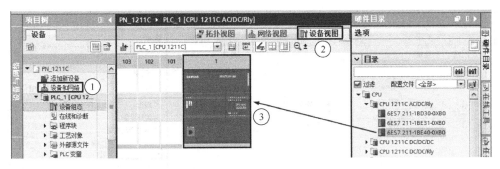

图 7-3　新建项目

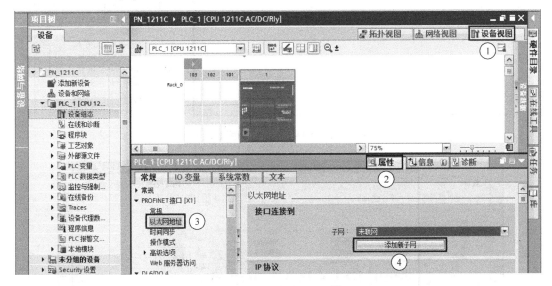

图 7-4　配置 PROFINET 接口

3）安装 GSD 文件。一般 TIA Portal 软件中没有安装 GSD 文件时，无法组态 SINAMICS V90 伺服驱动器，因此在组态伺服驱动器之前，需要安装 GSD 文件（若已安装了 GSD 文件，则忽略此步骤）。安装方法见 3.6.7 节。

4）配置 SINAMICS V90 伺服驱动器。展开右侧的硬件目录，选中"其他现场设备"→"PROFINET IO"→"Drives"→"SIEMENS AG"→"SINAMICS"→"SINAMICS V90 …"，拖拽"SINAMICS V90"到"网络视图"界面中相应的位置，如图 7-5 所示。图 7-6 中，单击"网络视图"界面中 PLC_1 CPU 1211C 模块的绿色标记（PLC 的 PROFINET 接口）处并按住鼠标左键不放，拖拽到 SINAMICS V90 模块的绿色标记（SINAMICS V90 的 PROFINET 接口）处，松开鼠标左键。

5）配置通信报文。选择并双击 SINAMICS V90 模块，切换到 SINAMICS V90 的设备视图，单击硬件目录中的"子模块"（Submodules）→"标准报文 1, PZD2/2"（Standard telegram 1 PZD2/2），并拖拽到如图 7-7 所示位置。

注意： PLC 侧选择标准报文 1，那么伺服驱动器侧也要选择标准报文 1。标准报文 1 的控制字为 QW78，主设定值为 QW80。这里"78…81"代表 QB78~QB81 共 4 个字节，也就是 QW78 和 QW80 共 2 个字。

图 7-5　配置 SINAMICS V90 伺服驱动器 (1)

图 7-6　配置 SINAMICS V90 伺服驱动器 (2)

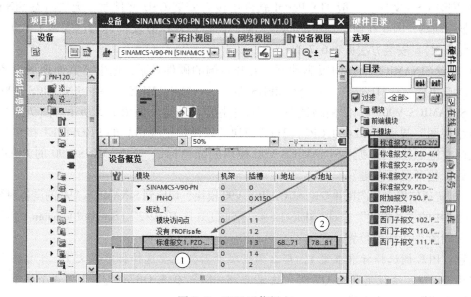

图 7-7　配置通信报文

（3）分配 SINAMICS V90 的名称和 IP 地址

在"设备视图"界面中选择 SINAMICS V90 模块，在"属性"选项卡中，单击"常规"→"PROFINET 接口"，查看 IP 地址和 PROFINET 设备名称，如图 7-8 所示。

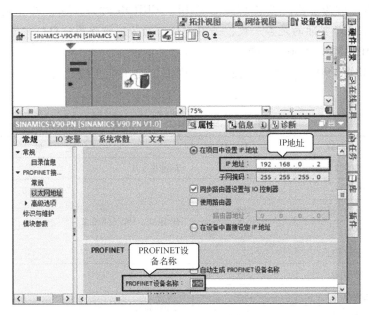

图 7-8　组态 SINAMICS V90 的名称和 IP 地址

如果使用 V-ASSISTANT 软件调试，分配 SINAMICS V90 的名称和 IP 地址可以在 V-AS-SISTANT 软件中进行，如图 7-9 所示，将 PN 站的 IP 地址和 PN 站名称修改成与 TIA Portal 软件中组态时（见图 7-8）一致，单击"保存并激活"按钮，确保 TIA Portal 软件中组态时的 SINAMICS V90 的 PROFINET 设备名称和 IP 地址与实际一致。当然还可以使用 TIA Portal 软件、PRONETA 软件分配 SINAMICS V90 的名称和 IP 地址。

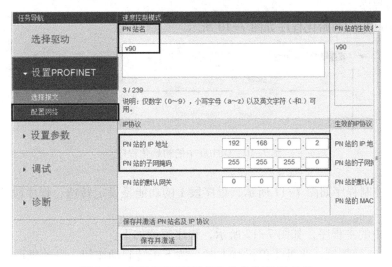

图 7-9　分配 SINAMICS V90 的名称和 IP 地址

分配伺服驱动器的名称和 IP 地址对于成功通信至关重要，初学者往往会忽略这一步，导致通信不成功。

再次强调： 读者在调试 PLC 与 G120/S120/V90 通信时，若变频器的 BF、LINK 或者 COM（总线故障）灯为红色，或者 PLC 上的 BF、ERROR 灯为红色，应首先检查变频器的组态名称和 IP 地址与实际的是否一致，若不一致，则必须修改为一致。

（4）设置 SINAMICS V90 的参数

设置 SINAMICS V90 的参数十分关键，否则通信是不能正确建立。SINAMICS V90 参数见表 7-1。

表 7-1　SINAMICS V90 参数

序　号	参　数	参 数 值	说　明
1	p0922	1	标准报文 1
2	p8921[0]	192	IP 地址：192.168.0.2
	p8921[1]	168	
	p8921[2]	0	
	p8921[3]	2	
3	p8923[0]	255	子网掩码：255.255.255.0
	p8923[1]	255	
	p8923[2]	255	
	p8923[3]	0	
4	p1120	1	斜坡上升时间 1 s
5	p1121	1	斜坡下降时间 1 s

注意： 本例中伺服驱动器设置为标准报文 1，与 S7-1200 PLC 组态时选用的报文一致（必须一致），否则可能不能建立通信。

（5）编写程序

编写 OB100 中的初始化程序如图 7-10 所示。

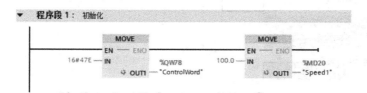

图 7-10　OB100 中的初始化程序

编写 FC1 控制程序如图 7-11 所示，程序段 1 的功能是设定转速，程序段 2 的功能是起停控制。

编写 OB1 中的主程序，如图 7-12 所示，程序解读如下：

程序段 1：正转控制，当处于停机状态时，按下正转起动按钮，电动机正转。

程序段 2：反转控制，当处于停机状态时，按下反转起动按钮，电动机反转。

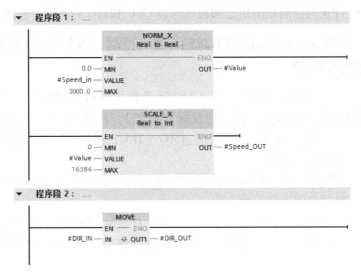

图 7-11　FC1 控制程序

程序段 3：停止控制，按下停止按钮，发出 16#47E 的停机命令，并且发出转速为 0 的设定值，电动机停机。

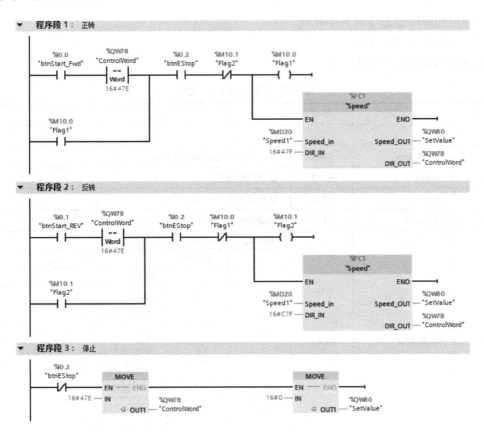

图 7-12　OB1 中的主程序

以 CPU 1511-1PN 为控制器的组态和程序与以 CPU 1211C 的类似，在此不再赘述。

7.1.2 S7-1200/1500 PLC 通过 FB285 函数块控制 SINAMICS V90 伺服驱动系统实现速度控制

视频

S7-1200 PLC
通过库 FB285
函数块控制
V90 实现速度
控制

S7-1200/1500 PLC 通过 FB285 函数块控制 SINAMICS V90 PN 版本伺服驱动系统实现调速，使用的是标准报文 1，在使用 FB285 函数块前，必须先安装库文件 DriveLib_S7_1200_1500（TIA Portal V16 后无此库文件）或者安装 StartDrive 软件。

使用库文件 DriveLib_S7_1200_1500 中的函数块可完成速度控制，而且使用比较简便。下面通过实例进行说明。

【例 7-2】用一台 HMI 和 CPU 1211C/CPU 1511-1PN 对 SINAMICS V90 伺服驱动系统通过 PROFINET 进行无级调速和正、反转控制。要求设计解决方案，并编写控制程序。

解：

（1）软硬件配置

1）一套 TIA Portal V18。

2）一套 SINAMICS V90 PN 版本伺服驱动系统。

3）一台 CPU 1211C/CPU 1511-1PN。

原理图和硬件组态与例 7-1 相同。

（2）函数块 FB285 说明

函数块 FB285 说明见表 7-2。

表 7-2 函数块 FB285 说明

序号	信 号	类型	含 义			
			输 入			
1	EnableAxis	BOOL	=1，驱动使能，即起停控制			
2	AckError	BOOL	驱动故障应答			
3	SpeedSp	REAL	转速设定值（r/min）			
4	RefSpeed	REAL	驱动的参考转速（r/min），对应于驱动器中的 p2000 参数			
5	ConfigAxis	WORD	默认赋值为 16#003F，详细说明如下：			
			位	默认值	含 义	
			位 0	1	OFF2	
			位 1	1	OFF3	
			位 2	1	驱动器使能	
			位 3	1	使能/禁止斜坡函数发生器使能	
			位 4	1	继续/冻结斜坡函数发生器使能	
			位 5	1	转速设定值使能	
			位 6	0	打开抱闸	
			位 7	0	速度设定值反向	
			位 8	0	电动电位计升速	
			位 9	0	电动电位计降速	

（续）

序号	信 号	类型	含 义
输 入			
6	HWIDSTW	HW_IO	V90 设备视图中报文 1 的硬件标识符
7	HWIDZSW	HW_IO	V90 设备视图中报文 1 的硬件标识符
输 出			
1	AxisEnabled	BOOL	驱动已使能
2	LockOut	BOOL	驱动处于禁止接通状态
3	ActVelocity	REAL	实际速度（r/min）
4	Error	BOOL	1=存在错误
5	Status	INT	16#7002：没错误，功能块正在执行 16#8401：驱动错误 16#8402：驱动禁止起动 16#8600：DPRD_DAT 错误 16#8601：DPWR_DAT 错误
6	DiagID	WORD	通信错误，在执行 SFB 调用时发生错误

对表格 7-2 部分参数再做解读如下：

1）表格中 HWIDSTW/HWIDZSW 参数实际就是 V90 设备视图中标准报文 1 的硬件标识符，有 2 种方法可以查找到参数值。方法 1 比较常用，如图 7-13 所示，单击函数块 FB285 中 HWIDSTW/HWIDZSW 参数左侧的标记"1"处，弹出一个表格，选中标记"2"处的选项即可。方法 2 如图 7-14 所示，选中"设备视图"→标记"2"处的 V90→属性→系统常数→标记"5"的选项，由于此常数数值为 281，也可以直接输入 281。

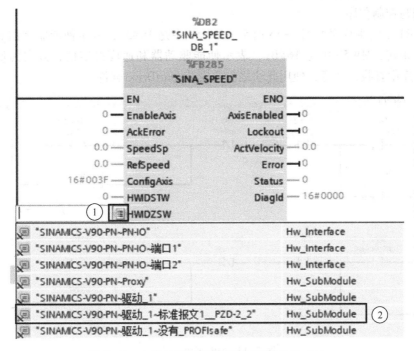

图 7-13 查找 HWIDSTW/HWIDZSW 参数（1）

图 7-14　查找 HWIDSTW/HWIDZSW 参数（2）

2）EnableAxis 实际就是驱动器的起停控制信号。

3）RefSpeed 是参考转速，对于 V90 常用 3000 r/min，对于 G120 常用 1500 r/min。

4）ConfigAxis 实际是标准报文 1 的控制字中的部分设置值，常使用 16#3F。

5）SpeedSp 是转速设定值，如 1200 代表 1200 r/min 设定转速值。

（3）设置伺服驱动器的参数

伺服驱动器的参数设置见表 7-1。

（4）编写控制程序

编写 OB1 中的主程序如图 7-15 所示。MW50 中是 16#3F，表示使能驱动器和速度设定值，方向为正转；MW50 中是 16#BF，表示使能驱动器和速度设定值，方向为反转。参数 FB285 是从库中查找，注意，使用此块之前要安装 StartDrive 软件。

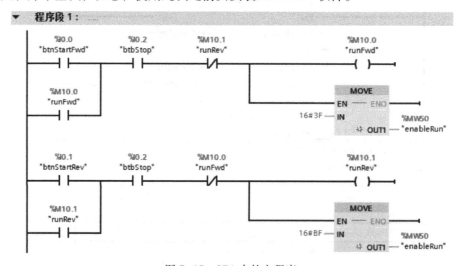

图 7-15　OB1 中的主程序

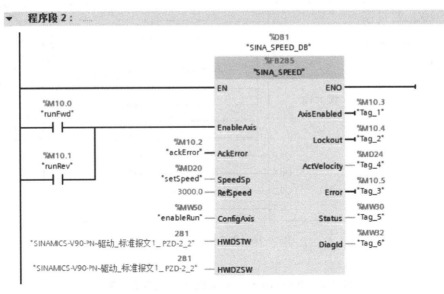

图 7-15　OB1 中的主程序（续）

7.1.3　S7-1200/1500 PLC 通过高速脉冲控制 SINAMICS V90 伺服驱动系统实现速度控制

S7-1200/1500 PLC 通过高速脉冲控制 SINAMICS V90 伺服驱动系统实现速度控制，仅适用于脉冲版本的 SINAMICS V90 伺服驱动系统，其控制方案与控制步进驱动系统类似。

视频
S7-1200 对 V90 伺服系统的外部脉冲速度控制

【例 7-3】某设备上有一套 SINAMICS V90 伺服驱动系统，控制器为 S7-1200/1500 PLC，丝杠螺距为 10 mm，控制要求为：按下按钮 SB1 以 100 mm/s 速度正向移动，按下按钮 SB2 以 100 mm/s 速度反向移动，按下停止按钮 SB3 停止运行。要求设计原理图和控制程序。

解：

（1）主要软硬件配置

1）一套 TIA Portal V18。

2）一套 SINAMICS V90 PN 版本伺服驱动系统。

3）一台 CPU 1211C 或者 CPU 1511-1PN 和 PTO4。

原理图如图 7-16 所示。

图 7-16 中 SINAMICS V90 伺服驱动系统各端子的定义如下：EMGS 为急停端子，DICOM 为数字量输入公共端子（与 0 V 短接），PTIA24P、PTIB24P 为高速脉冲正端子，PTIA24M、PTIB24M 为高速脉冲负端子，SON 为伺服开启，RESET 为故障复位端子。

（2）设置伺服驱动系统的参数

SINAMICS V90 伺服驱动系统参数设置见表 7-3。

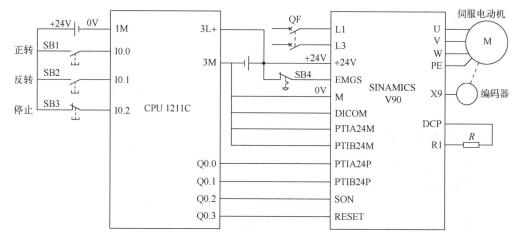

图 7-16 例 7-3 原理图

表 7-3 SINAMICS V90 伺服驱动系统参数设置

序号	参数	参数值	说明
1	p29003	2	控制模式为速度模式
2	p29014	1	脉冲输入通道为 24 V 单端脉冲输入通道
3	p29010	0	脉冲输入形式为脉冲+方向，正逻辑
4	p29011	0	电子齿轮比
	p29012	1	
	p29013	1	
5	p29300	16#46	将正限位、反限位和 EMGS 禁止
	p29301	1	DI1 为伺服使能
	p29302	2	DI2 为复位故障

表 7-3 中的参数可以用 BOP 面板设置，但用 V-ASSISTANT 软件设置更加简便和直观，特别适用于对参数了解不够深入的初学者。

硬件组态、工艺组态和编写程序与第 4 章 4.2.2 节中的完全相同，在此不再赘述。

7.2 速度限制

1. 全局速度限制

全局速度限制可通过参数设置实现，确保伺服电动机的转速不超过这个速度。

1）p1083：全局正向速度限制，设置范围为 0～21000 r/mim，默认值为 21000。

2）p1086：全局负向速度限制，设置范围为 -21000～0 r/mim，默认值为 -21000。

2. 内部速度限制

内部速度限制的大小在固定参数中设置，如 p29070[0] 表示正向内部速度限制 1。内部速度限制的选择通过数字量输入信号 SLIM 确定，相关参数见表 7-4。

表 7-4　内部速度限制相关参数

参　　数	范　　围	描　　述	数字量输入
			SLIM
p29070[0]	0~21000	正向内部速度限制 1	0
p29070[1]	0~21000	正向内部速度限制 2	1
p29071[0]	−21000~0	负向内部速度限制 1	0
p29071[1]	−21000~0	负向内部速度限制 2	1

例如，如图 7-17 所示，当 DI1 对应的参数 p29301 设为 20 时，1 号端子的功能为内部速度限制，SA1 按钮闭合（即 SLIM = 1），此时为内部速度限制 2，其速度限制由参数 p20070[1] 给定。假设 p20070[1] = 2500 r/min，则这个速度就是伺服电动机的正向内部速度限制值。

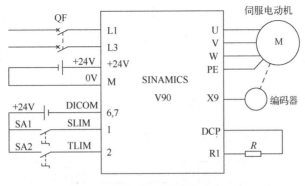

图 7-17　原理图

7.3　S7-1200/1500 PLC 与 SINAMICS V90 伺服驱动系统的位置控制

与使用高速脉冲进行定位控制相比，利用通信对伺服系统进行定位（位置）控制，所需的控制硬接线明显要少，一台 PLC 可以控制的伺服系统的台套数也要多，安装、调试和维修都方便，是目前主流的定位控制方式。

7.3.1　S7-1200/1500 PLC 通过 TO 的方式控制 SINAMICS V90 PN 伺服驱动系统实现定位

伺服系统定位的"三环"控制，即位置环、速度环和电流环都在伺服驱动系统中。本节介绍 S7-1200 PLC 通过 TO（工艺对象）的方式控制 SINAMICS V90 PN 伺服驱动系统实现定位，采用的通信协议是标准报文 3，而标准报文 3 是速度通信协议，只用到伺服系统的速度环和电流环，而位置环则在 S7-1200/1500 PLC 中。这一点初学者往往不容易理解。

视频
S7-1200/1500
与 V90 伺服系
统的 PROFINET
通信

通过 TO 的方式控制 SINAMICS V90 PN 伺服驱动系统实现定位，不需要掌握复杂的通信报文，只要把工艺相关的参数（如滚珠丝杠的螺距、转速等）在工艺组态时设置完成即可，设置完成后，这些工艺参数保存在一个数据块中。下面举例说明这种通信的实现方法。

【例7-4】已知控制器为 S7-1200/1500 PLC，伺服驱动器为 SINAMICS V90 PN，编码器的分辨率为 2500 p/s，工作台螺距为 10 mm。要求采用 PROFINET 通信实现定位，当按下按钮后行走 100 mm，具备回零（参考点）功能，设计方案并编写程序。

解：

（1）设计原理图

以 CPU 1211C 为控制器的原理图如图 7-18 所示，以 CPU 1511-1 PN 为控制器的原理图如图 7-19 所示，CPU 1211C 的 PN 接口（X1P1）与 SINAMICS V90 伺服驱动器 PN 接口（X150）之间用专用的以太网屏蔽电缆连接。

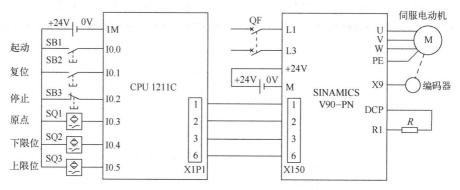

图 7-18　例 7-4 以 CPU 1211C 为控制器的原理图

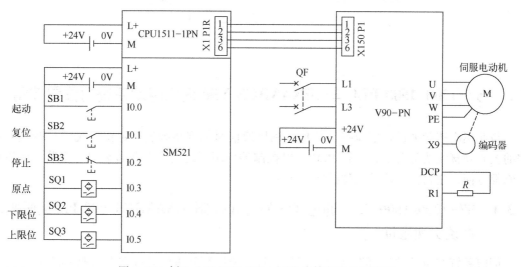

图 7-19　例 7-4 以 CPU 1511-1 PN 为控制器的原理图

（2）硬件组态

1）新建项目，添加 CPU。打开 TIA Portal 软件，新建项目"MotionControl"，单击项目树中的"MotionControl"→"添加新设备"选项，添加"CPU 1211C"，如图 7-20 所示。

2）如图 7-21 所示，在"设备视图"界面中，打开"属性"选项卡，单击→"常规"→"脉冲发生器（PTO/PWM）"→"系统和时钟存储器"，勾选"启用系统存储器字节"和"启用时钟存储器字节"。

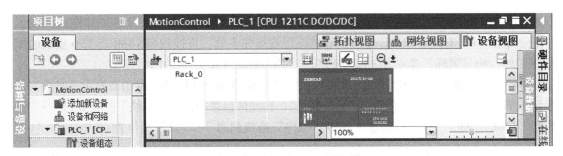

图 7-20　新建项目并添加 CPU

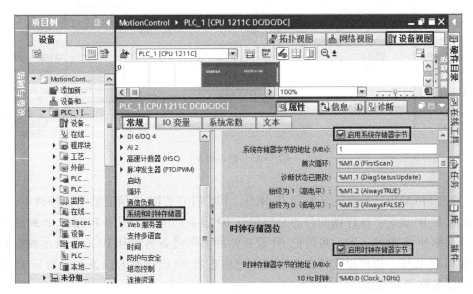

图 7-21　启用系统存储器字节和启用时钟存储器字节

3）网络组态。在图 7-22 中，单击项目树中的 "MotionControl" → "设备和网络" 打开 "网络视图" 界面，在硬件目录中，将 "其他现场设备"（Other field devices） → "Drives"

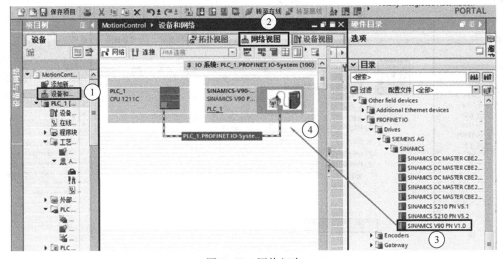

图 7-22　网络组态

（驱动）→ "SIEMENS AG" → "SINAMICS" → "SINAMICS V90 PN V1.0" 并拖拽到图示位置，单击 PLC_1 CPU 1211C 模块的绿色标记处按住不放，拖拽到 SINAMICS V90 模块的绿色标记处，松开鼠标，建立 S7-1200 PLC 与 SINAMICS V90 之间的网络连接。

4）在图 7-22 中双击 SINAMICS V90 模块，打开 SINAMICS V90 的硬件组态界面，如图 7-23 所示。单击"设备视图"界面中的"设备概览"，在硬件目录中，将"模块"（Module）→"子模块"（Submodules）→"标准报文 3 PZD-5/9"拖拽到图 7-23 所示的位置。

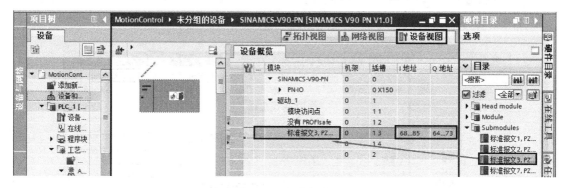

图 7-23　组态报文

5）修改 SINAMICS V90 的名称和 IP 地址。PROFINET IO 通信通常需要修改 IO 设备站的设备名称和 IP 地址，这样做的目的是要保证 IO 设备站的实际设备名称和 IP 地址与组态时的设备名称和 IP 地址一致，可以把 IO 设备站的实际设备名称和 IP 地址修改成组态时的设备名称和 IP 地址。也可以直接在组态时，把组态的 IO 设备站的设备名称和 IP 地址修改成实际设备名称和 IP 地址。

如图 7-24 所示，在"设备视图"界面中选择 SINAMICS V90 模块，单击鼠标右键，弹出快捷菜单，单击"分配设备名称"，弹出如图 7-25 所示界面。先单击"更新列表"按钮，再单击"分配名称"按钮，这样把 IO 设备站的实际设备名称修改成与组态时的设备名称一致。

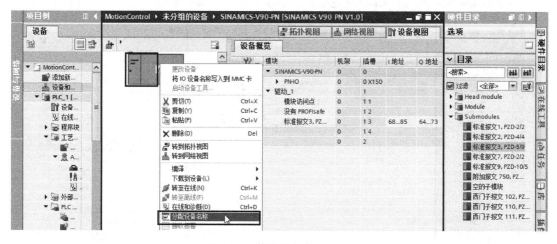

图 7-24　修改设备名称（1）

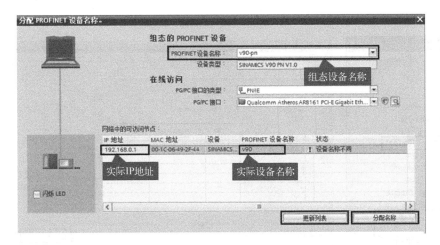

图 7-25　修改设备名称（2）

如图 7-26 所示，在项目树中单击"在线访问"，双击计算机有线网卡下的"更新可访问的设备"，选择"在线和诊断"→"功能"→"分配 IP 地址"，在 IP 地址中输入所需的 IP 地址，子网掩码中输入"255.255.255.0"，最后单击"分配 IP 地址"按钮即可。

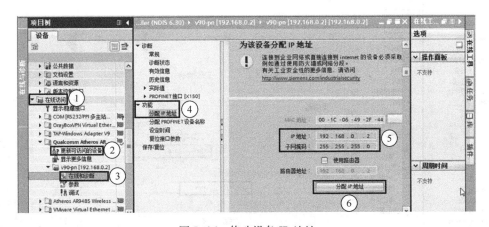

图 7-26　修改设备 IP 地址

（3）工艺对象轴配置

1）插入新对象。在 TIA Portal 软件的项目树中，单击"MotionControl"→"PLC_1 [CPU 1211…]"→"工艺对象"→"插入新对象"，双击"插入新对象"，如图 7-27 所示，弹出如图 7-28 所示界面，选择"运动控制"→"TO_PositioningAxis"，单击"确定"按钮，弹出如图 7-29 所示界面。

2）配置常规参数。在"功能图"选项卡中，单击"基本参数"→"常规"，驱动器项目中有三个选项：PTO（Pulse Train Output，表示运动控制由脉冲控制）、模拟驱动装置接口（表示运动控制由模拟量控制）和 PROFIdrive（表示运动控制由通信控制），本例选择"PROFIdrive"，测量单位可根据实际情况选择，本例选用默认设置"mm"，如图 7-29 所示。

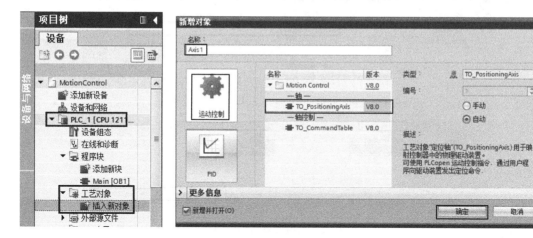

图 7-27 插入新对象　　　　　　　　　图 7-28　定义工艺对象数据块

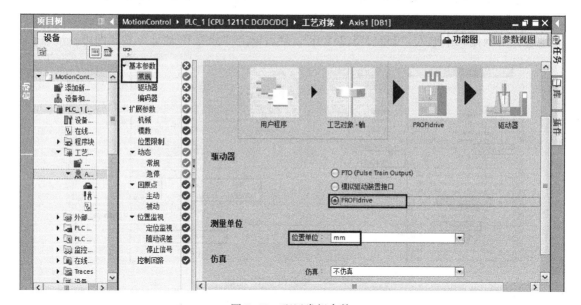

图 7-29　配置常规参数

3）组态驱动器参数。在"功能图"选项卡中，单击"基本参数"→"驱动器"，选择驱动器为"SINAMICS-V90-PN"，如图 7-30 所示。

4）组态编码器参数。如图 7-31 所示，在"功能图"选项卡中，单击"基本参数"→"编码器"，编码器连接选择"PROFINET/PROFIBUS 上的编码器"，再选择编码器 1 的设备类型为"标准报文 3…"。

5）组态机械参数。在"功能图"选项卡中，单击"扩展参数"→"机械"，位置参数电动机每转的负载位移取决于机械结构，如伺服电动机与丝杠直接相连接，则此参数就是丝杠的螺距，本例为"10.0"，如图 7-32 所示。

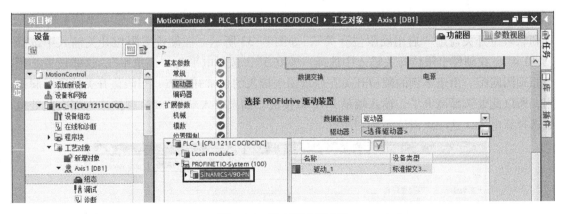

图 7-30　组态驱动器参数

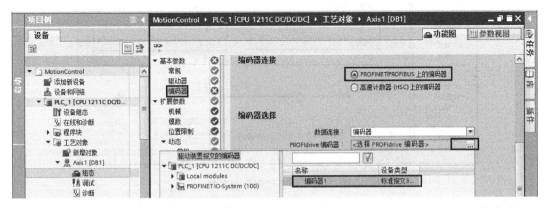

图 7-31　组态编码器参数

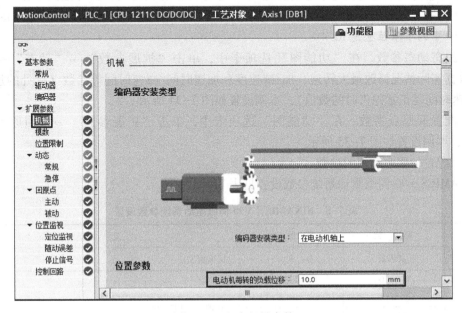

图 7-32　组态机械参数

6）组态位置限制参数。在"功能图"选项卡中，单击"扩展参数"→"位置限制"，硬和软限位开关勾选"启用硬限位开关"，如图 7-33 所示。在硬件下限位开关输入中选择"%I0.4"，在硬件上限位开关输入中选择"%I0.5"，选择电平为"高电平"，这些设置必须与原理图匹配。由于本例的限位开关在原理图中接入的是常开触点，当限位开关接通时起作用，所以此处选择高电平，输入端是 PNP 型接法，如果输入端是 NPN 型接法，那么此处也应选择高电平，这一点需读者特别注意。

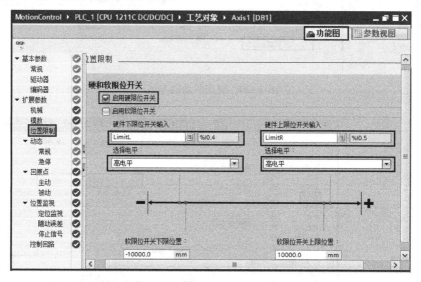

图 7-33　组态位置限制参数

关键点：这里的限位开关是常开触点，所以选择高电平，如果是常闭触点则选择低电平。此处选择高电平还是低电平与接法是 NPN 还是 PNP 接法无关，只与触点常开和常闭有关。此外，输入点的选择必须与原理图对应。例如图 7-33 的下限位是 I0.4，原理图 7-18 和图 7-19 中的下限位也是 I0.4。

7）组态动态参数。在"功能图"选项卡中，单击"扩展参数"→"动态"→"常规"，根据实际情况修改最大转速、加/减速度和加速时间/减速时间等参数（此处的加速时间和减速时间是正常停机时的数值），本例设置如图 7-34 所示。

8）配置回原点参数。在"功能图"选项卡中，单击"扩展参数"→"回原点"→"主动"，本例设置如图 7-35 所示。

（4）配置伺服驱动器的参数

SINAMICS V90 伺服驱动系统参数设置见表 7-5。

表 7-5　**SINAMICS V90 伺服驱动系统参数设置**

序号	参　　数	参　数　值	说　　明
1	p0922	3	标准报文 3
2	p8921[0]	192	IP 地址：192.168.0.2
	p8921[1]	168	
	p8921[2]	0	
	p8921[3]	2	

（续）

序号	参　　数	参　数　值	说　　　　明
3	p8923[0]	255	子网掩码：255.255.255.0
	p8923[1]	255	
	p8923[2]	255	
	p8923[3]	0	

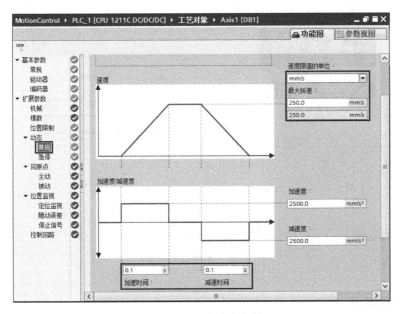

图 7-34　组态动态参数

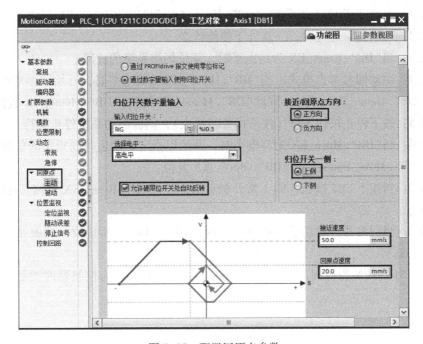

图 7-35　配置回原点参数

设置 PN 网络名、IP 地址有多种方法，如果采用前面图 7-24～图 7-26 所示的方法，图 7-36 的步骤可以省略。

配置 V90 网络参数如图 7-36 所示。在任务导航中，单击"设置 PROFINET"→"配置网络"，设置 PN 站名、IP 地址和子网掩码等参数，最后单击"保存并激活"按钮。

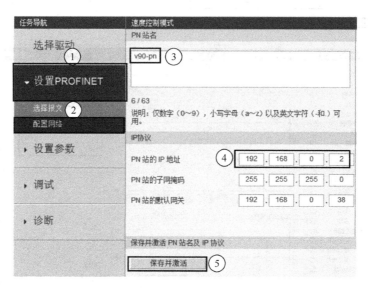

图 7-36　配置网络参数

（5）编写程序

编写程序如图 7-37 所示。程序解读如下：

程序段 1：上电或者 I0.1 闭合时，"DB".Home_OK 和"DB".Move_EX 复位。

程序段 2：PLC 正常运行时，一直处于使能状态。

程序段 3：当"DB".Reset_EX 为高电平时，复位伺服系统的故障。

程序段 4：主动回参考点模式。当"DB".Home_EX 为高电平时，开始回参考点，回参考点成功时，"DB".Home_Done 为 1，因此"DB".Home_EX 复位，"DB".Home_OK 置位。

程序段 5：按下停止按钮 SB3（注意接常闭触点），伺服驱动系统停止运行。

程序段 6：当"DB".Move_EX 为高电平时，开始以指定速度运行到指定的位置，到达指定位置时，"DB".Move_Done 为 1，"DB".Move _EX 复位。

程序段 7：当按下 SB2 按钮，I0.1 常开触点闭合时，"DB".Reset_EX 置位。延时 0.5 s 后开始回参考点。

程序段 8：当回参考点成功后，I0.0 闭合时，"DB".Move_EX 置位，伺服系统按照指定的速度和位移运行。

以 CPU 1511-1PN 为控制器的组态和程序与以 CPU 1211C 为控制器时类似，在此不再赘述。

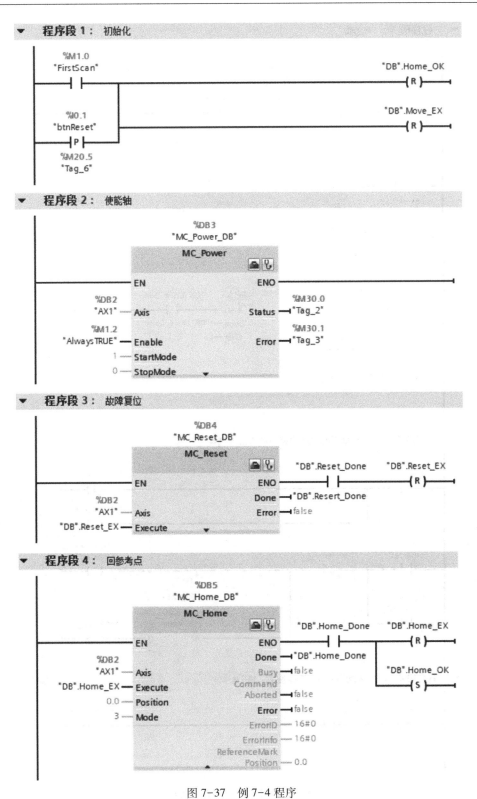

图 7-37 例 7-4 程序

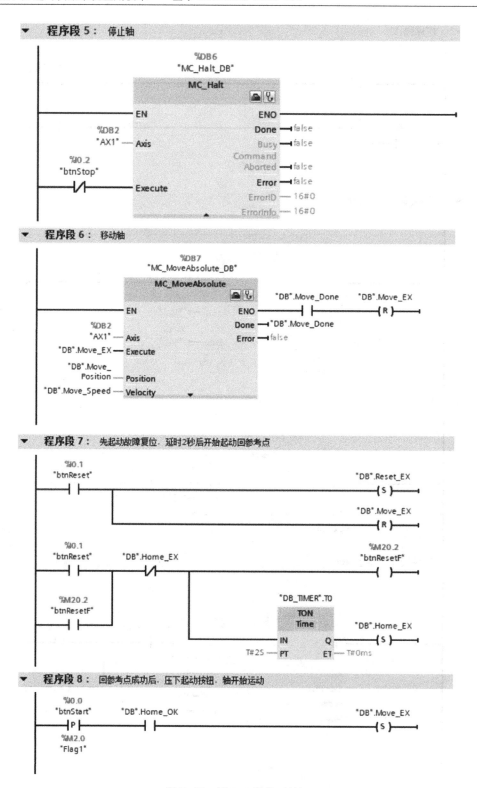

图 7-37 例 7-4 程序（续）

7.3.2 S7-1200/1500 PLC 控制伺服系统的往复运动

【例 7-5】已知控制器为 S7-1200/1500 PLC，伺服系统的驱动器为 SINAMICS V90 PN 版本，编码器的分辨率为 2500 ppr，工作台螺距为 10 mm。要求采用 PROFINET 通信实现定位，当按下按钮后行走 50 mm，停 2 s，再行走 50 mm，停 2 s，返回初始位置，具备回零功能，设计此方案并编写程序。

解：

（1）软硬件配置

1）一套 TIA Portal V18 和 V-ASSISTANT。

2）一台 SINAMICS V90 PN 版本伺服驱动器。

3）一台 CPU 1211C/CPU 1511-1PN。

4）一台伺服电动机。

5）一根屏蔽双绞线。

原理图见图 7-18、图 7-19，CPU 1511 的 PN 接口与 SINAMICS V90 的 PN 接口之间用专用的以太网屏蔽电缆连接。

（2）硬件组态

硬件组态参考例 7-4。

（3）设置伺服参数

SINAMICS V90 伺服驱动系统参数设置见表 7-5。

（4）编写程序

首先创建数据块 DB2，如图 7-38 所示。

		名称	数据类型	起始值
1		▼ Static		
2		MovEx	Bool	false
3		MovDone	Bool	false
4		MovOK	Bool	false
5		ResetEx	Bool	false
6		ResetDone	Bool	false
7		ResetOK	Bool	false
8		HomeEx	Bool	false
9		HomeDone	Bool	false
10		HomeOK	Bool	false
11		MoveSpeed	LReal	20.0
12		MovePosition	LReal	50.0

图 7-38　数据块 DB2

OB100 中的程序如图 7-39 所示，此程序主要用于初始化。主程序如图 7-40 所示。

MotionControl（FB1）中的程序如图 7-41 所示。部分程序解读如下：

程序段 7：当回原点成功后，按下起动按钮，使步号 MB100=1。

程序段 8：

1）赋值速度和位置值，起动伺服运行，使步号 MB100=2。

2）到达 50 mm 时，伺服系统停下，延时 2 s 后，使步号 MB100=3。

3）赋值新位置值 100，起动伺服运行，使步号 MB100=4。

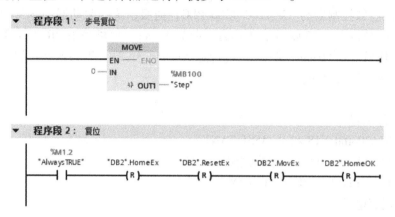

图 7-39　OB100 中的程序

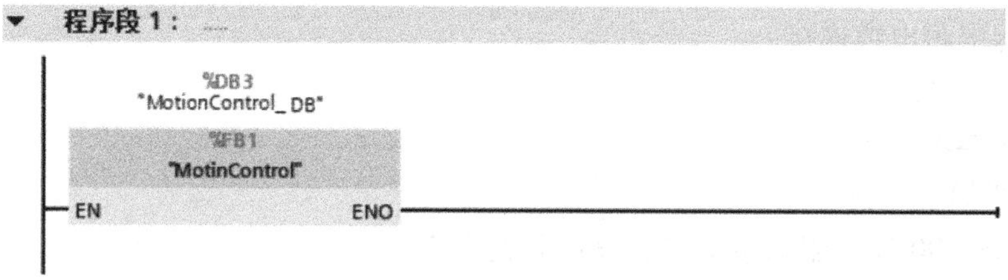

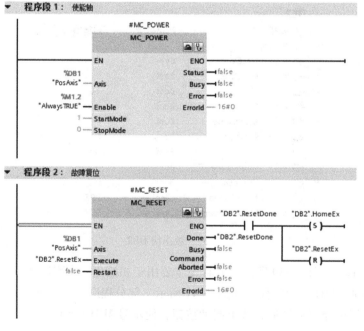

图 7-40　主程序

图 7-41　MotionControl（FB1）中的程序

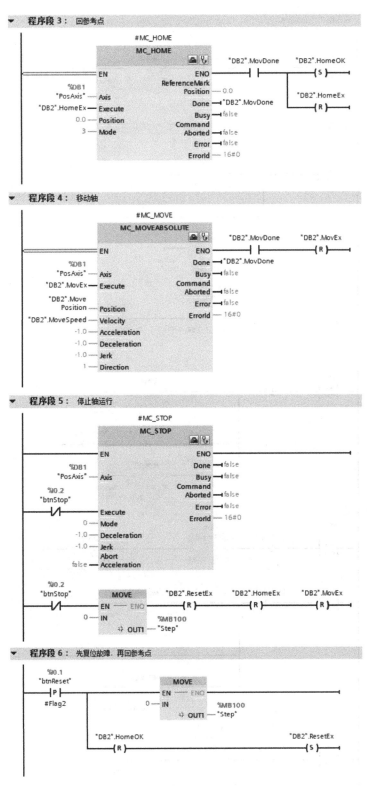

图 7-41　MotionControl（FB1）中的程序（续）

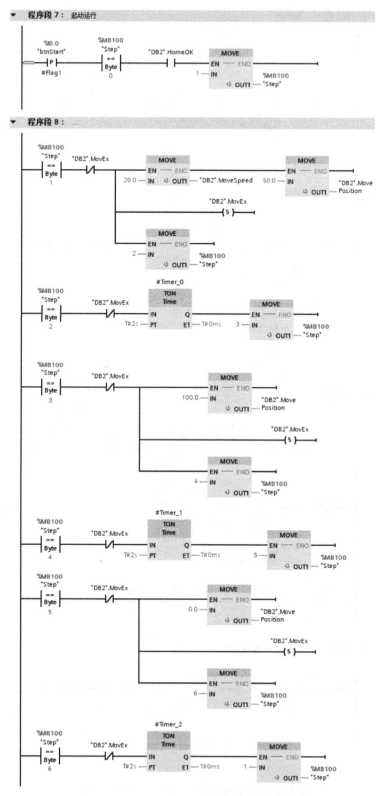

图 7-41 MotionControl（FB1）中的程序（续）

4）到达 100 mm 时，伺服系统停下，延时 2 s 后，使步号 MB100＝4。

5）赋值新位置值 0，起动伺服运行，使步号 MB100＝5。

6）到达 0 mm 时，伺服系统停下，延时 2 s 后，使步号 MB100＝1。下一个循环开始。

以 CPU 1211C 为控制器的组态和程序与以 CPU 1511-1PN 为控制器时类似，在此不再赘述。

7.3.3　S7-1200/1500 PLC 通过高速脉冲控制 SINAMICS V90 伺服驱动系统实现定位

S7-1200/1500 PLC 通过高速脉冲控制 SINAMICS V90 伺服驱动系统实现位置控制，仅适用于脉冲版本的 SINAMICS V90，这种控制方式称为 PTI。其控制方案与控制步进驱动系统类似。下面举例进行介绍。

视频

S7-1200 对 SINAMICS V90 伺服系统的外部脉冲位置控制

【例 7-6】已知伺服驱动系统编码器的分辨率为 2500 ppr，工作台螺距为 10 mm。控制要求如下：

1）按下复位按钮 SB2，伺服驱动系统回原点。

2）按下起动按钮 SB1，伺服电动机带动滑块向前运行 50 mm，停 2 s，然后返回原点完成一个循环过程。

3）按下急停按钮 SB3，系统立即停止。

要求设计原理图，并编写程序。

解：

（1）主要软硬件配置

1）一套 TIA Portal V18。

2）一套 SINAMICS V90 PN 版本伺服驱动系统。

3）一台 CPU 1211C 或 CPU 1511-1PN 和 PTO4。

原理图如图 7-42 所示。图中 SINAMICS V90 伺服系统各端子的定义如下：EMGS 为急停端子，DICOM 为数字量输入公共端子（与 0 V 短接），PTIA24P、PTIB24P 为高速脉冲正端子，PTIA24M、PTIB24M 为高速脉冲负端子，SON 为伺服已准备好端子，RESET 为故障复位端子。

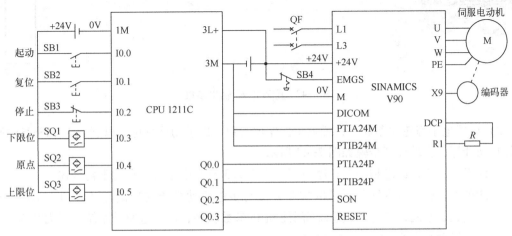

图 7-42　例 7-6 以 CPU 1211C 为控制器的原理图

（2）设置伺服参数

SINAMICS V90 伺服驱动系统参数设置见表 7-6。

表 7-6　SINAMICS V90 伺服驱动系统参数设置

序号	参　数	参　数　值	说　明
1	p29003	0	控制模式为外部脉冲位置控制 PTI
2	p29014	1	脉冲输入通道为 24 V 单端脉冲输入通道
3	p29010	0	脉冲输入形式为脉冲+方向，正逻辑
4	p29011	0	电子齿轮比
	p29012	1	
	p29013	1	
5	p2544	40	定位完成窗口 40LU
	p2546	1000	动态跟随误差监控公差 1000LU
6	p29300	16#46	将正限位、反限位和 EMGS 禁止
	p29301	1	DI1 为伺服使能
	p29302	2	DI2 为复位故障

因为编码器分辨率为 2500 ppr，采用 4 倍频，所以实际分辨率为 10000 ppr。使用的脉冲当量为 1 μm，丝杠为 10 mm，所以转一圈需要 10000 个脉冲，因此电子齿轮比为 1:1。

1）对于脉冲版本的 SINAMICS V90 伺服系统，使用 BOP 面板配置输入/输出参数比较烦琐，而使用 V-ASSISTANT 软件设置比较简便和直观，配置方法如图 7-43 所示。

图 7-43　配置输入/输出参数

2）设置电子齿轮比参数。设置电子齿轮比参数可以手动计算也可以利用 V-ASSISTANT 软件自动计算，自动计算步骤如图 7-44 所示。

硬件组态、工艺组态和编写程序与第 4 章 4.2.3 节完全相同，在此不再赘述。

由此可见，脉冲版本伺服系统的控制方法与步进驱动系统的控制方法类似。不同有两点，一是接线的不同，二是伺服系统需要设定的参数较多，而步进驱动系统一般无须设置参数，仅需要拨动几个拨码。

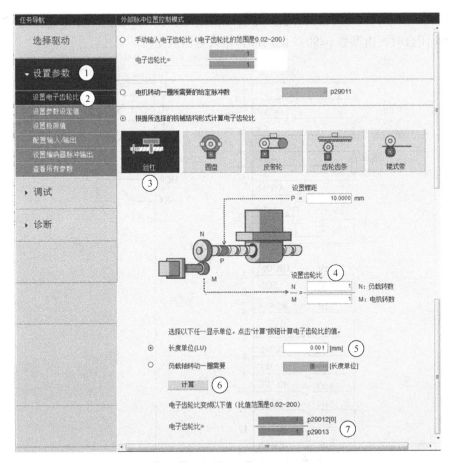

图 7-44   配置电子齿轮比参数

7.4   SINAMICS V90 伺服驱动系统的转矩控制

SINAMICS V90 伺服驱动系统脉冲版本有模拟量设定的转矩控制功能，而 PN 版本伺服系统无模拟量端子，因此没有类似的功能，但可以进行转矩限制。

7.4.1   SINAMICS V90 伺服驱动系统的转矩控制方式

转矩设定值有两个源，即外部设定值和模拟量输入 2。内部设定值由参数 p29043 设定，模拟量 2 的模拟量大小决定转矩的大小，模拟量的正、负与启停使能信号（CCWE 和 CWE）共同决定转矩的方向。

视频
V90 伺服
系统的转矩
控制方式

1. 转矩设定源的选择

转矩设定源由数字量输入端子 TEST 选择，见表 7-7。

表 7-7   转矩设定源的选择

信　号	电　平	转矩设定源
TSET	0（默认值）	模拟量转矩设定值（模拟量输入 2）
	1	内部转矩设定值（p29043）

如图 7-45 所示，SB4 按钮的开合决定转矩设定源，当 SB4 断开时，由模拟量 2 设定转矩。当 SB4 闭合时，由参数 p29043 的内部转矩设定值决定。

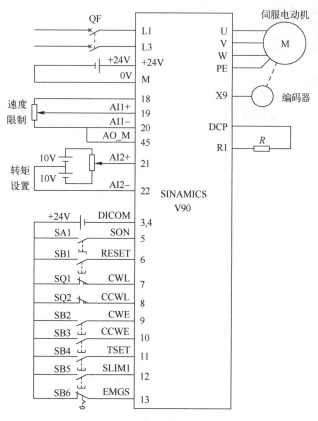

图 7-45 转矩控制模式的原理图

2. 带外部模拟量转矩设定值的转矩控制

图 7-45 转矩控制模式下，数字量输入信号 TSET 处于低电位，则模拟量输入 2 的模拟量电压用作转矩设定值。

模拟量输入 2 的模拟量电压对应设定的转矩值定标（p29041[0]），见表 7-8。如 p29041[0] = 100%，10 V 模拟量输入电压对应额定转矩；如 p29041[0] = 50%，10 V 模拟量输入值对应 50% 额定转矩。

表 7-8 p29041[0] 转矩值定标

参　数	范　围	默认值	单　位	描　述
p29041[0]	0~100	100	%	模拟量转矩设定值定标（对应 10 V）

3. 带内部转矩设定值的转矩控制参数设置

带内部转矩设定值的转矩控制参数设置见表 7-9。

表 7-9 带内部转矩设定值的转矩控制参数设置

参　数	范　围	默认值	单　位	描　述
p29043	-100~100	0	%	内部转矩设定值

视频
V90 伺服系统
的模拟量
转矩控制

7.4.2　伺服电动机的旋转方向和停止

转矩控制模式下，模拟量的正、负与两个数字量输入起停使能信号（CCWE 和 CWE）共同决定伺服电动机的旋转方向和停止，见表 7-10。

表 7-10　转矩控制时伺服电动机的方向和停止设置

信　　号		内部转矩设定值	模拟量转矩设定值		
CCWE	CWE		正极性	负极性	0 V
0	0	0	0	0	0
0	1	CW	CW	CCW	0
1	0	CCW	CCW	CW	0
1	1	0	0	0	0

图 7-45 中，当按钮 SB2 和 SB3 同时断开或者同时闭合时，伺服电动机停止转动。当 SB2 闭合，给定的是正极性电压，则伺服电动机正转，若给定的是负极性电压则为反转。当 SB3 闭合，给定的是正极性电压，则为反转，若给定的是负极性电压则为正转。

【例 7-7】用一台 CPU 1211C 对 SINAMICS V90 伺服系统进行转矩和正、反转控制。要求设计解决方案，并编写控制程序。

解：

（1）软硬件配置

1）一套 TIA Portal V18。

2）一套 SINAMICS V90 伺服驱动系统。

3）CPU 1211C 和 SB1232 各 1 台。

（2）设计原理图

原理图如图 7-46 所示。CPU 1211C 的 Q0.0 控制伺服电动机正转，Q0.1 控制伺服电动

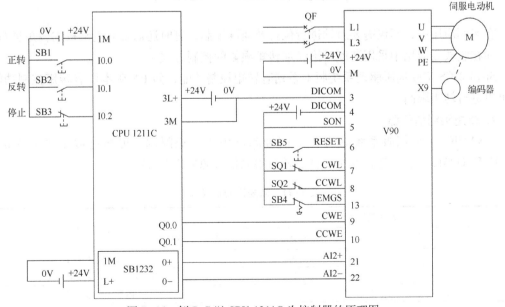

图 7-46　例 7-7 以 CPU 1211C 为控制器的原理图

207

机反转。模拟量输出信号板 SB1232 的 0+和 0−控制转矩的大小。CPU 1211C 的 3M 必须要与 V90 的 DICOM 短接，否则 CPU 1211C 的 Q0.0 和 Q0.1 输出不能形成回路。经过参数 p29300（设为 2#0100111，则伺服 ON、正负限位和急停在内部短接，与硬接线等效）的合理设置，5、7、8 和 13 号端子也可以不接线。

编写程序如图 7-47 所示。

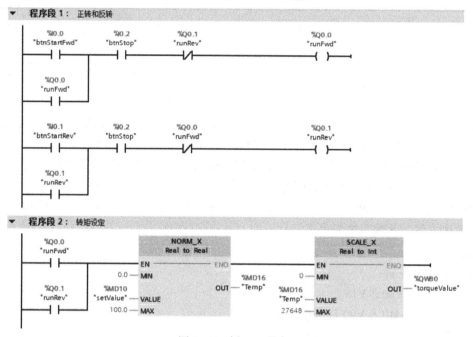

图 7-47　例 7-7 程序

7.5　SINAMICS V90 伺服驱动系统的转矩限制

在实际应用中，不仅需要对轴进行位置及速度控制，有时还需要对电动机的转矩进行限制，如在收放卷应用中采用速度环饱和加转矩限幅的控制方式。

SINAMICS V90 伺服驱动系统版本系列有转矩控制功能，而 PN 版本没有转矩控制功能，但可以进行转矩限制。

1. 转矩限制信号源

SINAMICS V90 伺服系统共有四个信号源可用于转矩限制。可通过数字量输入信号 TLIM1 和 TLIM2 组合，选择其中一种。转矩限制信号源见表 7-11。

表 7-11　转矩限制信号源

数字量输入		转 矩 限 制
TLIM2	TLIM1	
0	0	内部转矩限制 1
0	1	外部转矩限制（模拟量输入 2）
1	0	内部转矩限制 2
1	1	内部转矩限制 3

2. 全局转矩限制

除上述四个信号源外，全局转矩限制在所有控制模式下都可用。全局转矩限制在快速停止（OFF3）发生时生效。在此情况下，伺服驱动以最大转矩抱闸。

参数 p1520 中设置的是全局转矩限制（正向）数值。参数 p1521 中设置的是全局转矩限制（负向）数值。

3. 内部转矩限制

内部转矩限制参数设置见表 7-12。

表 7-12　内部转矩限制参数设置

参　数	范　围	默 认 值	单　位	描　述	数字量输入 TLIM2	TLIM1
p29043	−100~100	0	%	内部转矩设定值		
p29050[0]	−150~300	300	%	内部转矩限制 1（正向）	0	0
p29050[1]	−150~300	300	%	内部转矩限制 2（正向）	1	0
p29050[2]	−150~300	300	%	内部转矩限制 3（正向）	1	1
p29051[0]	−300~150	−300	%	内部转矩限制 1（负向）	0	0
p29051[1]	−300~150	−300	%	内部转矩限制 2（负向）	1	0
p29051[2]	−300~150	−300	%	内部转矩限制 3（负向）	1	1

4. 外部转矩限制

外部转矩限制参数设置见表 7-13，模拟量为 AI2。

表 7-13　外部转矩限制参数设置

参　数	范　围	默认值	单位	描　述	数字量输入 TLIM2	TLIM1
p29041[1]	0~300	300	%	模拟量转矩限制定标（10 V 对应的值）	0	1

如 p29041[1] 为 100%，则转矩限制值与模拟量输入之间的关系如图 7-48 所示，5 V 的模拟量输入对应的转矩限制值为额定转矩的 50%，10 V 的模拟量输入对应的转矩限制值为额定转矩的 100%。

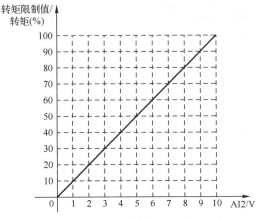

图 7-48　转矩限制值与模拟量输入之间的关系

5. 转矩限制到达（TLR）

产生的转矩已达到正向转矩限制、负向转矩限制或模拟量转矩限制的转矩值时，信号 TLR 输出。

【例 7-8】 有一台 SINAMICS V90 伺服系统，要求对 SINAMICS V90 伺服系统进行模拟量速度给定和模拟量转矩限制，实现正、反转，设计原理图并设置伺服驱动器参数。

解：

（1）设计原理图

原理图如图 7-49 所示。模拟量 1（AI1）起速度设置作用（即调速），模拟量 2（AI2）起转矩限制作用，经过参数 p29300（设为 2#0100111，则伺服 ON、正负限位和急停在内部短接，与硬接线等效）的合理设置，5、7、8 和 13 号端子也可以不接线。SB2 按下正转，SB3 按下反转。SA2 断开和闭合对应两种转矩限制值。

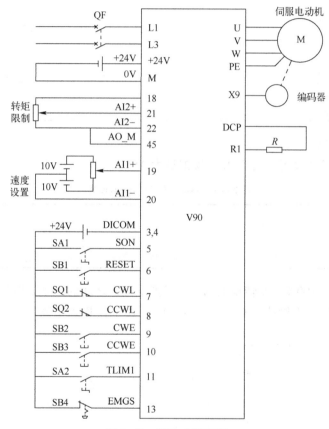

图 7-49 例 7-8 原理图

（2）设置伺服驱动系统的参数

伺服驱动系统参数设置见表 7-14。

表 7-14 伺服驱动系统参数设置

序号	参 数	参数值	说 明
1	p29003	2	控制模式为速度控制模式

（续）

序号	参　　数	参数值	说　　明
2	p29300	6	将正限位和反限位禁止。如设为 2#01000111(71)，则 SON，正限位和反限位、急停都被禁止
3	p29301[2]	1	DI1 为伺服使能 SON
4	p29302[2]	2	DI2 为复位故障 RESET
5	p29305[2]	12	DI5 为 CWE，正转
6	p29306[2]	13	DI6 为 CCWE，反转
7	p29307[2]	10	DI7 为 TLIM1，TLIM2 为 0 和 TLIM1 为 1 表示外部模拟量 AI2 转矩限制
8	p29060	3000	指定全模拟量输入（10 V）对应的速度设定值，转速为 3000 r/min
9	p29061	0	模拟量输入 1 的偏移量调整
10	p29041[1]	100	模拟量转矩限制定标（10 V 对应的值），即 10 V 对应的转矩限制值为额定转矩的 100%
11	p29070[0]	100	转矩限制值 1
12	p29070[1]	150	转矩限制值 2

习题

一、简答题

1. 什么是工艺对象？

2. S7-1200 PLC 与 SINAMICS V90 伺服驱动系统的通信采用标准报文 1，控制字的地址为 QW20，问设定值的地址为多少？要求伺服驱动系统停机，如何设置控制字？伺服电动机的最大转速为 3000 r/min，如要电动机转速为 1500 r/min，如何设定主设定值？

3. SINAMICS V90 伺服驱动系统的脉冲版本和 PN 版本支持哪些通信方式？

4. SINAMICS V90 的脉冲版本和 PN 版本支持哪些速度控制的方式？

5. SINAMICS V90 的脉冲版本的模拟量输入有什么功能？

6. SINAMICS V90 的脉冲版本和 PN 版本的速度限制和转矩限制怎样实现？

7. SINAMICS V90 的脉冲版本的转矩控制怎样实现？

二、编程题

1. S7-1200/1500 PLC 与 SINAMICS V90 伺服驱动系统组成的控制系统，控制要求为：回原点后，按下起动按钮，伺服电动机正转 3 圈，停 2 s，反转 3 圈，停 2 s，循环 3 次后停机。

2. S7-1200/1500 PLC 与 SINAMICS V90 伺服驱动系统组成的控制系统，控制要求为：按下起动按钮后，伺服电动机正转 10 s，停 2 s，反转 10 s，停 2 s，循环 3 次后停机。

第 8 章

SINAMICS G120/V90 伺服驱动系统调试与故障诊断

变频器和伺服系统在正式投入使用之前，调试工作必不可少。调试的主要目的是验证变频器和伺服系统的配置、安装和参数设置等是否满足设计要求，还可以优化变频器和伺服系统的功能，因此调试工作非常重要。

变频器和伺服系统发生故障在所难免，准确诊断故障和快速排除故障，可以极大地提高生产效率，因此在工程实践中极具价值。

8.1 SINAMICS G120 变频器的调试

SINAMICS G120 变频器的标准供货方式装有状态显示板（SDP），SDP 的内部没有任何电路，因此要对变频器进行调试，通常采用基本操作面板（BOP-2）、智能操作面板（IOP）和计算机（PC）等方法进行。BOP-2 和 IOP 是可选件，需要单独订货。使用 PC 调试时，PC 中需要安装 Starter、Drive Monitor、StartDrive、Technology 或 SCOUT 等软件。

采用 BOP-2 调试变频器前面章节已有介绍，下面介绍采用 TIA Portal 和 Starter 软件调试变频器。

视频
用 Starter 软件
调试 G120

8.1.1 用 Starter 软件调试 SINAMICS G120 变频器实例

当控制系统使用的变频器数量较大且很多参数相同时，使用 PC 进行变频器调试，可以大大节省调试时间，提高工作效率。下面通过实例介绍用 Starter 软件设置参数并调试SINAMICS G120 变频器。

【例 8-1】 某设备上有一台 SINAMICS G120 变频器，要求对变频器进行参数设置，并使用 Starter 软件上的调试面板对电动机进行起停控制。

解：

（1）软硬件配置

1）一套 Starter 5.4（或 SCOUT）。

2）一台 G120 变频器和一台电动机。

3）一根网线。

在调试 G120 变频器之前，先将计算机和 G120C 变频器的网口进行连接。

（2）具体调试过程

步骤 1）~6）参考 2.4.3 节。

7）调试。如图 8-1 所示，单击 "Control_Unit" → "Commissioning" → "Control panel"，打开控制面板。如图 8-2 所示，单击 "Assume Control Priority"（获得控制权）按钮，此按钮名称变为 "Give up control priority"（释放控制权），如图 8-3 所示，勾选 "Enables"（使能）选项，"起动" Ⅰ 按钮被激活，变为绿色，"停止" 0 按钮也被激活，变为红色。在转速输入框中输入转速，本例为 "88"，单击 "起动" Ⅰ 按钮，电动机开始运行，参数 r22 中是实际转速，也是 88。单击 "停止" 0 按钮，电动机停止运行。

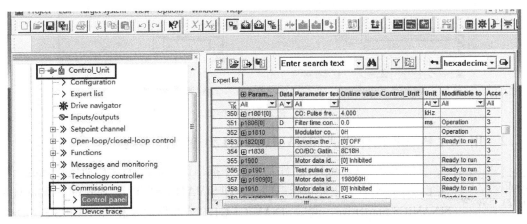

图 8-1　打开控制面板

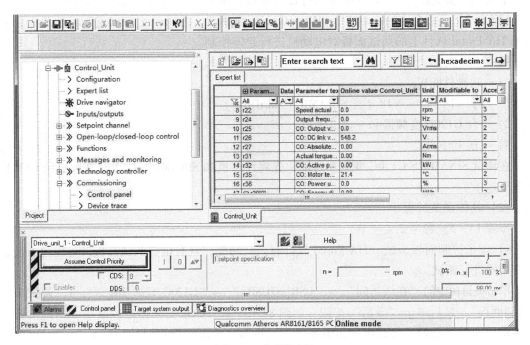

图 8-2　获得控制权

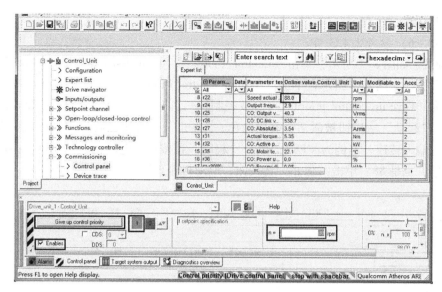

图 8-3　电动机起停控制

8.1.2　用 TIA Portal 软件调试 SINAMICS G120 变频器实例

视频
用 TIA Portal
软件调试 G120

　　TIA Portal（Portal）软件是西门子推出的、面向工业自动化领域的新一代工程软件平台，主要包括三部分，即 SIMATIC STEP 7、SIMATIC WinCC 和 SINAMICS StartDrive。调试 SINAMICS G120 变频器需安装 SINAMICS StartDrive 软件。

下面通过实例介绍用 TIA Portal 软件设置参数并调试 SINAMICS G120 变频器。

【例 8-2】某设备上有一台 SINAMICS G120C 变频器，要求对变频器进行参数设置，并使用 TIA Portal 软件上的调试面板对电动机进行起停控制。

解：

（1）软硬件配置

1）一套 TIA Portal V18（含 SINAMICS StartDrive）。

2）一台 G120C 变频器和一台电动机。

3）一根 USB 线。

在调试 SINAMICS G120C 变频器之前，先将计算机和 SINAMICS G120C 变频器的 USB 接口进行连接。

（2）具体调试过程

步骤 1）~3）参考 2.4.4 节。

4）虚拟控制面板调试。TIA Portal 软件有调试功能，且有虚拟调试面板，可以很方便地对变频器进行调试。

单击项目树中的"在线访问"→"USB［S7USB］"→"G120C_USS_MB…"→"调试"→"控制面板"，最后单击"激活"按钮，如图 8-4 所示，如果变频器已经激活，则此按钮变为"取消激活"按钮。之后弹出如图 8-5 所示界面，单击"应用"按钮即可。

在图 8-6 所示界面中，转速输入"100"，单击"向后"按钮变频器起动，电动机反向运行。单击"停止"按钮，电动机停止运行。

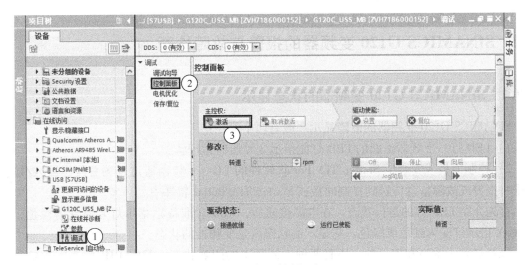

图 8-4　打开控制面板

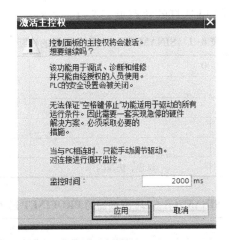

图 8-5　激活主控权

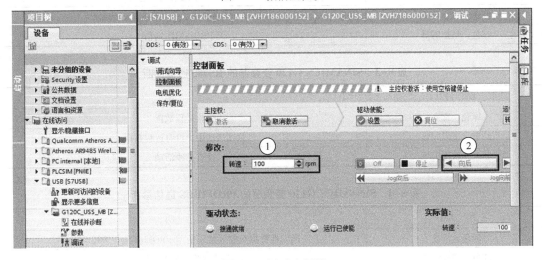

图 8-6　调试变频器

8.2 SINAMICS G120 变频器的报警与故障诊断

8.2.1 SINAMICS G120 变频器的状态显示

SINAMICS G120 变频器的故障显示一般有两个途径：

1) LED 灯。变频器正面的 LED 灯能指示变频器的运行状态。

2) 控制面板或安装了 Starter/TIA Portal 软件的 PC。变频器通过现场总线、输入/输出端子将报警或故障信息传送到控制面板或 Starter/TIA Portal 软件中。

首先介绍 LED 灯的运行状态。在电源接通后，RDY（准备）指示灯暂时变为橙色，一旦 RDY 指示灯变为红色或绿色，它显示的状态就是变频器的状态。

LED 灯除了常亮和熄灭外，还有两种不同频率的闪烁状态，其中 1 Hz 频率闪烁是快速闪烁，而 0.5 Hz 频率闪烁是缓慢闪烁。

SINAMICS G120 变频器的 LED 灯的状态见表 8-1~表 8-4。

表 8-1　SINAMICS G120 变频器的诊断

LED		说　明
RDY	BF	
绿色，常亮		当前无故障
绿色，缓慢闪烁		正在调试或恢复出厂设置
红色，快速闪烁		当前存在一个故障
红色，快速闪烁	红色，快速闪烁	错误的存储卡

表 8-2　SINAMICS G120 变频器的 PROFINET 通信诊断

LINK　LED	说　明
绿色，常亮	PROFINET 通信成功建立
红色，缓慢闪烁	PROFINET 通信建立中，没有过程数据
红色，快速闪烁	无 PROFINET 通信

表 8-3　SINAMICS G120 变频器的 RS485 通信诊断

BF　LED	说　明
绿色，常亮	接收过程数据
红色，缓慢闪烁	总线活动中，没有过程数据
红色，快速闪烁	没有总线活动

表 8-4　SINAMICS G120 变频器的 PROFIBUS 通信诊断

BF　LED	说　明
绿色，常亮	周期性数据交换（或不使用 PROFIBUS，P2030＝0）
红色，缓慢闪烁	总线故障，配置错误
红色，快速闪烁	总线故障，没有数据交换、搜索波特率、没有连接

8.2.2　SINAMICS G120 变频器的报警

变频器报警的特点如下：

1）报警原因排除后，报警自动消失。

2）无须应答。

3）报警有三种方式。方式 1 为状态字 1（r0052）中的第 7 位显示报警信息；方式 2 为操作面板上的 A×××××中显示报警信息；方式 3 为 Starter 软件中显示报警信息。

1. 报警缓冲器

变频器把报警信息保存在报警缓冲器中，报警缓冲器的结构如图 8-7 所示。

报警时间 Alarm times	报警代码 Alarm code	报警值 Alarm value	报警出现时间 Alarm time "received"	报警排除时间 Alarm time "removed"
第1条报警 Alarm1	r2122[0]	r2124[0][132] r2134[0][Float]	r2123[0][ms] r2145[0][d]	r2125[0][ms] r2146[0][d]
第2条报警 Alarm2	r2122[1]	r2124[1][132] r2134[1][Float]	r2123[1][ms] r2145[1][d]	r2125[1][ms] r2146[1][d]
⋮		⋮		
第8条报警 Alarm8	r2122[7]	r2124[7][132] r2134[7][Float]	r2123[7][ms] r2145[7][d]	r2125[7][ms] r2146[7][d]

图 8-7　报警缓冲器的结构

r2124 和 r2134 中包含了对诊断非常有用的报警值。r2123 和 r2145 中保存的是报警出现时间。r2125 和 r2146 中保存的是报警排除时间。

报警缓冲器中最多可以保存 8 条信息。第 8 条报警是最新的一条报警。当第 9 条报警到来时，一般第 1 条报警被覆盖，如第 1 条报警未被排除，则覆盖第 2 条报警。

2. 常见的报警

（1）报警和故障的区别

报警代码以 A 开头，通常不会在变频器内产生直接影响，在报警排除后自动消失无须应答。故障代码以 F 开头，通常指变频器工作时出现的严重异常现象。故障发生后，必须首先排除故障原因，然后应答故障（按 BOP-2 上的"OK"键表示确认故障）。

（2）常见的报警

SINAMICS G120 变频器常见的报警见表 8-5。

表 8-5　SINAMICS G120 变频器常见的报警

代码	原　　因	解　决　办　法
A01028	配置错误	所读入的参数设置是通过其他类型（订货号、MLFB）的模块生成的，应检查模块的参数，必要时重新配置
A01900	PROFIBUS 配置报文出错	PROFIBUS 主站尝试用错误的配置报文来建立连接，应检查主站和从站的配置
A01920	PROFIBUS 循环连接中断	与 PROFIBUS 主站的循环连接中断，建立 PROFIBUS 连接，并激活可以循环运行的 PROFIBUS 主站

（续）

代码	原　　因	解　决　办　法
A05000 A05001 A05002 A05004 A05006	功率模块过热	进行以下检测：环境温度是否在定义的限值内；负载条件和工作周期配置相符；冷却是否有故障
A07012	电动机温度模型 $I^2 t$ 过热	进行以下检测：检查电动机负载，如有必要，降低负载；检查电动机的环境温度；检查热时间常数（p0611）；检查过热故障阈值（p0605）
A07015	电动机温度传感器报警	检查传感器是否正确连接；检查参数设置（p0600，p0601）
A07409	V/f 控制电流限值控制器生效	采取以下措施后，报警自动消失：提高电流限值（p0640）；降低负载；延长设定转速的加速斜坡
A07805	功率单元过载 $I^2 t$	减小连续负载；调整工作周期；检查电动机和功率单元的额定电流分配
A07910	电动机超温	检查电动机负载；检查电动机的环境温度和通风情况；检查 PTC 或者双金属常闭触点；检查监控限值（p0604，p0605）；检查电动机温度模型的激活情况（p0612）；检查电动机温度模型的参数（p0626 及后续参数）
A30049	内部风扇损坏	检查内部风扇，必要时更换风扇
A30920	温度传感器异常	检查传感器是否正确连接

【例 8-3】 图 8-8 为 TIA Portal 软件监控的 SINAMICS G120 变频器的参数截图，判断有无报警和故障。

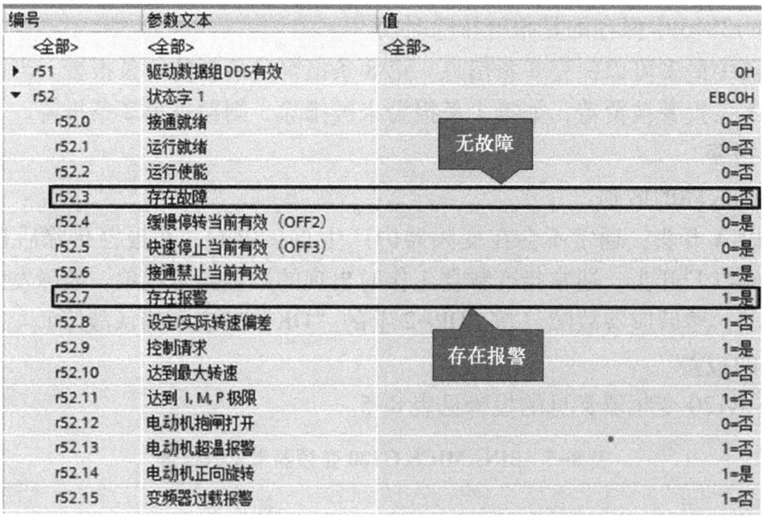

图 8-8　SINAMICS G120 变频器参数

状态字 1（r52）的值为 EBC0H，要判断变频器是否有故障和报警只要监控此参数即可。r52.3＝0 表示没有故障，r52.7＝1 表示有报警。

进一步查看报警代码 r2122，如图 8-9 所示，A30016 表示没有连接输入交流电源，A8526 表示没有循环连接。经检查变频器的确没有接入交流电源，只接入了+24V 电源。

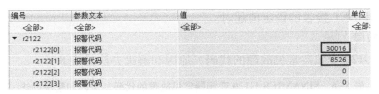

编号	参数文本	值	单位
<全部>	<全部>	<全部>	<全部>
▼ r2122	报警代码		
r2122[0]	报警代码	30016	
r2122[1]	报警代码	8526	
r2122[2]	报警代码	0	
r2122[3]	报警代码	0	

图 8-9　报警代码

8.2.3　SINAMICS G120 变频器的故障

变频器故障显示的方式如下：

1）在操作面板上显示 F×××××。

2）变频器上的 LED 灯 RDY 显示为红色。

3）状态字 1（r0052）的位 3 为 1。

4）在 Starter/TIA Portal 软件的状态输出窗口显示。

1. 故障缓冲器

变频器把故障信息保存在故障缓冲器中，故障缓冲器的结构如图 8-10 所示。

	故障代码 Fault code	故障值 Fault value	故障出现时间 Fault time "received"	故障离开时间 Fault time "removed"
Fault1 故障1	r0947[0]	r0949[0][132] r2133[0][Float]	r0948[0][ms] r2130[0][d]	r2109[0][ms] r2136[0][d]
Fault2 故障2	r0947[1]	r0949[1][132] r2133[1][Float]	r0948[1][ms] r2130[1][d]	r2109[1][ms] r2136[1][d]
⋮			⋮	
Fault8 故障8	r0947[7]	r0949[7][132] r2133[7][Float]	r0948[7][ms] r2130[7][d]	r2109[7][ms] r2136[7][d]

图 8-10　故障缓冲器的结构

每个故障都有唯一的故障代码，还有一个故障值，可供故障诊断时查询。注意：必须先消除故障的原因，然后应答故障，才能消除故障。

【例 8-4】TIA Portal 软件监控的 SINAMICS G120 变频器参数中，状态字 1（r52）的值为 EBC8H，r52.3 = 1，r52.7 = 1，判断有无报警和故障。

状态字 1（r52）的值为 EBC8H，要判断是否有故障和报警只要监控此参数即可。r52.3 = 1 表示有故障，r52.7 = 1 表示有报警。

进一步查看故障代码 r947，如图 8-11 所示，F7802 表示整流单元或功率单元未就绪，

编号	参数文本	值
<全部> ▼	<全部> ▼	<全部>
▼ r947	故障编号	
r947[0]	故障编号	7802
r947[1]	故障编号	0
r947[2]	故障编号	0
r947[3]	故障编号	0
r947[4]	故障编号	0
r947[5]	故障编号	0
r947[6]	故障编号	0
r947[7]	故障编号	0
r947[8]	故障编号	8501

图 8-11　故障代码

F8501 表示 PROFINET 接收的设定值超时。

2. 常见的故障

SINAMICS G120 变频器常见故障的代码、原因和解决办法见表 8-6。

表 8-6　**SINAMICS G120 变频器常见故障的代码、原因和解决办法**

代码	原　因	解　决　办　法
F07801	电动机过电流	检查电流限值（p0640） 矢量控制：检查电流环（p1715，p1717） V/F 控制：检查限流控制器（p1340~p1346） 延长斜坡上升时间（p1120）或减小负载 检查电动机和电动机电缆的短路和接地 检查电动机的星形/三角形联结和铭牌参数设置 检查功率单元和电动机的组合
F30001	功率单元过电流	检查输出电缆和电动机的绝缘性，查看是否有接地故障 检查 V/F 控制电动机和功率模块的额定电流之间的配套性 检查电源电压是否有大的波动 检查功率电缆的连接 检查功率电缆是否短路或有接地故障 更换功率模块
F30002	直流母线过电压	提高减速时间（p1121） 设置圆弧时间（p1130、p1136） 检查主电源电压 检查电源相位
F30003	直流母线欠电压	检查主电源电压 激活动态缓冲（p1240，p1280）
F30004	变频器过热	检查变频器风扇是否工作 检查环境温度是否在规定范围内 检查电动机是否过载 降低脉冲频率
F30005	I^2t 变频器过载	检查电动机、功率模块的额定电流 检查电动机数据输入是否和实际匹配 降低电流极限 p0640 V/F 特性曲线，降低 p1341
F30011	主电源断相	检查变频器的进线熔断器 检查电动机电源线
F30015	电动机电源线断相	检查电动机电源线 提高加速时间、减速时间
F30027	直流母线预充电时间监控响应	检查输入端子上的主输入电压 检查主电源电压的设置
F30035	进风温度过高	检查风扇是否运行 检查滤网，检查环境温度是否在允许的范围内，检查电动机重量输入是否准确
F30036	内部过热	检查风扇是否运行 检查风扇板 检查环境温度是否在允许的范围内
F30037	整流器温度过高	参见 F30035 的解决办法，另外检查电动机负载、检查电源相位
F30059	内部风扇损坏	检查内部风扇，必要时更换风扇

8.2.4　用 TIA Portal 软件诊断 SINAMICS G120 变频器的故障

视频
用 TIA Portal
软件诊断
G120 故障

用 TIA Portal 软件诊断 SINAMICS G120 变频器的故障可以获得比较详细的报警和故障信息，方法简单易行。

如图 8-12 所示，在项目树中，单击"在线访问"，在网络适配器下双击"更新可访问的设备"，搜索到变频器（本例为 g120c），选中并单击"在线并诊断"→"当前信息"，就可以看到当前故障和报警信息。

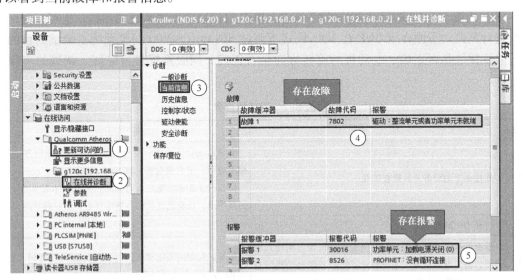

图 8-12　当前故障和报警信息

如图 8-13 所示，在项目树中，单击"在线访问"，在网络适配器下双击"更新可访问的设备"，搜索到变频器（本例为 g120c），选中并单击"在线并诊断"→"历史信息"，就可以看到历史故障和报警信息。

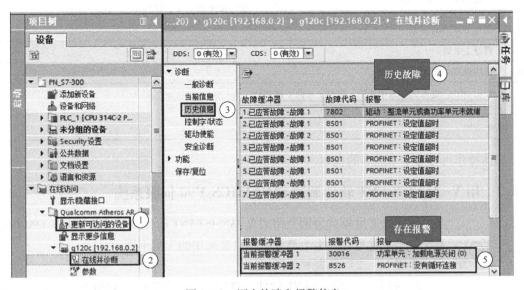

图 8-13　历史故障和报警信息

8.3 SINAMICS V90 伺服系统的调试

调试 SINAMICS V90 伺服系统可以用三种方法，即基本操作面板（BOP）、V-ASSISTANT 软件和 TIA Portal 软件。

8.3.1 用 BOP 调试 SINAMICS V90 伺服系统

BOP 内置于 SINAMICS V90 伺服系统中，BOP 可以设置伺服系统的参数，也可以对伺服系统进行调试。下面介绍 BOP 在 JOG 模式下调试 SINAMICS V90 伺服系统。调试的目的是为了验证接线是否正确、电动机的旋转方向是否正确、伺服系统是否完好。调试的步骤见表 8-7。

表 8-7 调试的步骤

步骤	描　述	备　注
1	连接必要的设备并且检查接线	必须连接以下电缆：电动机动力电缆，编码器电缆，抱闸电缆，主电源电缆，DC 24 V 电缆 检查：设备或电缆是否有损坏；电源输入是否在允许的范围内；所有已连接的系统组件是否已良好接地
2	打开 DC 24 V 电源	
3	检查伺服电动机类型，如果伺服电动机带有增量式编码器，输入电动机 ID（p29000），如果伺服电动机带有绝对值编码器，伺服驱动可以自动识别伺服电动机	如未识别到伺服电动机，则会发生故障 F52984，电动机 ID 可参见电动机铭牌
4	检查电动机旋转方向，默认运行方向为 CW（顺时针）。如有必要，可通过设置参数 p29001 更改运行方向	p29001 = 0：CW；p29001 = 1：CCW
5	检查 JOG 速度，默认 JOG 速度为 100 r/min，可通过设置参数 p1058 更改显示	为使能 JOG 功能，必须将参数 p29108 的位 0 置为 1，而后保存参数设置并重启驱动；否则，该功能的相关参数 p1058 被禁止访问
6	通过 BOP 保存参数	
7	打开主电源	
8	清除故障和报警	
9	使用 BOP，进入 JOG 菜单功能，按向上或向下键运行伺服电动机，如使用工程工具，则使用 JOG 功能运行伺服电动机	

具体操作可参考本书配套的视频。

8.3.2 用 V-ASSISTANT 软件调试 SINAMICS V90 伺服系统

视频
用 V-ASSIST-
ANT 软件调试
V90 伺服系统

下面以速度模式为例介绍用 V-ASSISTANT 软件调试 SINAMICS V90 伺服系统，调试过程与 8.1.1 节类似，只是采用的工具不同而已。

步骤 1）、2）见表 8-7。

3）打开 V-ASSISTANT 软件，将伺服驱动器的迷你 USB 接口与计算机的

USB 接口连接，如果是首次连接，计算机会自动安装 USB 驱动程序。V-ASSISTANT 软件自动连接 SINAMICS V90 伺服驱动器，连接完成后，单击"确定"按钮，弹出如图 8-14 所示界面。在任务导航中单击"设置参数"→"查看所有参数"，查看参数 p29000 的值是否与电动机铭牌上的 ID 值一致，如不一致则按照电动机的铭牌修改，此参数是立即生效的参数。

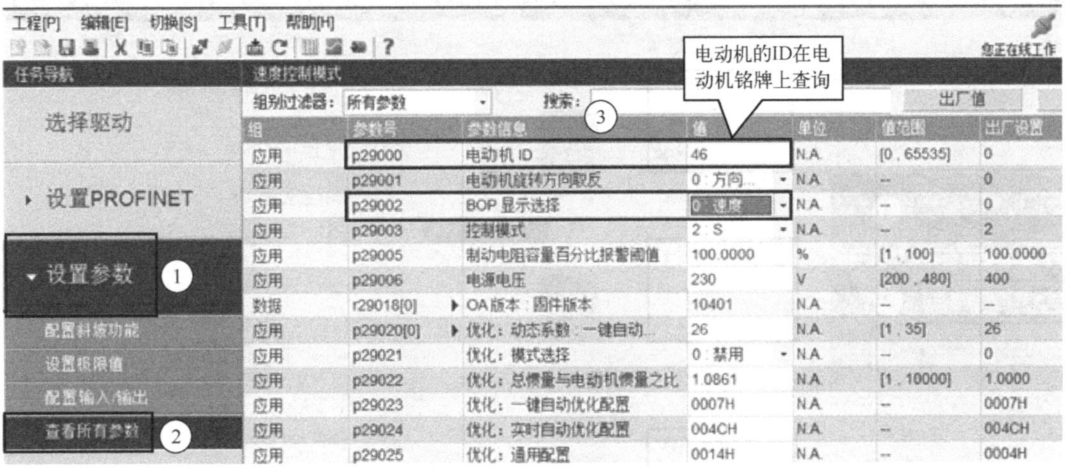

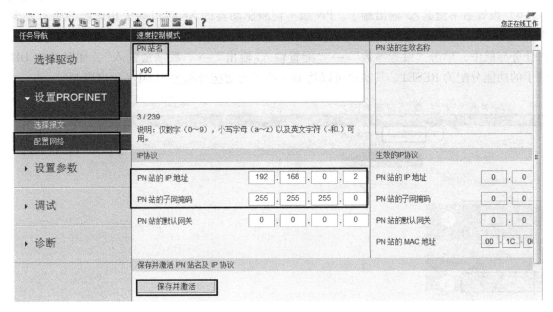

图 8-14　设置电动机的 ID

4）设置 PROFINET 网络参数。如图 8-15 所示，在任务导航中，单击"设置 PROFINET"→"配置网络"，设置 PN 站名，本例为"V90"，设置 PN 站 IP 地址，本例为"192.168.0.2"，设置子网掩码，本例为"255.255.255.0"，注意：PN 站名和 PN 站 IP 地址必须与 PLC 中组态的完全一致，否则通信不能建立。之后单击"保存并激活"按钮，需要重启驱动器这些参数才能生效。

图 8-15　设置 PROFINET 网络参数

PROFINET 网络参数也可以在参数列表中修改。

5）设置转矩限值和转速限值。如图 8-16 所示，在任务导航中单击"设置参数"→"设置极限值"，在此界面中可以设置转矩限制和最大速度限制。

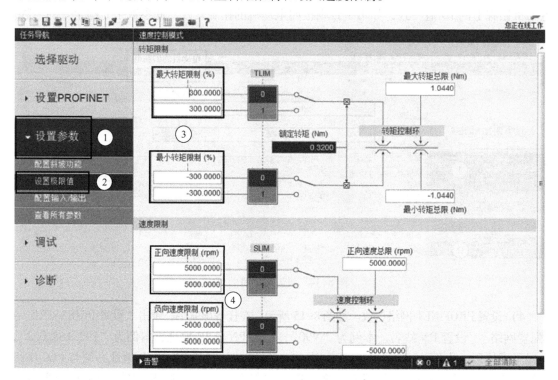

图 8-16　设置转矩限值和转速限值

6）设置数字量输入/输出端子。PN 版本伺服驱动器的 X8 接口端子相比脉冲版本要少很多，这些数字量输入/输出端子有默认的设置功能，也可以自定义功能。如图 8-17 所示，在任务导航中，单击"设置参数"→"配置输入/输出"→"数字量输入"，如默认将 DI1 端子的功能分配为 RESET，其实也可以将 DI1 端子的功能分配为 SLIM（速度限制）。

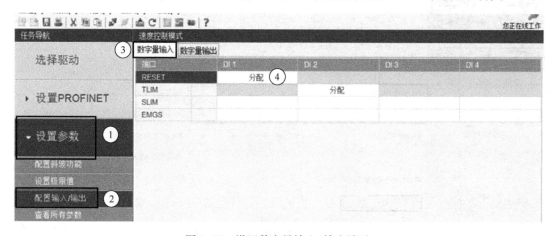

图 8-17　设置数字量输入/输出端子

也可以在参数列表中修改参数 p29301~p29304 的值，即设置数字量输入端子 DI1~DI4 的功能。

如图 8-18 所示为设置数字量输出端子界面，其设置方法与设置数字量输入端子的方法类似。

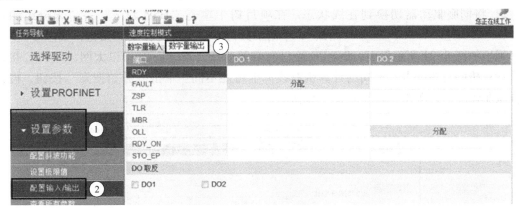

图 8-18　设置数字量输出端子

也可以在参数列表中修改参数 p29330 和 p29331 的值，即设置数字量输出端子 DO1 和 DO2 的功能。

7）测试电动机。如图 8-19 所示，在任务导航中，单击"调试"→"测试电动机"，单击"伺服使能"（图中已经使能，所以变为"伺服关使能"）按钮，在转速中输入合适的数值，单击"正向点动"或"反向点动"按钮，本例为"反向点动"按钮，可以看到实实时转速为-102.7707 r/min。如果电动机不旋转，说明有接线或者参数设置错误，还需要检查。如果电动机已经旋转，则要查看正转或者反转的方向是否与所需的方向一致，如不一致，可修改图 8-14 中的电动机方向参数 p29001，将其修改为 1。

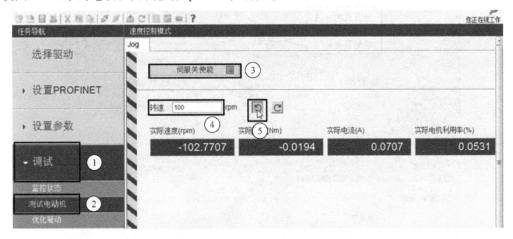

图 8-19　测试电动机

8.3.3　用 TIA Portal 软件调试 SINAMICS V90 伺服系统

用 TIA Portal 软件调试 SINAMICS V90 伺服系统需要安装 HSP 文件，此文件可以在西门子官方网站上免费下载。此外，在调试之前，还需要组态 PLC 和 SINAMICS V90 伺服系统，相关内容在第 7 章已有介绍。因此下面介绍的调试步骤将不包含组态的相关内容，直接从调试开始。

1）打开 TIA Portal 软件，组态 PLC 与 SINAMICS V90 伺服系统。

2）将伺服驱动器切换到在线状态。在项目树中单击"HSP 调试"→"未分组的设备"→"驱动_1[V90-1]"→"调试"，单击工具栏中的"转至在线"按钮，如图 8-20 所示，弹出如图 8-21 所示界面，PG/PC 接口的类型选择"PN/IE"，即以太网，PG/PC 接口选择计算机的有线网卡，不同的计算机有线网卡可能不同。单击"开始搜索"按钮，搜索到伺服驱动器后，单击"转至在线"按钮。

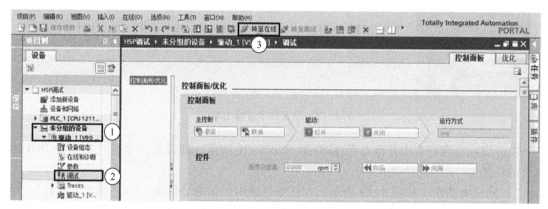

图 8-20　TIA Portal 软件的调试界面（1）

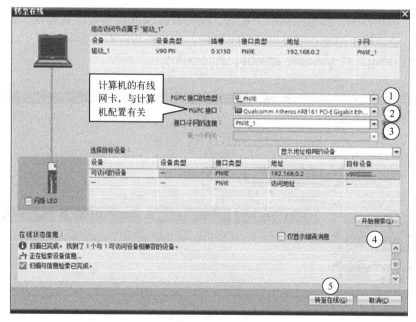

图 8-21　TIA Portal 软件的调试界面（2）

3）测试电动机。如图 8-22 所示，在"控制面板"选项卡中，先单击"激活"按钮，再单击"打开"按钮，此时伺服电动机已经励磁，可以听到定子磁场吸合转子的声音，选择运行方式（本例为"连续"），输入希望运行的速度，最后单击"向后"或者"向前"按钮，如果正常则电动机应旋转。如果电动机不旋转，说明有接线或者参数设置错误，还需要检查。如果电动机已经旋转，则要查看正转或者反转的方向是否与所需的方向一致，如不一致，可修改电动机的方向参数 p29001，将其修改为 1。

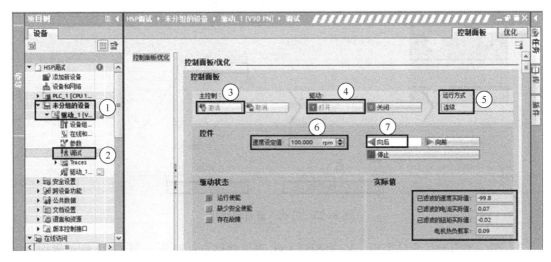

图 8-22　测试电动机

8.3.4　SINAMICS V90 伺服系统的一键优化

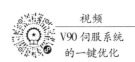

视频
V90 伺服系统
的一键优化

1. 一键自动优化的概念

SINAMICS V90 PN 提供两种自动优化模式，即一键自动优化和实时自动优化。自动优化功能可以通过机械的负载惯量比（p29022）自动优化控制参数，并设置合适的电流滤波器参数来抑制机械的机械谐振，通过设置不同的动态因子来改变系统的动态性能。

一键自动优化通过内部运动指令估算机械的负载惯量比和机械特性。为达到期望的性能，在使用上位机控制驱动运行之前，可以多次执行一键自动优化。特别对初学者，对伺服系统的参数不熟悉，使用一键优化具有很大的优势。

2. 一键自动优化的实现

一键自动优化有三种实现方法，即通过 BOP 设置参数操作、通过 TIA Portal 软件中的驱动调试进行操作和通过 V-ASSISTANT 调试软件操作。下面介绍通过 V-ASSISTANT 调试软件操作。

1）首先待伺服系统驱动的负载（如小车）移动到运行轨迹的中间位置，以防止一键优化过程中负载碰到限位开关，即超程。

2）打开 V-ASSISTANT 调试软件，使 SINAMICS V90 伺服驱动系统处于在线状态（方法已经在前面章节中介绍过）。如图 8-23 所示，在任务导航中，单击"调试"→"优化驱动"→"一键自动优化"，选择用户调整的响应等级为"26"，即为中级；选择位置幅值为"360"，也就是电动机可以正转和反转 1 圈，也可以适当调大一点；单击"启动一键自动优化"和"伺服使能"按钮，一键自动优化开始。一键自动优化过程中，伺服系统要正向和反向移动，而且有振动，这都是正常现象。

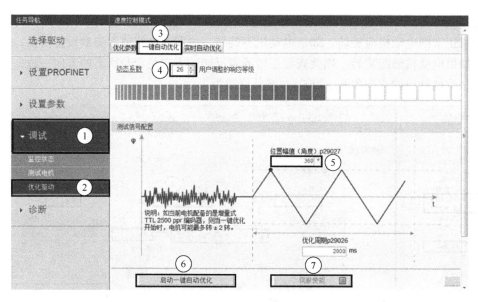

图 8-23 启动一键自动优化

3）当一键自动优化结束后，V-ASSISTANT 调试软件自动弹出如图 8-24 所示界面，如果不需要调整参数，单击"接受"按钮，之后保存参数如图 8-25 所示。一键自动优化完成。

参数号	参数信息	值	旧值	单位
p29022	优化：总惯量与电机惯量之比	1.0797	1.0861	N.A.
p29110	位置环增益	1.8000	1.8000	1000/min
p29111	速度前馈系数（进给前馈）	0.0000	0.0000	%
p29120	速度环增益	0.0038	0.0021	Nms/rad
p29121	速度环积分时间	13.2704	15.0000	ms
p1414	速度设定值滤波器激活	1	1	N.A.
p1415	速度设定值滤波器 1 类型	2	2	N.A.
p1417	速度设定值滤波器 1 分母固有频率	100.0000	100.0000	Hz
p1418	速度设定值滤波器 1 分母衰减	0.9000	0.9000	N.A.
p1419	速度设定值滤波器 1 分子固有频率	100.0000	100.0000	Hz
p1420	速度设定值滤波器 1 分子衰减	0.0000	0.0000	N.A.

图 8-24 一键自动优化后的参数列表

图 8-25 一键自动优化后的参数保存

8.4　西门子运动控制的一键调试

8.4.1　运动控制数字化与一键调试

视频
一键调试
技术

1. 运动控制数字化技术背景

数字化已经深度融合于智能制造、柔性化生产体系之中，成为提升生产力、提高生产效率、赋能云服务与大数据分析的关键力量，在智能制造时代，是提高企业竞争力的重要组成部分。数字化的核心价值体现在其能够通过数字化的手段帮助人们解决当前或将要面临的困难和挑战，迅速响应市场发展的实际需求，在效率提升的同时实现成本的下降，并最终推动企业业务的增长。

运动控制产品如变频器、伺服驱动系统等大量应用于自动化、机电等行业与技术领域。作为执行机构的运动控制产品，更加关注机器的运行速度、工作精度、动态反应、同步性、协调性等。针对伺服、变频器等通用运动控制的数字化，主要聚焦于以下两个方面：

1）对于设备制造企业、集成商，期待利用数字设计手段减少机械与电气的设计周期、利用大数据分析、缩短运动控制产品的样机调试时间，从而加快产品上市时间、满足设备柔性化生产等。

2）对于设备的最终使用企业，如生产工厂等，注重的是减少调试时间，从而缩减试运行消耗时间，以及提高设备运行利用率和无故障运行率。

2. 运动控制数字化调试技术的发展

运动控制数字化调试技术的发展从传统的手动调试迄今，共经历了三个阶段，见表 8-8。

表 8-8　运动控制数字化调试技术的发展的三个阶段

	手动调试阶段	电气自动化调试阶段	数字化调试阶段
设备	多存在于机械为主的设备调试情况下	主要存在于电气设备的调试，也是当下使用较多的方式	主要存在于"互联网+电气设备类型设备"的调试，也是未来设备调试发展方向
调试方式	多依赖于人力和经验对机械结构调整的调试	侧重于人力经验与指定产品软件固化功能设置组合的调试	基于实现指定产品满足整体设备性能高效调试需要，使用大数据将人工经验总结提炼的高效调试。如西门子的"数字运控"一键调试功能

3. 传统调试中的不足与一键调试解决方案

制造商需要对机械设备驱动系统进行性能优化和快速调试。在运动控制中，要想使机械设备完全按照用户预设的运动轨迹和运动参数进行运动，驱动系统对于电机和机械负载的参数设置尤为重要，其参数设置的准确性直接影响到设备的整体性能和所生产产品的质量。

（1）传统调试中的不足

● 驱动系统对于电机和机械负载参数设置主要依靠驱动器内部的自动识别算法，而自动识别步骤较多（大多包括静态识别、动态识别、负载识别等几个步骤），识别的时间较长。很多情况下，不能自由转动的负载和大惯量负载无法自动识别，这为驱动器正确识别负载参数带来困难。

● 相同设备识别出来的驱动器参数也会有差异，这就给用户驱动程序备份和设备批量生产带来了不便。当设备或产线存在大量驱动器或设备重复生产时，驱动系统调试会花费大量时间，增加了产线调试周期以及设备批量生产周期。

（2）使用运动控制数字化的解决方案——一键调试

解决以上机械设备制造商面临挑战的方法，典型的技术方案是西门子公司针对驱动系统开发的一键调试功能，该产品有专门的西门子数字运控教育包软件，可以与西门子 TIA 博途集成。通过简化驱动系统调试流程，优化驱动系统参数，大量节约驱动系统调试时间，从而实现设备程序的标准化和规范化。

一键调试具体操作方法是通过上位控制器直接对网络上的所有驱动器进行快速调试。通过上位控制器直接对网络上的所有驱动器进行快速调试，不需要对每台驱动器进行单独调试，一键调试是基于专家系统，利用数字化手段使得驱动系统的调试变得更快捷、更专业。

4. 一键调试功能

（1）功能一：支持 V90 和 S210 两种驱动类型；支持 Speed 模式（速度模式）、TO 模式（工艺对象）和 Epos 模式[⊖]（即基本定位）共三种模式，三种模式中包含 5 种报文，具体如下。

● TO 模式报文：标准报文 3、西门子报文 102、西门子报文 105。

● Speed 模式报文：标准报文 1。

● Epos 模式报文：西门子报文 111。

（2）功能二：参数批量下载。一键调试下载参数类型有驱动配置参数（控制模式、控制报文等）、电机配置参数（电机代码、编码器类型等）和工艺参数（增益、速度前馈、齿轮比、最大速度、最大加速度等）。

（3）功能三：参数微调。参数微调功能包括：固定参数微调、自定义参数微调和绝对值编码器校准。

（4）功能四：驱动总览。查看所有驱动的参数，如硬件标识符、驱动器类型、负载类型、控制模式、通信报文、附加报文、电机型号和电机方向等。

视频
一键调试应用
举例

8.4.2 一键调试的应用举例

【例 8-5】某系统有一台 CPU 1211C、一台 TP700 和 3 套 SINAMICS V90 PN，CPU 1211C 与 SINAMICS V90 采用 PROFINET 通信，要求采用一键调试技术进行调试。

解： 本调试过程采用视频讲解方式，请读者扫二维码观看。

⊖ Epos 模式仅限于 V90。

8.5　SINAMICS V90 伺服系统的报警与故障诊断

8.5.1　SINAMICS V90 伺服系统的故障诊断方法

视频
V90 伺服系统
的故障诊断
方法

SINAMICS V90 伺服系统故障诊断的常见方法有三种，即用状态指示灯与 BOP 诊断、用 V-ASSISTANT 软件诊断和用程序指令的反馈信号诊断。

1. 用状态指示灯与 BOP 诊断故障和报警

要用状态指示灯诊断故障和报警，首先必须明确状态指示灯的定义，见表 8-9。

表 8-9　状态指示灯的定义

状态指示灯	颜　　色	状　　态	描　　述
RDY		灭	控制面板无 24 V 直流输入
	绿色	常亮	驱动处于伺服开启状态
	红色	常亮	驱动处于伺服关闭状态或起动状态
		以 1 Hz 频率闪烁	存在报警或故障
	绿色和黄色	以 2 Hz 频率交替闪烁	驱动识别
COM	绿色	常亮	PROFINET 通信工作在 IRT 状态
		以 0.5 Hz 频率闪烁	PROFINET 通信工作在 RT 状态
		以 2 Hz 频率闪烁	微型 SD 卡/SD 卡正在工作（读取或写入）
	红色	常亮	通信故障（优先考虑 PROFINET 通信故障）

根据表 8-9 状态指示灯的状态即可进行故障和报警诊断，举例如下。

1）现象 1：RDY 灯处于熄灭状态。可能原因：伺服驱动器无 24 V 直流输入。

2）现象 2：RDY 灯处于以 1 Hz 频率闪烁状态，红色。可能原因：存在报警或故障，需要查询故障代码，对故障进行具体诊断。

3）现象 3：RDY 灯处于常亮状态，红色。可能原因：驱动处于伺服关闭状态。不要以为红色指示就是故障。此时，如 BOP 面板上显示"S OFF"，则表示伺服驱动系统处于关闭状态，只要没有报警或故障代码，说明伺服系统处于正常状态，只要给伺服系统发出工作信号，红灯就会变成绿灯。

4）现象 4：RDY 灯处于绿色和黄色，以 2 Hz 频率交替闪烁。可能原因：驱动处于起动状态。此时需要等待 RDY 灯变为红色或者绿色，再做判断。

5）现象 5：COM 灯处于红色常亮。可能原因：驱动的通信存在故障。需要注意的是在确认通信故障时，最好拔出 USB 通信线。

状态指示灯显示的故障和报警信息不够详细，还需要用其他方法进一步诊断故障和报警。

当伺服系统有报警或故障时，在 BOP 面板上会显示故障代码或报警代码，每一种故障代码或报警代码都代表一种故障或报警信息，可以通过此代码在手册中查询相关故障或报警信息的具体含义。BOP 显示故障代码和报警代码的含义见表 8-10。

表 8-10　BOP 显示故障代码和报警代码的含义

数 据 显 示	描　　　述	示　　　例	备　　　注
F×××××	故障代码	F 7985	只有一个故障（无圆点）
F. ×××××.	第一个故障的故障代码	F. 7985.	有多个故障（有两个圆点）
F×××××.	故障代码	F 7985.	有多个故障（有一个圆点）
A×××××	报警代码	A300 16	只有一个报警（无圆点）
A. ×××××.	第一个报警的报警代码	A300 16.	有多个报警（有两个圆点）
A×××××.	报警代码	A300 16.	有多个报警（有一个圆点）

如 BOP 面板上显示 F 7950，表示只有一个故障，查询 SINAMICS V90 伺服系统手册，可以看到故障原因是电动机参数出错，进一步查找可能的原因，电动机参数有 p0304、p0305、p0307、p0308、p0309 和 p0311 等，需要注意排查，看有无错误的设置。

如 BOP 面板上显示 A300 16，表示有多个报警代码的第一个报警，查询 SINAMICS V90 伺服系统手册，可以看到报警原因是负载电源关闭，进一步查找，最终报警原因是直流母线电压过低。

其他的报警和故障处理方法类似。

2. 用 V-ASSISTANT 软件诊断故障和报警

用 V-ASSISTANT 软件诊断故障和报警比较直观，将 SINAMICS V90 处于在线状态，故障和报警出现在 V-ASSISTANT 软件的下方，如图 8-26 所示，有红色 ❌ 是故障，图中的代码 31117 和 52983 都是故障代码。而黄色 ⚠ 表示报警，图中的代码 8526 和 7576 都是报警代码。

图 8-26　用 V-ASSISTANT 软件诊断故障和报警

关于故障代码和报警代码的详细含义可以查看 SINAMICS V90 伺服系统手册，也可以直接查看 V-ASSISTANT 软件的帮助，帮助中有详细说明，与 SINAMICS V90 手册一致。

3. 用程序指令的反馈信号诊断故障和报警

西门子的很多指令都有反馈信息，借助这些反馈信息也可以进行故障和报警诊断。如使用西门子驱动库中的函数 FB284，如图 8-27 所示，引脚 ActWarn 反馈的是当前的报警代码，引脚 ActFault 反馈的是当前的故障代码。

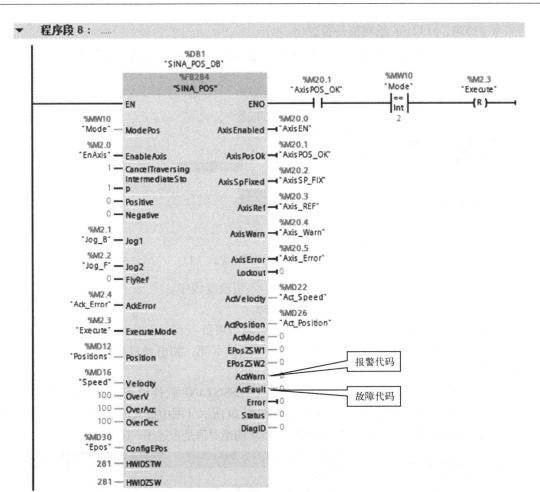

图 8-27　用程序指令的反馈信号诊断故障和报警

8.5.2　SINAMICS V90 伺服系统的常见故障

SINAMICS V90 伺服系统手册和 V-ASSISTANT 软件的帮助中有故障和报警列表，列表中有故障和报警的详细描述和解决办法。下面介绍几个工程实践中常见的故障。

故障报警 1：故障代码 F7900，电动机堵转/速度控制器到限。

分析：这是常见的故障，即电动机堵转（电动机不旋转）。

1）有两个相关的参数要先查看，一个是参数 p2175（电动机堵转速度阈值），当电动机速度低于此数值，启动故障代码 F7900，所以此数值不能太小；另一个是参数 p2177（电动机堵转延时），默认值是 0.5 s，当堵转时间超过 0.5 s 时，启动故障代码 F7900，因此这个时间也不能太小。

2）对于脉冲版本的伺服驱动器，首先要检查以下项目：

① 检查伺服电动机是否能自由旋转，即是否机械卡死，如电动机配有抱闸，检查抱闸是否能正常打开。

② 如果是 PTI 模式运行，用 V-ASSISTANT 软件检查转矩幅值中的 TLIM1 和 TLIM2 设置是否正确，如图 8-28 所示（图中最大转矩设置为 300%）。如果转矩限幅是模拟量给定时，

检查参数 p1520、p1521 的绝对值是否过小。

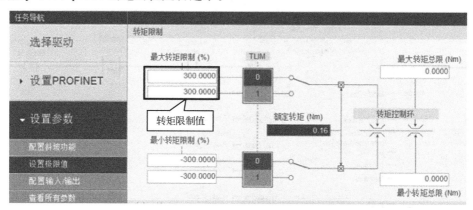

图 8-28 TLIM1 和 TLIM2 设置 (1)

③ 检查 U、V、W 三相线的线序是否正确，不可改变线序。

④ 更换一台电动机，检查编码器是否有故障。

3) 对于 PN 版本的伺服驱动器，首先要检查以下项目：

① 检查伺服电动机是否能自由旋转，即是否机械卡死，如电动机配有抱闸，检查抱闸是否能正常打开。

② 如果是 Epos（基本定位）模式运行，用 V-ASSISTANT 软件检查转矩幅值中的 TLIM1（p29050）和 TLIM2（p29051）设置是否正确，如图 8-29 所示（图中最大转矩设置为 300%）。如果转矩限幅是模拟量给定时，检查参数 p1520、p1521 的绝对值是否过小。速度模式下无此故障。

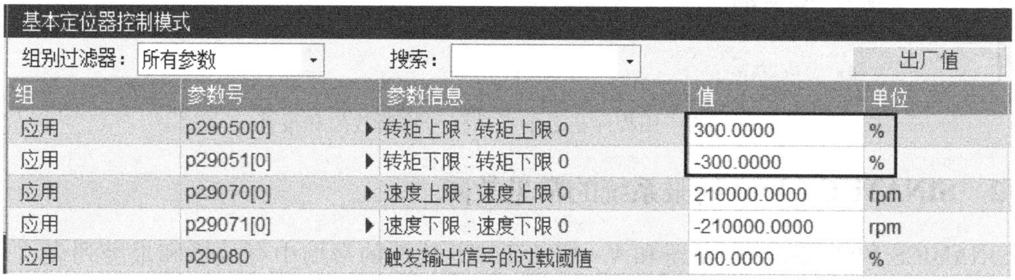

组	参数号	参数信息	值	单位
应用	p29050[0]	▶ 转矩上限：转矩上限 0	300.0000	%
应用	p29051[0]	▶ 转矩下限：转矩下限 0	-300.0000	%
应用	p29070[0]	▶ 速度上限：速度上限 0	210000.0000	rpm
应用	p29071[0]	▶ 速度下限：速度下限 0	-210000.0000	rpm
应用	p29080	触发输出信号的过载阈值	100.0000	%

图 8-29 TLIM1 和 TLIM2 设置 (2)

③ 检查 U、V、W 三相线的线序是否正确，不可改变线序。

④ 更换一台电动机，检查编码器是否有故障。

故障报警 2：电动机运行时有啸叫声、负载振动大。

分析：从机械和电气两个方向进行分析、判断。

1) 首先检查伺服电动机与负载（滚珠丝杠）连接是否可靠，联轴器的螺钉是否有松动，然后检查伺服电动机的轴和负载的轴是否同心，这一点特别重要。

2) 可能是参数设置不合理，用 V-ASSISTANT 软件进行自动优化。自动优化不仅可以消除参数配置不合理产生的啸叫，而且还可以提高运行精度。

3) 可能是系统超调，需减小速度环的比例增益（参数 p29120）。

4) 检查伺服电动机与负载的转动惯量比是否合理，也就是常说的是否存在"小马拉大车"和"大马拉小车"的现象。

故障报警 3：故障代码 F7452，即跟随误差（r2563）过大。

分析：位置设定值和位置实际值的差值（r2563）大于公差（p2546），也就是说系统运行不准确、误差过大，如命令设置移动 10 mm，实际移动 8 mm。

1）检查电动机和负载是否匹配，如伺服电动机功率太小，其转矩过小，带不动负载，势必造成设定位置和实际位置的差值过大。此外，也要检查机械系统是否有卡阻现象，如有卡阻也会造成跟随误差过大。显示此故障代码时，有时也会产生 F7900 代码（电动机堵转）。

2）检查公差 p2546 的设定值是否过小（精度过高），增加 p29247 数值时，也要增加 p2546 数值。

3）带负载进行一键优化，或手动增加位置环的增益（参数 p29110）。

4）对于 PN 版本，如果是 Epos 模式运行，当 SINAMICS V90 伺服系统的报文与 PLC 组态的报文不一致时，也会产生此故障消息。

故障报警 4：报警代码 A8526，即 PROFIdrive 无循环连接。

分析：A8526 是非常常见的报警，主要检查 PROFINET 通信硬件连接、设置和软件组态，具体如下：

1）拔下 USB 调试电缆，观察伺服驱动器上的 COM 指示灯是否为红色，如为红色则为通信故障。

2）检查 PLC 与驱动器之间的硬件连接是否中断，检查 PN 接口的指示灯是否亮，如不亮表示 PN 通信电缆断开，没有连接好。

3）检查 SINAMICS V90 伺服系统是否分配了 PN 站名、IP 地址和子网掩码，而且 PN 站名、IP 地址必须与 PLC 中组态的完全一致。检查的方法是先将 SINAMICS V90 伺服系统处于在线状态（在 TIA Portal 软件中），如图 8-30 所示，左侧是 SINAMICS V90 伺服系统实际的 IP 地址和 PN 站名，右侧是设置的 IP 地址和 PN 站名，两者要完全一致。

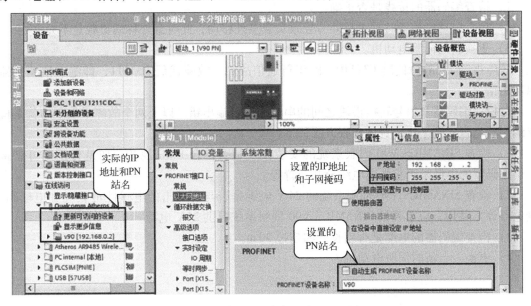

图 8-30　检查 PN 站名、IP 地址（1）

也可以用 V-ASSISTANT 软件检查 PN 站名、IP 地址，如图 8-31 所示。

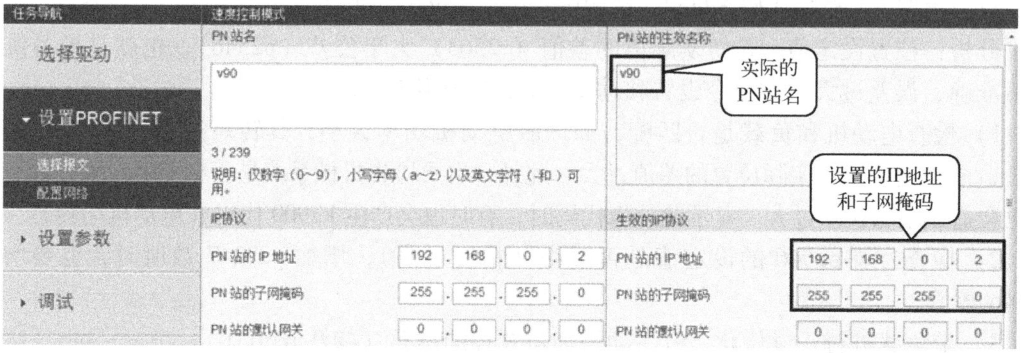

图 8-31　检查 PN 站名、IP 地址（2）

故障报警 5：报警代码 A1932，即 DSC（动态伺服控制）中缺少 DriveBus 总线时钟周期等时同步。

分析：检查 SINAMICS V90 伺服系统的参数 p0922 中设置的报文是否与 PLC 组态中的一致，如 SINAMICS V90 伺服系统的 p0922 中设置的报文是 105，而 PLC 中设置的报文是 3，很明显报文设置不一致。同时，PLC 侧硬件组态时，要激活等时同步功能。

故障报警 6：故障代码 F7995，即电动机识别失败。

分析：对于带增量式编码器的电动机，电动机需要伺服首次起动时识别磁极位置。若电动机已处于运行状态（负载意外带动电动机运行），则位置识别可能失败。对于带绝对值编码器的电动机，不会产生此故障消息。

垂直负载容易带动电动机意外运行，所以垂直负载采用绝对值编码器或带抱闸的电动机可以避免产生此故障。检查方法如下：

1）检查编码器的接线是否正确。

2）检查电动机使能时是否有外力导致负载意外移动，此时意外移动负载是不允许的。

3）更换新的伺服电动机。

故障报警 7：故障代码 F31110，即串行通信故障；故障代码 F31111，即绝对值编码器内部出错。

分析：编码器和信号转换模块之间的串行通信传输出错。以上两个故障最重要的就是检查编码器是否受到干扰，具体检查方法如下：

1）检查 SINAMICS V90 伺服系统的安装接线是否符合 EMC 规范，如是否正确可靠接地、编码器的电缆是否与强电电缆分开布置等。

2）检查 SINAMICS V90 伺服系统的 24 V 电源是否与有冲击的电感性负载（如电磁阀、继电器等）共用，应单独给 SINAMICS V90 伺服系统提供 24 V 电源。

3）检查编码器的电缆是否超长，如超过 20 m。

4）更换一台新的伺服电动机。

习题

简答题

1. 常用的调试 G120 的软件有哪几种？

2. 常用的调试 SINAMICS V90 的软件有哪几种？

3. SINAMICS V90 伺服系统的一键优化的优势是什么？

4. G120 上报故障码"F30011"，问是什么故障？怎样排查故障？

5. SINAMICS V90 伺服系统报警代码"A8526"，问是什么原因？怎样排查？

6. SINAMICS V90 伺服系统报故障码"F7900"，可能是哪些原因引起的故障？

第 9 章

变频器、伺服系统的工程应用

本章通过两个工程实例介绍变频器、伺服系统的工程应用。此实例涉及逻辑控制和运动控制，任务相对复杂，难度较大。这个实际工程项目即是对读者学习成果的验证，能完成，则说明读者具备小型自动化系统集成的能力。

视频
基于 V90 伺服
系统相机云台
的电气控制设计

9.1 相机云台的电气控制设计

【例 9-1】相机云台上有一套 SINAMICS V90 伺服驱动系统（PN 版本），控制要求如下：按下 SB1 按钮，以 30°/s 速度正向旋转 90°，停 1 s，以 30°/s 速度反向旋转 90°，停 1 s，如此循环，按下停止按钮 SB2 停止运行。要求设计原理图和控制程序。

解：

（1）主要软硬件配置

1）一套 TIA Portal V18。

2）一套 SINAMICS V90 伺服系统（含伺服驱动器和伺服电动机）。

3）一台 CPU1211C 或 CPU1511-1PN、SM521。

以 CPU 1211C 为控制器的原理图如图 9-1a 所示，以 CPU 1511-1PN 为控制器的原理图如图 9-1b 所示。

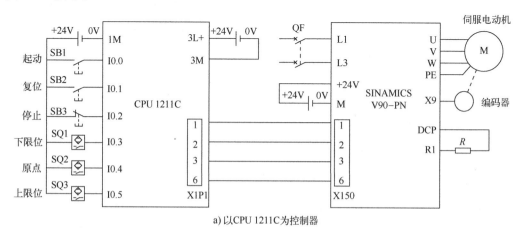

a) 以 CPU 1211C 为控制器

图 9-1 原理图

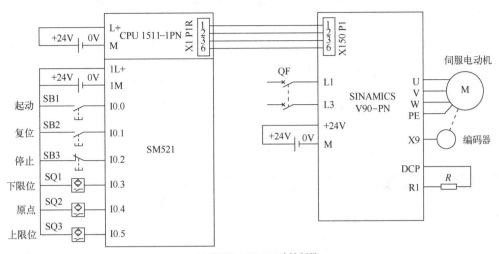

b) 以CPU 1511-1PN为控制器

图 9-1　原理图（续）

（2）硬件和工艺组态

1）新建项目，添加 CPU。打开 TIA Portal 软件，新建项目"MotionControl"，单击项目树中的"MotionControl"→"添加新设备"，在"设备视图"界面中添加 CPU 1511-1PN 模块，在"属性"选项卡中，单击"常规"→"系统和时钟存储器"，勾选启用"启用系统存储器字节"和"启用时钟存储器字节"，如图 9-2 所示。

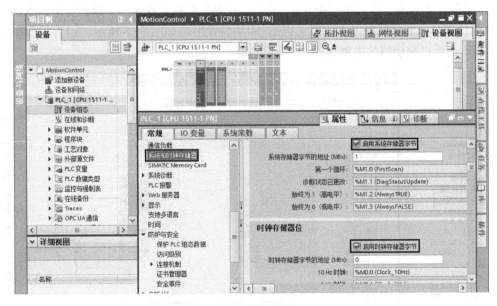

图 9-2　新建项目并添加 CPU

2）网络组态。网络组态如图 9-3 所示，通信报文采用报文 3，配置方法如图 9-4 所示。

注意：此处的报文必须与伺服驱动器中设置的报文一致，否则通信不能建立。

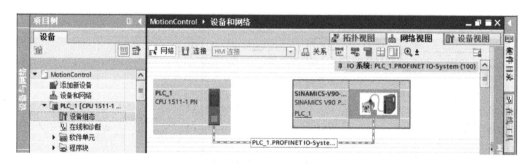

图 9-3　网络组态

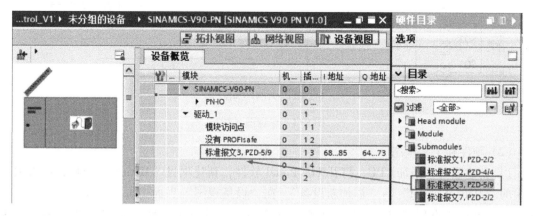

图 9-4　报文配置

3）添加工艺对象，命名为"Axis"，工艺对象中组态的参数保存在数据块中，本例将使用绝对定位指令，需要回参考点。工艺组态-驱动装置组态如图 9-5 所示，因为伺服驱动器是 PN 版本，所以驱动器的类型选择"PROFIdrive"。

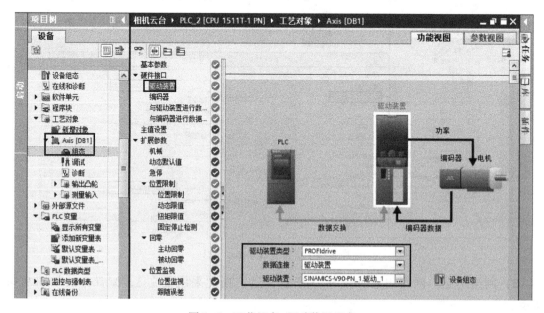

图 9-5　工艺组态-驱动装置组态

　　工艺组态-位置限制组态如图 9-6 所示，因为原理图中限位开关为常开触点，故选择电平为高电平，如果原理图中的限位开关为常闭触点，则选择电平为低电平。工程实践中，限位开关常选用常闭触点。顺便指出，虽然实际工程中位置限位可以起到保护作用，有时还能参与寻找参考点，但在实验和调试时，并非一定需要组态位置限位。

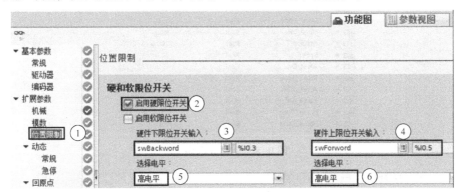

图 9-6　工艺组态-位置限制组态

　　工艺组态-主动回零组态如图 9-7 所示，因为原理图中限位开关为常开触点，故选择电平为高电平，如果原理图中的限位开关为常闭触点，则选择电平为低电平。在图 9-7 中，如果负载在参考点（零点、原点）的左侧向正向寻找参考点，则不需要正、负限位开关参与寻找参考点。如果负载在参考点的左侧向负向寻找参考点，则需要负限位开关（左侧限位开关）参与寻找参考点。

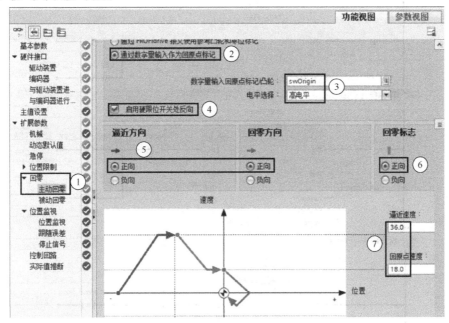

图 9-7　工艺组态-主动回零组态

（3）设置 SINAMICS V90 伺服系统的参数

SINAMICS V90 伺服系统的参数设置见表 7-5。

（4）编写程序

创建数据块如图 9-8 所示，编写 FB1 中的梯形图程序如图 9-9 所示。

DB2

名称	数据类型	起始值
▼ Static		
Move_Start	Bool	false
Move_Done	Bool	false
Move_OK	Bool	false
Position	Real	200.0
Speed	Real	50.0
Reset_OK	Bool	false
Reset_Done	Bool	false
Reset_Start	Bool	false
Home_OK	Bool	false
Home_Done	Bool	false
Home_Start	Bool	false

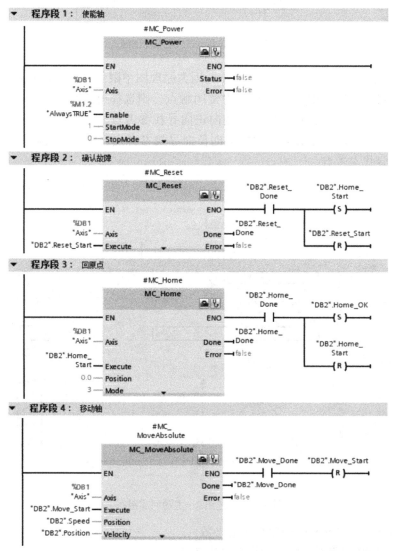

图 9-8　创建数据块

图 9-9　FB1 中的梯形图程序

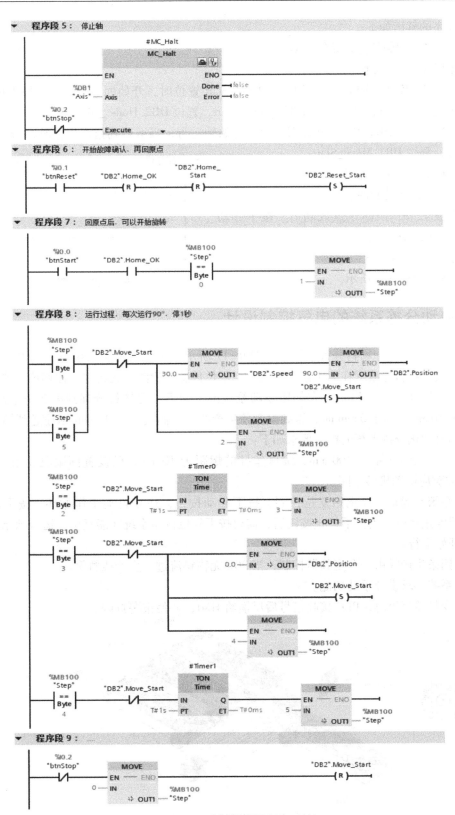

图 9-9　FB1 中的梯形图程序（续）

对程序的解读如下：

程序段 1：伺服使能，始终有效。

程序段 2：确认故障。

程序段 3：模式 3 回原点，当 DB2. Home_Start 置位时，开始回原点，当回原点成功时，DB2. Home_Done 为 1，之后复位 DB2. Home_Start，置位 DB2. Home_OK。

程序段 4：当 DB2. Move_Start 置位时，开始轴运行，当运行到指定位置时，DB2. Move_Done 为 1，复位 DB2. Move_Start。

程序段 5：停止轴运行。

程序段 6：起动回原点操作。

程序段 7、8：当回原点成功后，按下起动按钮，轴按照要求运行。

程序段 9：停止运行。

主程序如图 9-10 所示。

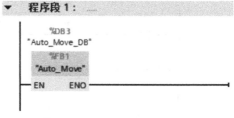

图 9-10 主程序

9.2 自动分拣系统的电气控制设计

【例 9-2】有一套物料分拣系统，如图 9-11 所示，主要由伺服系统驱动的电缸和四条生产线组成。物料先放置在第 1 条生产线上，限位传感器检测有无物料，位移传感器检测物料高度，如果高度小于 5 mm，在伺服驱动系统的带动下，把物料分拣到第 2 条生产线上，高度小于 10 mm、大于 5 mm 时，送到第 3 条生产线上，高度大于 10 mm 则输送到第 4 条生产线上。自动化分拣系统的控制要求如下：

1）生产线的间距为 100 mm，滚珠丝杠的螺距为 10 mm，已设置伺服驱动系统参数，1000 脉冲对应电动机转一圈。

2）系统有起动、停止和复位控制，按下起动按钮，往复自动工作循环，按下停止按钮，立即停止运行。当按下停止按钮后，需要按下复位按钮系统才能复位，运行到原点，才能重新开始运行。

3）四条生产线由一台变频器控制，当 20 s 无物料流过，生产线暂停。

4）系统要求设计手动功能。

5）变频器报警时，PLC 接收信号后反馈给 HMI，并使报警灯闪亮。

视频
基于 G120 和 V90 的自动分拣系统电气控制设计

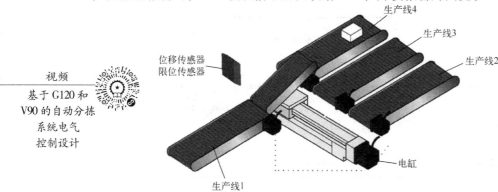

图 9-11 分拣系统示意图

解:

(1) 设计原理图

设计电气原理图如图 9-12 所示。Q0.0 为高速脉冲输出，Q0.1 为方向信号，需要与 CPU 1214C 模块脉冲发生器的硬件输出组态匹配。

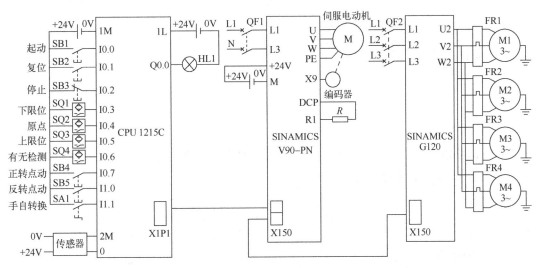

图 9-12　例 9-2 原理图

(2) 硬件和工艺组态

1) 新建项目，添加 CPU。打开 TIA Portal 软件，新建项目"分拣机-测高度"，单击项目树中的"分拣机-测高度"→"添加新设备"，在"设备视图"界面中添加 CPU 1215C 模块，在"属性"选项卡中，单击"常规"→"系统和时钟存储器"，勾选"启用系统存储器字节"和"启用时钟存储器字节"，如图 9-13 所示。

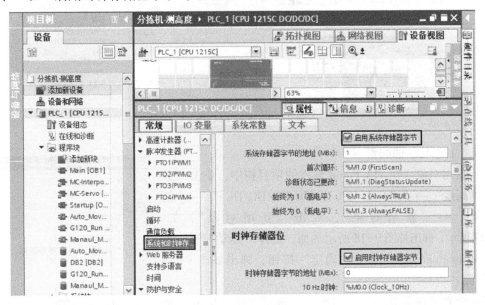

图 9-13　新建项目并添加 CPU

2）网络组态。在"网络视图"界面中进行网络组态，分别将 SINAMICS G120 和 SINAMICS V90 拖拽到网络视图中，然后进行网络连接，如图 9-14 所示。

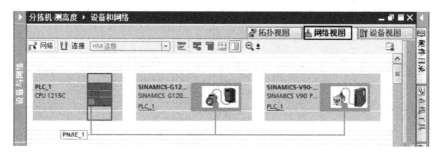

图 9-14　网络组态

选中 SINAMICS G120 模块，双击打开其"设备视图"界面，配置标准报文 20，如图 9-15 所示，图中的地址在编程会用到。

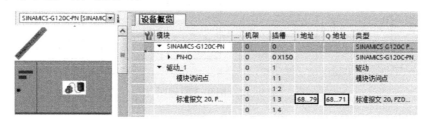

图 9-15　配置变频器报文

选中 SINAMICS V90 模块，双击打开其"设备视图"界面，配置标准报文 3，如图 9-16 所示。

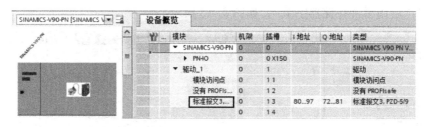

图 9-16　配置 PLC 报文

（3）工艺对象轴配置

1）新增对象。在 TIA Portal 软件的项目树中，单击"分拣机-测高度"→"PLC_1［CPU 1215C DC/DC/DC］"→"工艺对象"→"新增对象"，双击"新增对象"，如图 9-17 所示，弹出如图 9-18 所示界面，选择"运动控制"→"TO_PositioningAxis"，单击"确定"按钮，弹出如图 9-19 所示界面。

2）配置常规参数。在"功能图"选项卡中，单击"基本参数"→"常规"，驱动器选择"PROFIdrive"，测量单位

图 9-17　新增对象

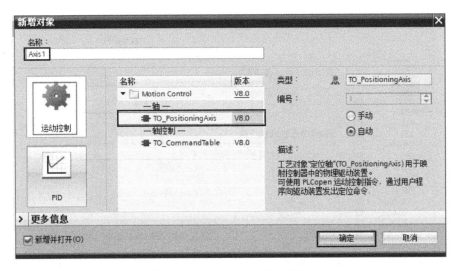

图 9-18 定义工艺对象数据块

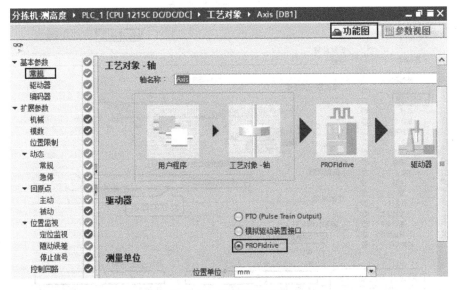

图 9-19 配置常规参数

选用默认设置 "mm"，如图 9-19 所示。

3）组态驱动器参数。在 "功能图" 选项卡中，单击 "基本参数" → "驱动器"，选择驱动器为 "SINAMICS-V90-PN. 驱动_1"，如图 9-20 所示。

4）组态机械参数。在 "功能图" 选项卡中，单击 "扩展参数" → "机械"，电动机每转的脉冲数设置为 "1000"，此参数取决于步进驱动器。电动机每转的负载位移取决于机械结构，如步进电动机与滚珠丝杠直接相连接，则此参数就是滚珠丝杠的螺距，本例为 "10.0"，如图 9-21 所示。

5）配置位置限制参数。在 "功能图" 选项卡中，单击 "扩展参数" → "位置限制"，勾选 "启用硬限位开关"，如图 9-21 所示。在硬件下限位开关输入中选择 "%I0.3"，在硬件上限位开关输入中选择 "%I0.5"，选择电平为 "高电平"，这些设置必须与原理图匹配。

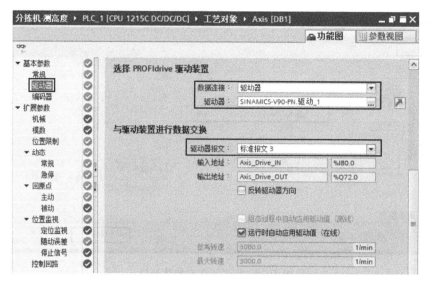

图 9-20　组态驱动器参数

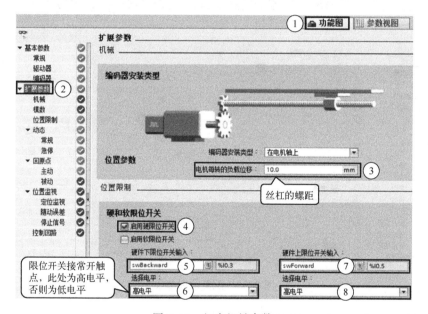

图 9-21　组态机械参数

由于本例中限位开关在原理图中接入的是常开触点，因此当限位开关起作用时为高电平，所以此处选择高电平，如果输入端是常闭触点，那么此处应选择低电平。

6）配置回原点参数。在图 9-22"功能图"选项卡中，单击"扩展参数"→"回原点"→"主动"，根据原理图选择输入归位开关为"%I0.4"。由于归位开关是常开触点，所以选择电平为"高电平"。

（4）编写程序

创建数据块 DB2，如图 9-23 所示。运动控制程序中需要用到的重要变量都在数据块 DB2 中。

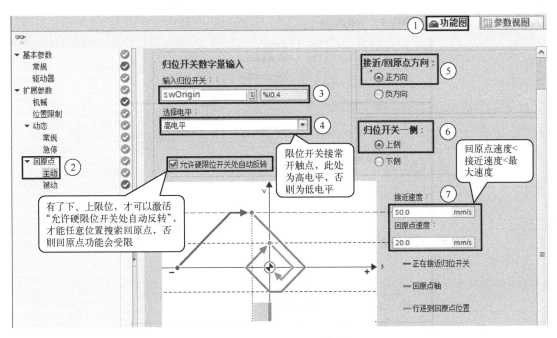

图 9-22　配置回原点参数

DB2

名称	数据类型	起始值
Static		
Move_Start	Bool	false
Move_Done	Bool	false
Move_OK	Bool	false
Position	Real	200.0
Speed	Real	50.0
Heigth	Real	0.0
Reset_OK	Bool	false
Reset_Done	Bool	false
Reset_Start	Bool	false
Home_OK	Bool	false
Home_Done	Bool	false
Home_Start	Bool	false

图 9-23　创建数据块 DB2

主程序 OB1 如图 9-24 所示。

程序的解读如下：

程序段 1：使能伺服轴。

程序段 2：程序自动运行模式。

程序段 3：程序手动运行模式。

程序段 4：SINAMICS G120 变频器的运行控制。

程序段 5：当变频器有故障时报警。

自动运行程序 Auto_Move(FB1)如图 9-25 所示。

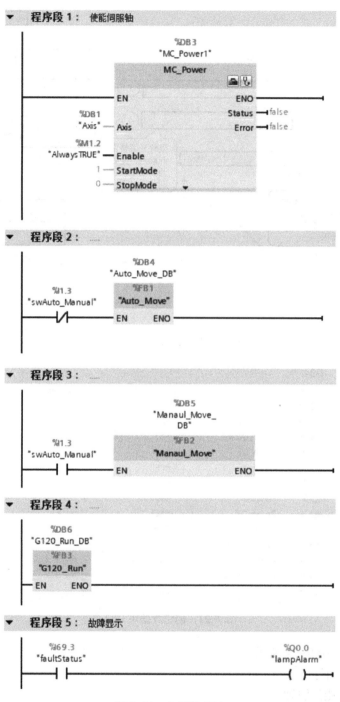

图 9-24　主程序 OB1

程序解读如下：

程序段 1~5：按下复位按钮（地址 I0.1），故障复位，复位成功后，开始对伺服驱动系统回参考点，完成回参考点后，将回参考点的命令 DB2. Home_Start 复位，并将回参考点完成的标志 DB2. Home_OK 置位，作为后续自动模式程序运行的必要条件。

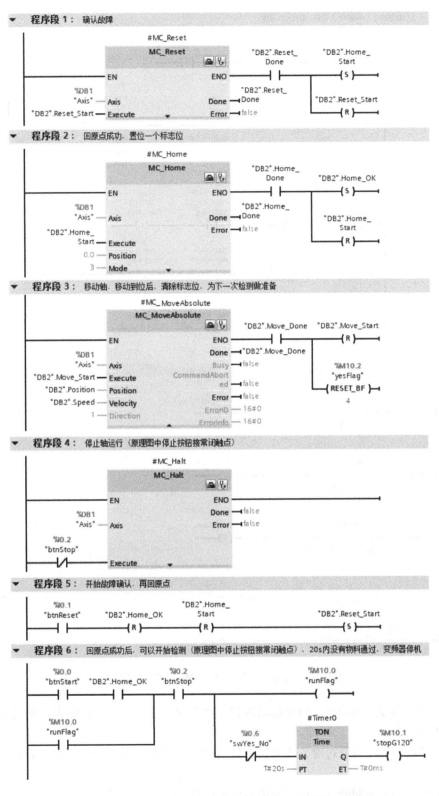

图 9-25　自动运行程序 Auto_Move（FB1）

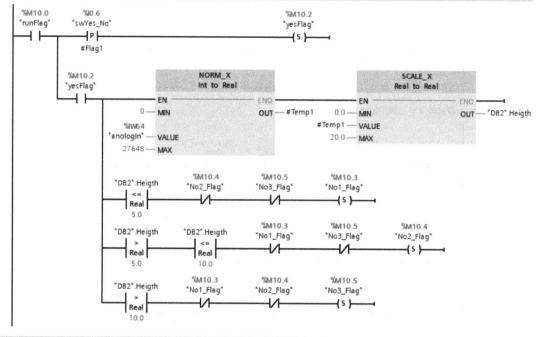

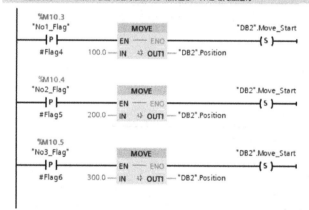

图 9-25　自动运行程序 Auto_Move(FB1)（续）

程序段 6：回原点成功后，按下起动按钮（地址 I0.0），起动运行标志，超过 20 s 无物料通过变频器停机。

程序段 7：当有物料通过时，先测量物料的高度。然后根据不同的高度，置位一条生产线的标志位。

程序段 8：根据不同的标志位，赋值对应的位移，起动伺服运行。

程序段 9：停止系统运行。

手动运行程序 Manual_Run(FB2)如图 9-26 所示。

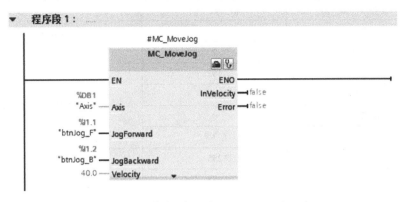

图 9-26　手动运行程序 Manual_Run(FB2)

变频器运行程序 G120_Run(FB3)如图 9-27 所示。

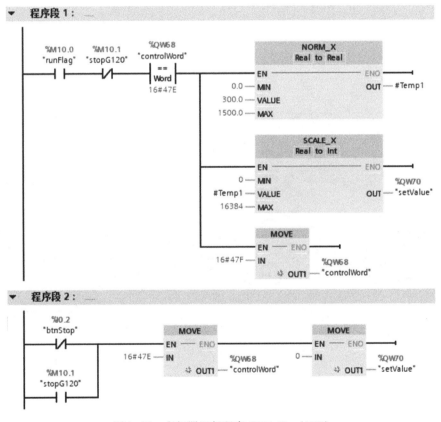

图 9-27　变频器运行程序 G120_Run(FB3)

(5) 设置变频器和伺服系统的参数

SINAMICS V90 伺服系统的参数设置见表 7-5，SINAMICS G120 变频器的参数设置见表 9-1。

表 9-1　SINAMICS G120 变频器的参数设置

序号	参　　数	参　数　值	说　　明
1	p0922	20	标准报文 20
2	p0015	7	PROFINET 通信
3	p8921[0]	192	IP 地址：192.168.0.3
	p8921[1]	168	
	p8921[2]	0	
	p8921[3]	3	
4	p8923[0]	255	子网掩码：255.255.255.0
	p8923[1]	255	
	p8923[2]	255	
	p8923[3]	0	

参 考 文 献

［1］黄麟. 交流调速系统及应用［M］. 大连：大连理工大学出版社，2009.

［2］张燕宾. 变频器应用教程［M］. 北京：机械工业出版社，2011.

［3］向晓汉，唐克彬. 西门子 SINAMICS G120/S120 变频器技术与应用［M］. 北京：机械工业出版社，2020.